全国高等院校土建类应用型规划教材
住房和城乡建设领域关键岗位技术人员培训教材

工程检测与试验

《工程检测与试验》编委会　编

主　　编：武　恒　吕悦孝
副 主 编：朱　琳　林　丽
组编单位：住房和城乡建设部干部学院
　　　　　北京土木建筑学会

中国林业出版社

图书在版编目（CIP）数据

工程检测与试验 /《工程检测与试验》编委会编.
—北京：中国林业出版社，2019.5
住房和城乡建设领域关键岗位技术人员培训教材
ISBN 978-7-5219-0017-0

Ⅰ.①工… Ⅱ.①工… Ⅲ.①建筑工程－质量检验－技术培训－教材 Ⅳ.①TU712

中国版本图书馆 CIP 数据核字（2019）第 065545 号

本书编写委员会
主　编：武　恒　吕悦孝
副主编：朱　琳　林　丽
组编单位：住房和城乡建设部干部学院　北京土木建筑学会

国家林业和草原局生态文明教材及林业高校教材建设项目
策　划：杨长峰　纪　亮
责任编辑：陈　惠　王思源　吴　卉　樊　菲

出版：中国林业出版社
　　（100009 北京西城区德内大街刘海胡同 7 号）
网站：http://lycb.forestry.gov.cn/
印刷：固安县京平诚乾印刷有限公司
发行：中国林业出版社
电话：(010)83143610
版次：2019 年 5 月第 1 版
印次：2019 年 5 月第 1 次
开本：1/16
印张：24.25
字数：380 千字
定价：145.00 元

编写指导委员会

组编单位：住房和城乡建设部干部学院　北京土木建筑学会
名誉主任：单德启　骆中钊
主　　任：刘文君
副 主 任：刘增强
委　　员：许　科　陈英杰　项国平　吴　静　李双喜　谢　兵
　　　　　李建华　解振坤　张媛媛　阿布都热依木江·库尔班
　　　　　陈斯亮　梅剑平　朱　琳　陈英杰　王天琪　刘启泓
　　　　　柳献忠　饶　鑫　董　君　杨江妮　陈　哲　林　丽
　　　　　周振辉　孟远远　胡英盛　缪同强　张丹莉　陈　年
参编院校：清华大学建筑学院
　　　　　大连理工大学建筑学院
　　　　　山东工艺美术学院建筑与景观设计学院
　　　　　大连艺术学院
　　　　　南京林业大学
　　　　　西南林业大学
　　　　　新疆农业大学
　　　　　合肥工业大学
　　　　　长安大学建筑学院
　　　　　北京农学院
　　　　　西安思源学院建筑工程设计研究院
　　　　　江苏农林职业技术学院
　　　　　江西环境工程职业学院
　　　　　九州职业技术学院
　　　　　上海市城市科技学校
　　　　　南京高等职业技术学校
　　　　　四川建筑职业技术学院
　　　　　内蒙古职业技术学院
　　　　　山西建筑职业技术学院
　　　　　重庆建筑职业技术学院
策　　划：北京和易空间文化有限公司

前　言

"全国高等院校土建类应用型规划教材"是依据我国现行的规程规范,结合院校学生实际能力和就业特点,根据教学大纲及培养技术应用型人才的总目标来编写。本教材充分总结教学与实践经验,对基本理论的讲授以应用为目的,教学内容以必需、够用为度,突出实训、实例教学,紧跟时代和行业发展步伐,力求体现高职高专、应用型本科教育注重职业能力培养的特点。同时,本套书是结合最新颁布实施的《建筑工程施工质量验收统一标准》(GB50300—2013)对于建筑工程分部分项划分要求,以及国家、行业现行有效的专业技术标准规定,针对各专业应知识、应会和必须掌握的技术知识内容,按照"技术先进、经济适用、结合实际、系统全面、内容简洁、易学易懂"的原则,组织编制而成。

考虑到工程建设技术人员的分散性、流动性以及施工任务繁忙、学习时间少等实际情况,为适应新形势下工程建设领域的技术发展和教育培训的工作特点,一批长期从事建筑专业教育培训的教授、学者和有着丰富的一线施工经验的专业技术人员、专家,根据建筑施工企业最新的技术发展,结合国家及地方对于建筑施工企业和教学需要编制了这套可读性强,技术内容最新,知识系统、全面,适合不同层次、不同岗位技术人员学习,并与其工作需要相结合的教材。

本教材根据国家、行业及地方最新的标准、规范要求,结合了建筑工程技术人员和高校教学的实际,紧扣建筑施工新技术、新材料、新工艺、新产品、新标准的发展步伐,对涉及建筑施工的专业知识,进行了科学、合理的划分,由浅入深,重点突出。

本教材图文并茂,深入浅出,简繁得当,可作为应用型本科院校、高职高专院校土建类建筑工程、工程造价、建设监理、建筑设计技术等专业教材;也可作为面向建筑与市政工程施工现场关键岗位专业技术人员职业技能培训的教材。

目 录

第一章 概述 …… 1
第一节 建筑工程试验检测基本规定 …… 1
第二节 建筑工程试验检测管理要求 …… 1
第三节 建筑工程质量见证取样制度 …… 4
第四节 仪器设备使用管理制度 …… 7

第二章 建筑材料试验 …… 8
第一节 水泥 …… 8
第二节 骨料 …… 17
第三节 掺合料 …… 34
第四节 外加剂 …… 40
第五节 砌墙砖及砌块 …… 54
第六节 钢材 …… 64
第七节 防水材料 …… 82

第三章 施工过程试验及检测 …… 105
第一节 地基基础 …… 105
第二节 回填土 …… 123
第三节 混凝土 …… 129
第四节 砂浆 …… 187
第五节 钢筋接头 …… 205

第四章 装饰装修材料试验检测 …… 222
第一节 饰面砖 …… 222
第二节 建筑石材 …… 263
第三节 建筑涂料 …… 278
第四节 装饰装修材料中的有害物质 …… 304

第五节 建筑节能检测……………………………………………… 348
第五章 结构工程试验与检测……………………………………… 354
第一节 无损检测…………………………………………………… 354
第二节 结构静载试验……………………………………………… 365
第三节 结构动力试验……………………………………………… 373

第一章 概 述

第一节 建筑工程试验检测基本规定

建筑工程施工现场应配备满足检测试验需要的试验人员、仪器设备、设施及相关标准。建筑工程施工现场检测试验的组织管理和实施应由施工单位负责。当建筑工程实行施工总承包时,可由总承包单位负责整体组织管理和实施,分包单位按合同确定的施工范围各负其责。施工单位及其取样、送检人员必须确保提供的检测试样具有真实性和代表性。

承担建筑工程施工检测试验任务的检测单位应符合下列规定:

(1)当行政法规、国家现行标准或合同对检测单位的资质有要求时,应遵守其规定;当没有要求时,可由施工单位的企业试验室试验,也可委托具备相应资质的检测机构检测;

(2)对检测试验结果有争议时,应委托共同认可的具备相应资质的检测机构重新检测;

(3)检测单位的检测试验能力应与其所承接检测试验项目相适应。

见证人员必须对见证取样和送检的过程进行见证,且必须确保见证取样和送检过程的真实性。

检测方法应符合国家现行相关标准的规定。当国家现行标准未规定检测方法时,检测机构应制定相应的检测方案并经相关各方认可,必要时应进行论证或验证。检测机构应确保检测数据和检测报告的真实性和准确性。

建筑工程施工检测试验中产生的废弃物、噪声、振动和有害物质等的处理、处置,应符合国家现行标准的相关规定。

第二节 建筑工程试验检测管理要求

1. 人员、设备、环境及设施

现场试验人员应掌握相关标准,并经过技术培训、考核。施工现场配置的仪器、设备应建立管理台账,按有关规定进行计量检定或校准,并保持状态完好。

施工现场试验环境及设施应满足检测试验工作的要求。

单位工程建筑面积超过 10000m² 或造价超过 1000 万元人民币时,可设立现场试验站。现场试验站的基本条件应符合表 1-1 的规定。

表 1-1 现场试验站基本条件

项 目	基 本 条 件
现场试验人员	根据工程规模和试验工作的需要配备,宜为 1 至 3 人
仪器设备	根据试验项目确定。一般应配备:天平、台(案)秤、温度计、湿度计、混凝土振动台、试模、坍落度筒、砂浆稠度仪、钢直(卷)尺、环刀、烘箱等
设施	工作间(操作间)面积不宜小于 15m²,温、湿度应满足有关规定 对混凝土结构工程,宜设标准养护室,不具备条件时可采用养护箱或养护池。温、湿度应符合有关规定

2. 施工检测试验计划

施工检测试验计划应在工程施工前由施工项目技术负责人组织有关人员编制,并应报送监理单位进行审查和监督实施。根据施工检测试验计划,应制订相应的见证取样和送检计划。

施工检测试验计划应按检测试验项目分别编制,并应包括以下内容:
(1)检测试验项目名称;
(2)检测试验参数;
(3)试样规格;
(4)代表批量;
(5)施工部位;
(6)计划检测试验时间。

施工检测试验计划编制应依据国家有关标准的规定和施工质量控制的需要,并应符合以下规定:
(1)材料和设备的检测试验应依据预算量、进场计划及相关标准规定的抽检率确定抽检频次;
(2)施工过程质量检测试验应依据施工流水段划分、工程量、施工环境及质量控制的需要确定抽检频次;
(3)工程实体质量与使用功能检测应按照相关标准的要求确定检测频次;
(4)计划检测试验时间应根据工程施工进度计划确定。

发生下列情况之一并影响施工检测试验计划实施时,应及时调整施工检测试验计划：

(1)设计变更；

(2)施工工艺改变；

(3)施工进度调整；

(4)材料和设备的规格、型号或数量变化。

3.试样与标识

进场材料的检测试样，必须从施工现场随机抽取，严禁在现场外制取。施工过程质量检测试样，除确定工艺参数可制作模拟试样外，必须从现场相应的施工部位制取。工程实体质量与使用功能检测应依据相关标准抽取检测试样或确定检测部位。

试样应有唯一性标识，并应符合下列规定：

(1)试样应按照取样时间顺序连续编号，不得空号、重号；

(2)试样标识的内容应根据试样的特性确定，宜包括：名称、规格(或强度等级)、制取日期等信息；

(3)试样标识应字迹清晰、附着牢固。

试样的存放、搬运应符合相关标准的规定。试样交接时，应对试样的外观、数量等进行检查确认。

4.试样台账

施工现场应按照单位工程分别建立下列试样台账：

(1)钢筋试样台账；

(2)钢筋连接接头试样台账；

(3)混凝土试件台账；

(4)砂浆试件台账；

(5)需要建立的其他试样台账。

现场试验人员制取试样并做出标识后，应按试样编号顺序登记试样台账。检测试验结果为不合格或不符合要求时，应在试样台账中注明处置情况。试样台账应作为施工资料保存。

5.试样送检与检测试验报告

现场试验人员应根据施工需要及有关标准的规定，将标识后的试样及时送至检测单位进行检测试验。现场试验人员应正确填写委托单，有特殊要求时应注明。办理委托后，现场试验人员应将检测单位给定的委托编号在试样台账上登记。

现场试验人员应及时获取检测试验报告，核查报告内容。当检测试验结果为不合格或不符合要求时,应及时报告施工项目技术负责人、监理单位及有关单位的相关人员。检测试验报告的编号和检测试验结果应在试样台账上登记。现场试验人员应将登记后的检测试验报告移交有关人员。对检测试验结果不合格的报告严禁抽撤、替换或修改。检测试验报告中的送检信息需要修改时,应由现场试验人员提出申请,写明原因,并经施工项目技术负责人批准。涉及见证检测报告送检信息修改时,尚应经见证人员同意并签字。对检测试验结果不合格的材料、设备和工程实体等质量问题,施工单位应依据相关标准的规定进行处理,监理单位应对质量问题的处理情况进行监督。

第三节 建筑工程质量见证取样制度

一、建筑工程质量的重要性

建筑工程是大型的综合性产品,具有投资大,消耗材料、人力多,建设工期长,使用寿命长等特性。它的质量好坏,涉及生命财产的安全,人们工作条件和生活环境的改善,关系到国家经济发展和社会的稳定。追究质量事故的直接原因,多与操作技术和材料质量问题有关,因此提高操作技术,加强材料质量的检验是搞好工程质量最基础最根本的关键。

为了在现有体制下加强材料取样的监督控制,国家提出了建立材料见证取样的制度,同时培训见证取样人员掌握和规范材料取样的方法,使材料检测试验报告真实反映工程质量的实际情况。

二、见证取样的范围

根据建设部建监[1996]988号文件,关于印发《建筑施工企业试验及管理规定》的通知第十条的有关规定:"建筑施工企业试验应逐步实行有见证取样和送检制度,目前应对结构用钢材及焊接试件、混凝土试块、砌筑砂浆试块,防水材料等项目,行有见证取样及送检制度"。规定施工现场必须对水泥、混凝土、混凝土外加剂、砌筑砂浆、结构用钢材及焊接或机械连接件、砖、防水材料等8种试验进行见证取样。

《北京市建筑工程施工试验实行有见证取样和送检制度的暂行规定》第3.15条规定:有见证取样和送检制度是指在建设(监理)人员见证下,由施工人员在现场取样,送至试验方进行试验,见证取样和送检的项目有:

(1)用于承重结构的混凝土试块;
(2)用于承重墙体的砌筑砂浆试块;

(3)用于结构工程中的主要受力钢筋、焊接件。

随着监理制度的广泛推行,建筑工程技术资料管理规程的施行,许多重要原材料都要进行选样、复试及验收程序。

《民用建筑工程室内环境污染控制规范》(GB50325—2010),公布了建筑材料、建筑装饰装修材料有害物质限量的十项国家标准,要求强制实行,因此对建筑材料、建筑装饰装修材料的见证取样复试检测显得十分重要。随着国家颁布《建筑工程检测试验技术管理规范》施行,各项新材料、新工艺、新技术的推广应用和检测检验的严格要求,见证取样复试检验的范围更普遍和扩大。如钢结构工程、建筑节能工程、安全防护工程等。

三、见证取样送检的程序和要求

根据北京市见证取样送检制度的规定,见证取样送检的程序和要求如下:

(1)施工项目经理应在施工前根据单位工程设计图纸,工程规模和特点,与建设(监理)单位共同制定有见证取样送检的计划,并报质监站和检测单位。

根据《混凝土结构工程施工质量验收规范》(GB50204—2002)第10.1节的规定,按计划结构实体重要部位必须进行同条件养护试件强度见证检验。

根据《建筑装饰装修工程质量验收规范》(GB50210—2001)第3.2节关于装饰装修材料的规定:除所有材料必须进行进场验收外,并按规定进行抽样复验,当国家规定和合同约定或材料质量发生争议时,应进行见证检测。

(2)建设单位委派具有一定施工试验知识的专业技术人员或监理人员担任见证人。见证人员发生变化时,监理单位应通知相关单位,办理书面变更手续。

见证人员必须对见证取样和送检的过程进行见证,且必须确保见证取样和送检过程的真实性。见证人有见证取样和送检印章,填写有见证取样和送检见证备案书。施工和材料设备供应单位人员不得担任见证人。

需要见证检测的检测项目,应按国家有关行政法规及标准的要求确定,施工单位应在取样及送检前通知见证人员,并填写见证记录。见证人员应核查见证检测的检测项目、数量和见证比例是否满足有关规定。

(3)施工单位及其取样、送检人员必须确保提供的检测试样具有真实性和代表性。施工单位项目技术负责人应建立、组织实施与检查施工现场检测试验的各项管理制度。包括岗位职责、现场试样制取及养护管理制度、仪器设备管理制度;现场检测试验安全管理制度、检测试验报告管理制度及登记台账等。

进场材料进行检测的试样或试件,必须从施工现场随机抽取,严禁在现场外制取。要确保试样或试件制取完好无损、按批量和部位取样数量足额无缺失。

试验资料保存完整无缺损。

(4)施工单位与建设、监理单位共同确定承担有见证试验资格的试验室。

承担有见证试验的试验室,应选定有资质承担对外试验业务的试验室或法定检测单位。检测单位的检测试验能力应与所承接检测试验项目相适应。承担该项目施工的本企业试验室不得承担有见证试验业务。承担施工任务的企业没有试验室,全部试验任务都委托具有对外试验业务的试验室时,可以同时委托有见证取样的试验业务。但每个单位工程只能选定一个承担有见证取样试验的试验室。

(5)建设(监理)单位、施工单位应将单位工程见证取样送检计划,有见证取样送检见证人备案书,委托见证时送见证取样的试验室,见证取样试验室的资质证书及委托书,送该单位工程质量监督站备案。建设(监理)单位的见证取样送检见证人备案书应送承担见证取样送检试验室备案。

(6)见证人应按照施工见证取样送检计划,对施工现场的取样和送检进行旁站见证,按照标准要求取样制作试块,并在试样或其包装上作出标识、封志。标识应标明工程名称、取样施工部位、样品名称、数量、取样日期,见证人制作见证记录,在试验单上取样人和见证人共同签字,试件共同送至承担见证取样的试验室。

(7)承担见证取样的试验室,应具备相应资质或法定的检测机构,其检测试验能力应与所承接检测试验项目相适应。在检查确认委托试验文件和试件上的见证标识后方可试验。有见证取样送检的试验报告应加盖"有见证取样试验专用章"。检测试验报告的编号和检测试验结果应在试样台账上登记,检测试验报告应存档。

(8)有见证取样送检的试验结果达不到规定质量标准,试验室应向承监工程的工程质量监督站报告。当试验不合格,按有关规定允许加倍取样复试,加倍取样送检时也应按规定实施。

(9)有见证取样送检的各种试验项目,当次数达不到要求时,其工程质量应由法定检测单位进行检测确定,检测费用由责任方承担。

(10)检测机构应确保检测数据和检测报告的真实性和准确性。对检测试验结果不合格的报告严禁抽撤、替换或修改。见证取样送检试验资料必须真实完整,符合试验管理规定。对伪造、涂改、抽换或遗失试验资料的行为,对责任单位责任人依法追究责任。

(11)对检测试验结果不合格的材料、设备和工程实体等质量问题,施工单位应依据相关标准的规定进行处理,监理单位应对质量问题的处理情况进行监督,并填写处理记录存档。

第四节 仪器设备使用管理制度

1. 定期率定

定期率定是计量检测部门定期对中心试验室所用的仪器设备进行检查鉴定。经检查鉴定的仪器设备若运转正常、试验结果精度符合要求,签发合格证明;不符合要求的,不予签发合格证明。投入使用的仪器设备必须是经过计量检测部门签发率定合格证明的仪器设备。

2. 定期保养

试验仪器设备应严格执行日常保养制度。定期对动力、电器、油路、机体、机件、计量、测力等部位进行维修保养,绝不允许带故障运转;带有机罩的仪器设备,工作完毕后须将机罩盖好;不准带电维修保养。

3. 遵守操作规程

仪器设备使用时,应严格按照规范规定的操作规程和使用说明书及试验室制定的安全操作规定进行操作。应注意检查仪器设备的水平度、垂直度、精确度及稳定程度。仪器设备应设专人负责,一般由专人使用。因工作需要部分仪器设备由多人操作时,必须做到前面使用者对后面使用者负责。

4. 建立设备档案

凡是贵重和精密的仪器设备,均应建立档案。档案中要记录仪器设备的出厂日期、厂家牌号、维修与更换零配件记录、率定证明、操作负责人、有何故障、保养次数等情况。试验室全体人员应认真执行此项制度,此外,还必须执行试验室制定的《仪器、设备保养和率定制度》《试验机操作程序》《天平的使用和保养》等规定。

第二章 建筑材料试验

第一节 水 泥

一、水泥检验规则和取样

1. 水泥检验规则

水泥出厂前按同品种、同强度等级编号和取样。袋装水泥和散装水泥应分别进行编号和取样。每一编号为一取样单位。水泥出厂编号按年生产能力规定为：

200×10^4 t 以上，不超过 4000t 为一编号；

120×10^4 t～200×10^4 t，不超过 2400t 为一编号；

60×10^4 t～120×10^4 t，不超过 1000t 为一编号；

30×10^4 t～60×10^4 t，不超过 600t 为一编号；

10×10^4 t～30×10^4 t，不超过 400t 为一编号；

10×10^4 t 以下，不超过 200t 为一编号。

2. 水泥取样批量及取样方法

(1) 散装水泥：同一生产厂家生产的同期、同品种、同强度等级的水泥，以一次进场的同一出厂编号的水泥 500t 为一批，随机从不少于三个车罐中，用槽型管在适当位置插入水泥一定深度(不超过 2m)取样，经搅拌均匀后，从中取出不少于 12kg 作为试样，放入干净、干燥、不易污染的容器中。

(2) 袋装水泥：同一水泥厂生产的同期、同品种、同强度等级水泥，以一次进场的同一出厂编号的水泥 200t 为一批，随机从 20 袋中采取等量的水泥，经搅拌后取 12kg 作为检验试样，每一批取一组试样 12kg。

3. 取样工具

(1) 手工取样器(图 2-1)

(2) 自动取样器(图 2-2)

主要适用于水泥成品机原料的自动连续取样，也适用于其他粉状物料的自动连续取样。

第二章 建筑材料试验

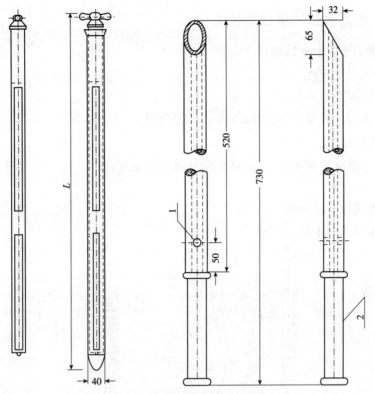

图 2-1 手工取样器(单位:mm)
(a)散装水泥取样器 L=1000~2000;(b)袋装水泥取样器
1-气孔;2-手柄

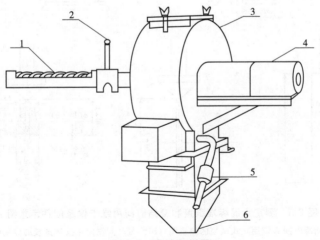

图 2-2 自动取样器
1-入料处;2-调节手柄;3-混料筒;4-电机;5-配重锤;6-出料口

二、水泥的必试项目及试验

1. 常用水泥的必试项目

(1) 水泥安定性

(2) 水泥凝结时间

(3) 水泥胶砂强度(包括抗压强度、抗折强度)

2. 水泥试验

(1) 水泥标准稠度用水量、凝结时间、安定性试验

1) 仪器设备

①水泥净浆搅拌机

②标准法维卡仪(图 2-3)

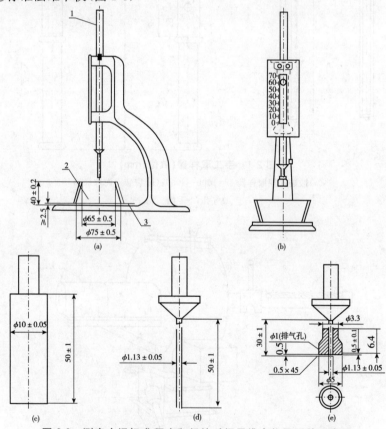

图 2-3 测定水泥标准稠度和凝结时间用维卡仪及配件示意图

(a)初凝时间测定用立式试模的侧视图;(b)终凝时间测定用反转试模的前视图;
(c)标准稠度试杆;(d)初凝用试针;(e)终凝用试针

1-滑动杆;2-试模;3-玻璃板

标准稠度试杆由有效长度为 50±1mm，直径为 $\phi 10±0.05$mm 的圆柱形耐腐蚀金属制成。初凝用试针由钢制成，其有效长度初凝针为 50mm±1mm，终凝针为 30mm±1mm，直径为 $\phi 1.13±0.05$mm。滑动部分的总质量为 300g±1g。与试杆、试针联结的滑动杆表面应光滑，能靠重力自由下落，不得有紧涩和旷动现象。

盛装水泥净浆的试模由耐腐蚀的、有足够硬度的金属制成。试模为深 40±0.2mm、顶内径 $\phi 65±0.5$mm、底内径 $\phi 75±0.5$mm 的截顶圆锥体。每个试模应配备一个边长或直径约 100mm、厚度 4～5mm 的平板玻璃底板或金属底板。

③雷氏夹

由铜质材料制成，其结构如图 2-4。当一根指针的根部先悬挂在一根金属丝或尼龙丝上，另一根指针的根部再挂上 300g 质量的砝码时，两根指针针尖的距离增加应在 17.5±2.5mm 范围内，即 $2x=17.5±2.5$mm（图 2-5），当去掉砝码后针尖的距离能恢复至挂砝码前的状态。

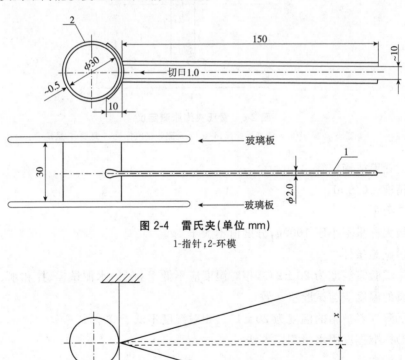

图 2-4 雷氏夹（单位 mm）
1-指针；2-环模

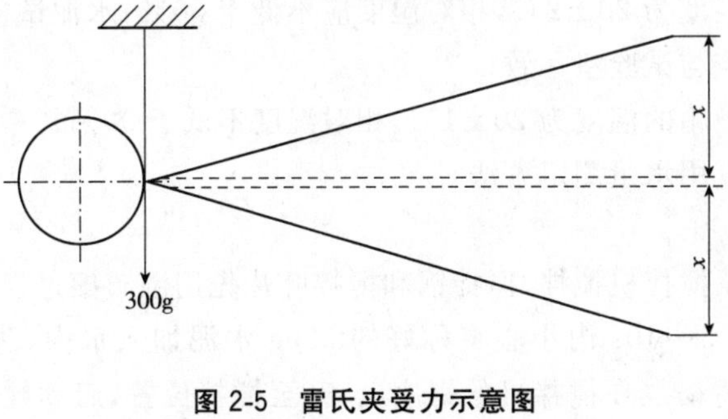

图 2-5 雷氏夹受力示意图

④沸煮箱
⑤雷氏夹膨胀测定仪
如图 2-6 所示,标尺最小刻度为 0.5mm。

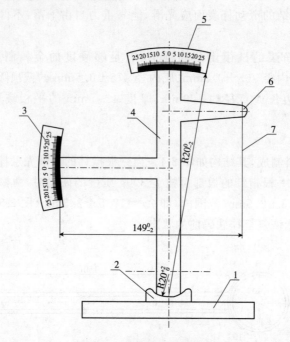

图 2-6 雷氏夹膨胀测定仪
1-底座;2-模子座;3-测弹性标尺;4-立柱;5-测膨胀值标尺;6-悬臂;7-悬丝

⑥量筒或滴定管
精度±0.5mL
⑦天平
最大称量不小于 1000g,分度值不大于 1g。
2)试验条件
①试验室温度为 20±2℃,相对湿度应不低于 50%;水泥试样、拌和水、仪器和用具的温度应与试验室一致;
②湿气养护箱的温度为 20±1℃,相对湿度不低于 90%。
3)标准稠度用水量测定方法
①标准法
用水泥净浆搅拌机搅拌,搅拌锅和搅拌叶片先用湿布擦过,将拌和水倒入搅拌锅内,然后在 5~10s 内小心将称好的 500g 水泥加入水中,防止水和水泥溅出;拌和时,先将锅放在搅拌机的锅座上,升至搅拌位置,启动搅拌机,低速搅拌

120s,停 15s,同时将叶片和锅壁上的水泥浆刮入锅中间,接着高速搅拌 120s 停机。

拌和结束后,立即取适量水泥净浆一次性将其装入已置于玻璃底板上的试模中,浆体超过试模上端,用宽约 25mm 的直边刀轻轻拍打超出试模部分的浆体 5 次以排除浆体中的孔隙,然后在试模上表面约 1/3 处,略倾斜于试模分别向外轻轻锯掉多余净浆,再从试模边沿轻抹顶部一次,使净浆表面光滑。在锯掉多余净浆和抹平的操作过程中,注意不要压实净浆;抹平后迅速将试模和底板移到维卡仪上,并将其中心定在试杆下,降低试杆直至与水泥净浆表面接触,拧紧螺丝 1~2s 后,突然放松,使试杆垂直自由地沉入水泥净浆中。在试杆停止沉入或释放试杆 30s 时记录试杆距底板之间的距离,升起试杆后,立即擦净;整个操作应在搅拌后 1.5mm 内完成。以试杆沉入净浆并距底板 6±1mm 的水泥净浆为标准稠度净浆。其拌和水量为该水泥的标准稠度用水量(P),按水泥质量的百分比计。

② 代用法

水泥净浆的拌制同标准法。

采用代用法测定水泥标准稠度用水量可用调整水量和不变水量两种方法的任一种测定。采用调整水量方法时拌和水量按经验找水,采用不变水量方法时拌和水量用 142.5mL。拌和结束后,立即将拌制好的水泥净浆装入锥模中,用宽约 25mm 的直边刀在浆体表面轻轻插捣 5 次,再轻振 5 次,刮去多余的净浆;抹平后迅速放到试锥下面固定的位置上,将试锥降至净浆表面,拧紧螺丝 1~2s 后,突然放松,让试锥垂直自由地沉入水泥净浆中。到试锥停止下沉或释放试锥 30s 时记录试锥下沉深度。整个操作应在搅拌后 1.5min 内完成。用调整水量方法测定时,以试锥下沉深度 30±1mm 时的净浆为标准稠度净浆。其拌和水量为该水泥的标准稠度用水量(P),按水泥质量的百分比计。如下沉深度超出范围需另称试样,调整水量,重新试验,直至达到 30±1mm 为止。用不变水量方法测定时,根据式(2-1)(或仪器上对应标尺)计算得到标准稠度用水量 P。当试锥下沉深度小于 13mm 时,应改用调整水量法测定。

$$P = 33.4 - 0.185S \tag{2-1}$$

式中:P——标准稠度用水量,%;

S——试锥下沉深度,单位为毫米(mm)。

4)凝结时间测定方法

以标准稠度用水量制成标准稠度净浆,装模和刮平后,立即放入湿气养护箱中。记录水泥全部加入水中的时间作为凝结时间的起始时间。

试件在湿气养护箱中养护至加水后 30min 时进行第一次测定。测定时,从湿气养护箱中取出试模放到试针下,降低试针与水泥净浆表面接触。拧紧螺丝1~2s后,突然放松,试针垂直自由地沉入水泥净浆。观察试针停止下沉或释放试针30s时指针的读数。临近初凝时间时每隔5min(或更短时间)测定一次,当试针沉至距底板4±1mm时,为水泥达到初凝状态;由水泥全部加入水中至初凝状态的时间为水泥的初凝时间,用min来表示。

在完成初凝时间测定后,立即将试模连同浆体以平移的方式从玻璃板取下,翻转180°,直径大端向上,小端向下放在玻璃板上,再放入湿气养护箱中继续养护。临近终凝时间时每隔15min(或更短时间)测定一次,当试针沉入试体0.5mm时,即环形附件开始不能在试体上留下痕迹时,为水泥达到终凝状态。由水泥全部加入水中至终凝状态的时间为水泥的终凝时间,用min来表示。

测定时应注意,在最初测定的操作时应轻轻扶持金属柱,使其徐徐下降,以防试针撞弯,但结果以自由下落为准;在整个测试过程中试针沉入的位置至少要距试模内壁10mm。临近初凝时,每隔5min(或更短时间)测定一次,临近终凝时每隔15min(或更短时间)测定一次,到达初凝时应立即重复测一次,当两次结论相同时才能确定到达初凝状态;到达终凝时,需要在试体另外两个不同点测试,确认结论相同才能确定到达终凝状态。每次测定不能让试针落入原针孔,每次测试完毕须将试针擦净并将试模放回湿气养护箱内,整个测试过程要防止试模受振。

5)安定性测定方法

①标准法

每个试样需成型两个试件,每个雷氏夹需配备两个边长或直径约80mm、厚度4~5mm的玻璃板,凡与水泥净浆接触的玻璃板和雷氏夹内表面都要稍稍涂上一层油。

将预先准备好的雷氏夹放在已稍擦油的玻璃板上,并立即将已制好的标准稠度净浆一次装满雷氏夹,装浆时一只手轻轻扶持雷氏夹,另一只手用宽约25mm的直边刀在浆体表面轻轻插捣3次,然后抹平,盖上稍涂油的玻璃板,接着立即将试件移至湿气养护箱内养护24±2h。

调整好沸煮箱内的水位,使能保证在整个沸煮过程中都超过试件,不需中途添补试验用水,同时又能保证在30±5min内升至沸腾。脱去玻璃板取下试件,先测量雷氏夹指针尖端间的距离(A),精确到0.5mm,接着将试件放入沸煮箱水中的试件架上,指针朝上,然后在30±5min内加热至沸并恒沸180±5min。

②代用法

每个样品需准备两块边长约100mm的玻璃板,凡与水泥净浆接触的玻璃板都要稍稍涂上一层油。

将制好的标准稠度净浆取出一部分分成两等份,使之成球形,放在预先准备好的玻璃板上,轻轻振动玻璃板并用湿布擦过的小刀由边缘向中央抹,做成直径70~80mm、中心厚约10mm、边缘渐薄、表面光滑的试饼,接着将试饼放入湿气养护箱内养护 $24\pm2h$。

调整好沸煮箱内的水位,使能保证在整个沸煮过程中都超过试件,不需中途添补试验用水,同时又能保证在 $30\pm5min$ 内升至沸腾。脱去玻璃板取下试饼,在试饼无缺陷的情况下将试饼放在沸煮箱水中的箅板上,在 $30\pm5min$ 内加热至沸并恒沸 $180\pm5min$。

(2)水泥胶砂强度试验

1)胶砂制备

按水泥量 $450\pm2g$,标准砂量 $1350\pm5g$,水量 $225\pm1g$ 制备水泥胶砂试件,试件成型脱膜后放在 $20\pm1℃$ 水中进行养护。

2)抗折强度测定

每龄期取出三条试件先做抗折强度试验。试验前应先擦去试件表面的附着水分和砂粒,清除夹具上圆柱表面黏着的杂物,并将试件一个侧面放在试验机支撑圆柱上,使试件侧面与圆柱接触,试件长轴垂直于支撑圆柱,并通过加荷圆柱以 $50\pm10N/s$ 的均匀速率将荷载垂直地加在棱柱体试件侧面上,直至折断为止。保持两个半截棱柱体试件处于潮湿状态直至做抗压强度试验为止。

抗折强度按下式计算:

$$R_f = \frac{1.5F_f L}{b^3} \quad (2-2)$$

式中:R_f——抗折强度(MPa,即 N/mm^2);

F_f——折断时施加在棱柱体试件中部的荷载(N);

L——支撑圆柱之间的距离(mm);

b——棱柱体试件正方形截面的边长(mm)。

3)抗压强度测定

做完抗折强度试验后的两个半截棱柱体试件应立即进行抗压强度试验。试验前应清除试件受压面与加压板间的砂粒和杂物。试验时应以试件侧面作为受压面,且试件中心与压力机压板受压中心差应在 $\pm0.5mm$ 内,试件露在压板外的部分约有 10mm。另外,抗压试验须用专门的抗压夹具。在整个加荷过程中以 $2400\pm200N/s$ 的均匀速率加荷至破坏。抗压强度按下式进行计算:

$$R_c = \frac{F_c}{A} \quad (2-3)$$

式中:R_c——抗压强度(MPa,即 N/mm^2);

F_c——破坏时的最大荷载(N);

A——受压部分面积(mm^2)。

三、水泥试验结果评定

1. 水泥强度

(1)抗折强度。以一组三个棱柱体试件抗折强度试验结果的算术平均值作为试验结果。

当3个抗折强度值中有1个与平均的差值超过±10%时,则应剔除该值后再取平均值作为抗折强度试验结果。若有2个值超过平均值的±10%时,则该试验结果无效。

(2)抗压强度。以一组三个棱柱体试件的6个抗压强度测定值的算术平均值为试验结果。如6个测定值中有1个与平均值的差值超出±10%,就应剔除该值,而以其余5个的平均值作为结果。如果5个测定值中再有超出它们平均值±10%的,该试验结果无效。

(3)试验结果的计算。各试件的抗折强度计算至0.1MPa(计算精确至0.1MPa)。各个半棱柱体试件得到的单个抗压强度结果计算至0.1MPa(计算精确至0.1MPa)。

2. 凝结时间

初凝时间不得早于45min;

终凝时间不迟于6.5h(P·Ⅰ、P·Ⅱ);

10h(P·O、P·S、P·F、P·C)。

3. 安定性

(1)标准法

沸煮结束后,立即放掉沸煮箱中的热水,打开箱盖,待箱体冷却至室温,取出试件进行判别。测量雷氏夹指针尖端的距离(C),准确至0.5mm,当两个试件煮后增加距离(C−A)的平均值不大于5.0mm时,即认为该水泥安定性合格,当两个试件煮后增加距离(C−A)的平均值大于5.0mm时,应用同一样品立即重做一次试验。以复检结果为准。

(2)代用法

沸煮结束后,立即放掉沸煮箱中的热水,打开箱盖,待箱体冷却至室温,取出试件进行判别。目测试饼未发现裂缝,用钢直尺检查也没有弯曲(使钢直尺和试饼底部紧靠,以两者间不透光为不弯曲)的试饼为安定性合格,反之为不合格。当两个试饼判别结果有矛盾时,该水泥的安定性为不合格。

第二节 骨 料

一、骨料的取样与缩分

1. 砂的取样

(1)砂的取样批量

①同一产地、同一规格、同一进厂(场)时间,每 400m³ 或 600t 为一验收批不足 400m³ 或 600t 时亦为一验收批。

②每一验收批取样一组,天然砂每组 22kg,人工砂每组 52kg。

(2)每验收批取样方法规定

①在料堆上取样时,取样部位应均匀分布。取样前先将取样部位表层铲除,然后由各部位抽取大致相等的砂 8 份,(天然砂每份 11kg 以上,人工砂每份 26kg 以上),搅拌均匀后用四分法缩分至 22kg 或 52kg,组成一组试样。

②从皮带运输机上取样时,应在皮带运输机机尾的出料处,用接料器定时抽取砂 4 份(天然砂每份 22kg 以上,人工砂每份 52kg 以上),搅拌均匀后用四分法缩分至 22kg 或 52kg,组成一组试样。

③从火车、汽车、货船上取样时,应从不同部位和深度抽取大致相等的砂 8 份。

④建筑施工企业应按单位工程分别取样。构件厂、搅拌站应在砂进场时取样,并根据贮存、使用情况定期复验。

(3)除筛分析处,当其余检验项目存在不合格项时,应加倍进行复验。当复验仍有一项不满足标准要求时,应按不合格品处理。

(4)对于每一项检验项目,砂的每组样品取样数量满足表 2-1 的规定。当需要多项检验时,可在确保样品经一项试验后不致影响其他试验结果的前提下,用同组样品进行多项不同的试验。

表 2-1 每一单项检验项目所需砂的最少取样质量

检验项目	最少取样质量(g)
筛分析	4400
表观密度	2600
吸水率	4000
紧密密度和堆积密度	5000
含水率	1000

（续）

检验项目	最少取样质量(g)
含泥量	4400
泥块含量	20000
石粉含量	1600
人工砂压碎值指标	分成公称粒级 5.00～2.50mm；2.50～1.25mm；1.25mm～630μm；630～315μm；315～160μm 每个粒级各需 1000g
有机物含量	2000
云母含量	600
轻物质含量	3200
坚固性	分成公称粒级 5.00～2.50mm；2.50～1.25mm；1.25mm～630μm；630～315μm；315～160μm 每个粒级各需 100g
硫化物及硫酸盐含量	50
氯离子含量	2000
贝壳含量	10000
碱活性	20000

2.石的取样

(1)碎石或卵石的取样批量

按同产地、同规格、同一进场时间，每 400m³ 或 600t 为一验收批，不足 400m³ 或 600t 时亦为一验收批。每一验收批取试样一组，数量 40kg（最大粒径≤20mm）或 80kg（最大粒径为 40mm）。

(2)碎石或卵石的取样方法

①从火车、汽车、货船上取样时，应从不同部位和深度抽取大致相同的石子 16 份组成一组样品；

②从皮带运输机上取样时，应在机尾出料处用接料器定时抽取 8 份组成一组样品；

③在料堆上取样时，取样部位均匀分布，铲除取样部位表面，由各部位（顶部、中部和底部各 5 个不同部位）抽取 15 份组成一组样品。根据粒径和检验项目确定，一般抽取 100～200kg，最少取样数量满足表 2-2 要求。

表 2-2　每一单项检验项目所需碎石或卵石的最小取样质量(kg)

试验项目	最大公称粒径(mm)							
	10.0	16.0	20.0	25.0	31.5	40.0	63.0	80.0
筛分析	8	15	16	20	25	32	50	64
表观密度	8	8	8	8	12	16	24	24
含水率	2	2	2	2	3	3	4	6
吸水率	8	8	16	16	16	24	24	32
堆积密度、紧密密度	40	40	40	40	80	80	120	120
含泥量	8	8	24	24	40	40	80	80
泥块含量	8	8	24	24	40	40	80	80
针、片状含量	1.2	4	8	12	20	40	—	—
硫化物及硫酸盐				1.0				

3. 骨料试样的缩分

(1)砂的样品缩分方法可选择下列两种方法之一：

1)用分料器缩分(图 2-7)：将样品在潮湿状态下拌和均匀，然后将其通过分料器，留下两个接料斗中的一份，并将另一份再次通过分料器。重复上述过程，直至把样品缩分到试验所需量为止。

2)人工四分法缩分：将样品置于平板上，在潮湿状态下拌合均匀，并堆成厚度约为 20mm 的"圆饼"状，然后沿互相垂直的两条直径把"圆饼"分成大致相等的四份，取其对角的两份重新拌匀，再堆成"圆饼"状。重复上述过程，直至把样品缩分后的材料量略多于进行试验所需量为止。

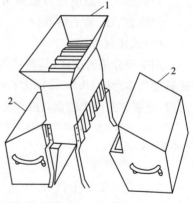

图 2-7　分料器
1-分料漏斗；2-接料斗

(2)碎石或卵石缩分时，应将样品置于平板上，在自然状态下拌均匀，并堆成锥体，然后沿互相垂直的两条直径把锥体分成大致相等的四份，取其对角的两份重新拌匀，再堆成锥体。重复上述过程，直至把样品缩分至试验所需量为止。

(3)砂、碎石或卵石的含水率、堆积密度、紧密密度检验所用的试样，可不经缩分，拌匀后直接进行试验。

二、骨料的必试项目及试验

1. 砂的必试项目

(1)天然砂：筛分析、含泥量、泥块含量检验；

(2)人工砂：石粉含量(含亚甲蓝试验)、泥块含量、压碎指标；

(3)碎(卵)石：筛分析、含泥量、泥块含量、针片状颗粒含量、压碎指标。

2. 砂的筛分析

(1)仪器设备

1)试验筛——公称直径分别为 10.0mm、5.00mm、2.50mm、1.25mm、630μm、315μm、160μm 的方孔筛各一只，筛的底盘和盖各一只；筛框直径为 300mm 或 200mm。其产品质量要求应符合现行国家标准《金属丝编织网试验筛》(GB/T6003.1—2012)和《金属穿孔板试验筛》(GB/T6003.2—2012)的要求；

2)天平——称量 1000g，感量 1g；

3)摇筛机；

4)烘箱——温度控制范围为 105±5℃；

5)浅盘、硬、软毛刷等。

(2)试样制备

用于筛分析的试样，其颗粒的公称粒径不应大于 10.0mm。试验前应先将来样通过公称直径 10.0mm 的方孔筛，并计算筛余。称取经缩分后样品不少于 550g 两份，分别装入两个浅盘，在(105±5)℃的温度下烘干到恒重。冷却至室温备用。

注：恒重是指在相邻两次称量间隔时间不小于 3h 的情况下，前后两次称量之差小于该项试验所要求的称量精度(下同)。

(3)试验步骤

1)准确称取烘干试样 500g(特细砂可称 250g)，置于按筛孔大小顺序排列(大孔在上、小孔在下)的套筛的最上一只筛(公称直径为 5.00mm 的方孔筛)上；将套筛装入摇筛机内固紧，筛分 10min；然后取出套筛，再按筛孔由大到小的顺序，在清洁的浅盘上逐一进行手筛，直至每分钟的筛出量不超过试样总量的 0.1％时为止；通过的颗粒并入下一只筛子，并和下一只筛子中的试样一起进行手筛。按这样顺序依次进行，直至所有的筛子全部筛完为止。

注：1.当试样含泥量超过 5％时，应先将试样水洗，然后烘干至恒重，再进行筛分；

2.无摇筛机时，可改用手筛。

2)试样在各只筛子上的筛余量均不得超过按式(2-4)计算得出的剩留量，否则应将该筛的筛余试样分成两份或数份，再次进行筛分，并以其筛余量之和作为该筛的筛余量。

$$m_r = \frac{A\sqrt{d}}{300} \tag{2-4}$$

式中：m_r——某一筛上的剩留量(g)；

D——筛孔边长(mm)；

A——筛的面积(mm^2)。

3)称取各筛筛余试样的质量(精确至1g)，所有各筛的分计筛余量和底盘中的剩余量之和与筛分前的试样总量相比，相差不得超过1%。

(4)筛分析试验结果计算步骤

1)计算分计筛余(各筛上的筛余量除以试样总量的百分率)，精确至0.1%；

2)计算累计筛余(该筛的分计筛余与筛孔大于该筛的各筛的分计筛余之和)，精确至0.1%；

3)根据各筛两次试验累计筛余的平均值，评定该试样的颗粒级配分布情况，精确至1%；

4)砂的细度模数应按下式计算，精确至0.01：

$$\mu_f = \frac{(\beta_2 + \beta_3 + \beta_4 + \beta_5 + \beta_6) - 5\beta_1}{100 - \beta_1} \tag{2-5}$$

式中：μ_f——砂的细度模数；

β_1、β_2、β_3、β_4、β_5、β_6——分别为公称直径5.00mm、2.50mm、1.25mm、630μm、315μm、160μm方孔筛上的累计筛余。

3. 含泥量试验

(1)标准法

本方法适用于测定粗砂、中砂和细砂的含泥量

1)仪器设备

①天平——称量1000g，感量1g；

②烘箱——温度控制范围为105±5℃；

③试验筛——筛孔公称直径为80μm及1.25mm的方孔筛各一个；

④洗砂用的容器及烘干用的浅盘等。

2)试样制备

样品缩分至1100g，置于温度为105±5℃的烘箱中烘干至恒重，冷却至室温后，称取各为400g(m_0)的试样两份备用。

3)试验步骤

取烘干的试样一份置于容器中，并注入饮用水，使水面高出砂面约150mm，充分拌匀后，浸泡2h，然后用手在水中淘洗试样，使尘屑、淤泥和黏土与砂粒分离，并使之悬浮或溶于水中。缓缓地将浑浊液倒入公称直径为1.25mm、80μm

的方孔套筛(1.25mm筛放置于上面)上,滤去小于 $80\mu m$ 的颗粒。试验前筛子的两面应先用水润湿,在整个试验过程中应避免砂粒丢失。再次加水于容器中,重复上述过程,直到筒内洗出的水清澈为止。用水淋洗剩留在筛上的细粒,并将 $80\mu m$ 筛放在水中(使水面略高出筛中砂粒的上表面)来回摇动,以充分洗除小于 $80\mu m$ 的颗粒。然后将两只筛上剩留的颗粒和容器中已经洗净的试样一并装入浅盘,置于温度为(105±5)℃的烘箱中烘干至重。取出来冷却至室温后,称试样的质量(m_1)。

4)含泥量计算

砂中含泥量应按下式计算,精确至0.1%:

$$w_c = \frac{m_0 - m_1}{m_0} \times 100\% \tag{2-6}$$

式中:w_c——砂中含泥量(%);

m_0——试验前的烘干试样质量(g);

m_1——试验后的烘干试样质量(g)。

(2)虹吸管法

本方法适用于测定砂中含泥量。

1)仪器设备

①虹吸管——玻璃管的直径不大于5mm,后接胶皮弯管;

②玻璃容器或其他容器——高度不小于300mm,直径不小于200mm;

③其他设备与标准法用仪器一样。

2)试样制备

样品缩分至1100g,置于温度为105±5℃的烘箱中烘干至恒重,冷却至室温后,称取各为400g(m_0)的试样两份备用。

3)试验步骤

称取烘干的试样500g(m_0),置于容器中,并注入饮用水,使水面高出砂面约150mm,浸泡2h,浸泡过程中每隔一段时间搅拌一次,确保尘屑、淤泥和黏土与砂分离。用搅拌棒均匀搅拌1min(单方向旋转),以适当宽度和高度的闸板闸水,使水停止旋转。经20~25s后取出闸板,然后,从上到下用虹吸管细心地将浑浊液吸出,虹吸管吸口的最低位置应距离砂面不小于30mm。再倒入清水,重复上述过程,直到吸出的水与清水的颜色基本一致为止。最后将容器中的清水吸出,把洗净的试样倒入浅盘并在105±5℃的烘箱中烘干至恒重,取出,冷却至室温后称砂质量(m_1)。

4)含泥量计算

砂中含泥量(虹吸管法)应按下式计算,精确至0.1%:

$$w_c = \frac{m_0 - m_1}{m_0} \times 100\% \tag{2-7}$$

式中：w_c——砂中含泥量(%)；

m_0——试验前的烘干试样质量(g)；

m_1——试验后的烘干试样质量(g)。

4. 泥块含量试验

(1) 仪器设备

①天平——称量1000g，感量1g；称量5000g，感量5g；

②烘箱——温度控制范围为105±5℃；

③试验筛——筛孔公称直径为630μm及1.25mm的方孔筛各一只；

④洗砂用的容器及烘干用的浅盘等。

(2) 试样制备

将样品缩分至5000g，置于温度为105±5℃的烘箱中烘干至恒重，冷却至室温后，用公称直径1.25mm的方孔筛筛分，取筛上的砂不少于400g分为两份备用。特细砂按实际筛分量。

(3) 试验步骤

称取试样约200g(m_1)置于容器中，并注入饮用水，使水面高出砂面150mm。充分拌匀后，浸泡24h，然后用手在水中碾碎泥块，再把试样放在公称直径630μm的方孔筛上，用水淘洗，直至水清澈为止。保留下来的试样应小心地从筛里取出，装入水平浅盘后，置于温度为105±5℃烘箱中烘干至恒重，冷却后称重(m_2)。

(4) 泥块含量计算

砂中泥块含量应按下式计算，精确至0.1%：

$$w_{c,L} = \frac{m_1 - m_2}{m_1} \times 100\% \tag{2-8}$$

式中：$w_{c,L}$——泥块含量(%)；

m_1——试验前的干燥试样质量(g)；

m_2——试验后的干燥试样质量(g)。

5. 人工砂及混合砂中石粉含量试验(亚甲蓝法)

(1) 仪器设备

①烘箱——温度控制范围为105±5℃；

②天平——称量1000g，感量1g；称量100g，感量0.01；

③试验筛——筛孔公称直径为80μm及1.25mm的方孔筛各一只；

④容器——要求淘洗试样时，保持试样不溅出(深度大于250mm)；

⑤移液管——5mL、2mL 移液管各一个；

⑥三片或四片式叶轮搅拌器——转速可调(最高达 600±60r/min)，直径 75±10mm；

⑦定时装置——精度 1s；

⑧玻璃容量瓶——容量 1L；

⑨温度计——精度 1℃；

⑩玻璃棒——2 支，直径 8mm，长 300mm；

⑪滤纸——快速；

⑫搪瓷盘、毛刷、容量为 1000mL 的烧杯等。

(2)溶液的配制及试样制备

1)亚甲蓝溶液的配制：将亚甲蓝粉末在 105±5℃下烘干至恒重，称取烘干亚甲蓝粉末 10g，精确至 0.01g，倒入盛有约 600mL 蒸馏水(水温加热至 35~40℃)的烧杯中，用玻璃棒持续搅拌 40min，直至亚甲蓝粉末完全溶解，冷却至 20℃。将溶液倒入 1L 容量瓶中，用蒸馏水淋洗烧杯等，使所有亚甲蓝溶液全部移入容量瓶，容量瓶和溶液的温度应保持在 20±1℃，加蒸馏水至容量瓶 1L 刻度。振荡容量瓶以保证亚甲蓝粉末完全溶解。将容量瓶中溶液移入深色储藏瓶中，标明制备日期、失效日期(亚甲蓝溶液保质期应不超过 28d)，并置于阴暗处保存。

2)将样品缩分至 400g，放在烘箱中于 105±5℃下烘干至恒重，待冷却至室温后，筛除大于公称直径 5.0mm 的颗粒备用。

(3)试验步骤

1)亚甲蓝试验

称取试样 200g，精确至 1g。将试样倒入盛有 500±5mL 蒸馏水的烧杯中，用叶轮搅拌机以 600±60r/min 转速搅拌 5min，形成悬浮液，然后以 400±40r/min 转速持续搅拌，直至试验结束。悬浮液中加入 5mL 亚甲蓝溶液，以 400±40r/min 转速搅拌至少 1min 后，用玻璃棒蘸取一滴悬浮液(所取悬浮液滴应使沉淀物直径在 8~12mm 内)，滴于滤纸(置于空烧杯或其他合适的支撑物上，以使滤纸表面不与任何固体或液体接触)上。若沉淀物周围未出现色晕，再加入 5mL 亚甲蓝溶液，继续搅拌 1min，再用玻璃棒蘸取一滴悬浮液，滴于滤纸上，若沉淀物周围仍未出现色晕，重复上述步骤，直至沉淀物周围出现约 1mm 宽的稳定浅蓝色色晕。此时，应继续搅拌，不加亚甲蓝溶液，每 1min 进行一次蘸染试验。若色晕在 4min 内消失，再加入 5mL 亚甲蓝溶液；若色晕在第 5min 消失，再加入 2mL 亚甲蓝溶液。两种情况下，均应继续进行搅拌和蘸染试验，直至色晕可持续 5min。记录色晕持续 5min 时所加入的亚甲蓝溶液总体积，精确至 1mL。

2)亚甲蓝快速试验

试样按上述试验制备。一次性向烧杯中加入 30mL 亚甲蓝溶液,以 400±40r/min 转速持续搅拌 8min,然后用玻璃棒蘸取一滴悬浊液,滴于滤纸上,观察沉淀物周围是否出现明显色晕。

(4)亚甲蓝 MB 值计算

亚甲蓝 MB 值按下式计算:

$$MB = \frac{V}{G} \times 10 \tag{2-9}$$

式中:MB——亚甲蓝值(g/kg),表示每千克 0～2.36mm 粒级试样所消耗的亚甲蓝克数,精确至 0.01;

G——试样质量(g);

V——所加入的亚甲蓝溶液的总量(mL)。

6.人工砂压碎指标试验

本方法适用于测定粒级为 315μm～5.00mm 的人工砂的压碎指标。

(1)仪器设备

1)压力试验机,荷载 300kN;

2)受压钢模(图 2-8);

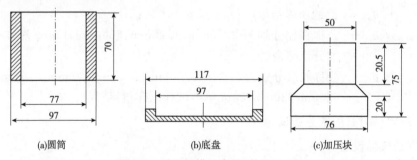

(a)圆筒　　(b)底盘　　(c)加压块

图 2-8　受压钢模示意图(单位:mm)

3)天平——称量为 1000g,感量 1g;

4)试验筛——筛孔公称直径分别为 5.00mm、2.50mm、1.25mm、630μm、315μm、160μm、80μm 的方孔筛各一只;

5)温度控制范围为 105±5℃;

6)瓷盘 10 个,小勺 2 把。

(2)试样制备

将缩分后的样品置于 105±5℃的烘箱内烘干至恒重,待冷却至室温后,筛分成 5.00～2.50mm、2.50～1.25mm、1.25mm～630μm、630～315μm 四个粒

级,每级试样质量不得少于1000g。

(3)试验步骤

置圆筒于底盘上,组成受压模,将一单级砂样约300g装入模内,使试样距底盘约为50mm。平整试模内试样的表面,将加压块放入圆筒内,并转动一周使之与试样均匀接触。将装好砂样的受压钢模置于压力机的支承板上,对准压板中心后,开动机器,以500N/s的速度加荷,加荷至25kN时持荷5s,而后以同样速度卸荷。取下受压模,移去加压块,倒出压过的试样并称其质量(m_0),然后用该粒级的下限筛(如砂样为公称粒级5.00~2.50mm时,其下限筛为筛孔公称直径2.50mm的方孔筛)进行筛分,称出该粒级试样的筛余量(m_1)。

(4)人工砂压碎指标计算

1)第 i 单级砂样的压碎指标按下式计算,精确至0.1%;

$$\delta_i = \frac{m_0 - m_1}{m_0} \times 100\% \tag{2-10}$$

式中:δ_i——第 i 单级砂样压碎指标(%);

m_0——第 i 单级试样的质量(g);

m_1——第 i 单级试样的压碎试验后筛余的试样质量(g)。

2)四级砂样总的压碎指标按下式计算:

$$\delta_{\&} = \frac{\alpha_1 \delta_1 + \alpha_2 \delta_2 + \alpha_3 \delta_3 + \alpha_4 \delta_4}{\alpha_1 + \alpha_2 + \alpha_3 + \alpha_4} \times 100\% \tag{2-11}$$

式中: $\delta_{\&}$——总的压碎指标(%),精确至0.1%;

α_1、α_2、α_3、α_4——公称直径分别为2.50mm、1.25mm、630μm、315μm 各方孔筛的分计筛余(%);

δ_1、δ_2、δ_3、δ_4——公称粒级分别为5.00~2.50mm、2.50~1.25mm、1.25mm~630μm;630~315μm 单级试样压碎指标(%)。

7.碎(卵)石的筛分析试验

(1)仪器设备

1)试验筛——筛孔公称直径为100.0mm、80.0mm、63.0mm、50.0mm、40.0mm、31.5mm、25.0mm、20.0mm、16.0mm、10.0mm、5.00mm 和 2.50mm 的方孔筛以及筛的底盘和盖各一只,其规格和质量要求应符合现行国家标准《金属穿孔板试验筛》GB/T6003.2 的要求,筛框直径为300mm;

2)天平和秤——天平的称量5kg,感量5g;秤的称量20kg,感量20g;

3)烘箱——温度控制范围为105±5℃;

4)浅盘。

(2)试样的制备

试验前,应将样品缩分至表2-3所规定的试样最少质量,并烘干或风干后备用。

表2-3 筛分析所需试样的最少质量

公称粒径(mm)	10.0	16.0	20.0	25.0	31.5	40.0	63.0	80.0
试样最少质量(kg)	2.0	3.2	4.0	5.0	6.3	80.0	12.6	16.0

(3)试验步骤

按表2-3的规定称取试样。将试样按筛孔大小顺序过筛,当每只筛上的筛余层厚度大于试样的最大粒径值时,应将该筛上的筛余试样分成两份,再次进行筛分,直至各筛每分钟的通过量不超过试样总量的0.1%。称取各筛筛余的质量,精确至试样总质量的0.1%。各筛的分计筛余量和筛底剩余量的总和与筛分前测定的试样总量相比,其相差不得超过1%。

(4)筛分析计算

1)计算分计筛余(各筛上筛余量除以试样的百分率),精确至0.1%;

2)计算累计筛余(该筛的分计筛余与筛孔大于该筛的各筛的分计筛余百分率之总和),精确至1%;

3)根据各筛的累计筛余,评定该试样的颗粒级配。

8. 碎(卵)石中含泥量试验

(1)仪器设备

1)秤——称量20kg,感量20g;

2)烘箱——温度控制范围为105±5℃;

3)试验筛——筛孔公称直径为1.25mm及80μm的方孔筛各一只;

4)容器——容积约10L的瓷盘或金属盒;

5)浅盘。

(2)试样制备

将样品缩分至表2-4所规定的量(注意防止细粉丢失),并置于温度为(105±5)℃的烘箱内烘干至恒重,冷却至室温后分成两份备用。

表2-4 含泥量试验所需的试样最少质量

最大公称粒径(mm)	10.0	16.0	20.0	25.0	31.5	40.0	63.0	80.0
试样量不少于(kg)	2	2	6	6	10	10	20	20

(3)试验步骤

称取试样一份(m_0)装入容器中摊平,并注入饮用水,使水面高出石子表面150mm;浸泡2h后,用手在水中淘洗颗粒,使尘屑、淤泥和黏土与较粗颗粒分离,并使之悬浮或溶解于水。缓缓地将浑浊液倒入公称直径为1.25mm及80μm的方孔套筛(1.25mm筛放置上面)上,滤去小于80μm的颗粒。试验前筛子的两面应先用水湿润。在整个试验过程中应注意避免大于 $80\mu m$ 的颗粒丢失。再次加水于容器中，重复上述过程，直至洗出的水清澈为止。用水冲洗剩留在筛上的细粒，并将公称直径为 $80\mu m$ 的方孔筛放在水中（使水面略高出筛内颗粒）来回摇动，以充分洗除小于 $80\mu m$ 的颗粒。然后将两只筛上剩留的颗粒和筒中已洗净的试样一并装入浅盘，置于温度为 $105\pm5℃$ 的烘箱中烘干至恒重。取出冷却至室温后，称取试样的质量（m_1）。

(4) 含泥量计算

碎石或卵石中含泥量应按下式计算，精确至 0.1%：

$$\omega_c = \frac{m_0 - m_1}{m_0} \times 100\% \tag{2-12}$$

式中：ω_c——含泥量（%）；

m_0——试验前烘干试样的质量（g）；

m_1——试验后烘干试样的质量（g）。

9. 碎（卵）石中泥块含量试验

(1) 仪器设备

1) 秤——称量 20kg，感量 20g；

2) 试验筛——筛孔公称直径为 2.50mm 及 5.00mm 的方孔筛各一只；

3) 水筒及浅盘等；

4) 烘箱——温度控制范围为 $105\pm5℃$。

(2) 试样制备

将样品缩分至略大于表 2-4 所示的量，缩分时应防止所含黏土块被压碎。缩分后的试样在 $105\pm5℃$ 烘箱内烘至恒重，冷却至室温后分成两份备用。

(3) 试验步骤

筛去公称粒径 5.00mm 以下颗粒，称取质量（m_1）。将试样在容器中摊平，加入饮用水使水面高出试样表面，24h 后把水放出，用手碾压泥块，然后把试样放在公称直径为 2.50mm 的方孔筛上摇动淘洗，直至洗出的水清澈为止。将筛上的试样小心地从筛里取出，置于温度为 $105\pm5℃$ 烘箱中烘干至恒重。取出冷却至室温后称取质量（m_2）。

(4) 泥块含量计算

泥块含量 $\omega_{c,L}$ 应按下式计算，精确至 0.1%：

$$\omega_{c,L} = \frac{m_1 - m_2}{m_1} \times 100\% \tag{2-13}$$

式中：$\omega_{c,L}$——泥块含量（%）；

m_1——公称直径 5mm 筛上筛余量（g）；

m_2——试验后烘干试样的质量（g）。

10.碎(卵)石中针片状颗粒的总含量试验

(1)仪器设备

1)针状规准仪(图 2-9)和片状规准仪(图 2-10),或游标卡尺;

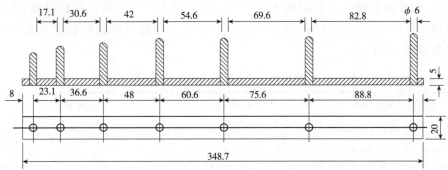

图 2-9 针状规准仪(单位:mm)

2)天平和秤——天平的称量 2kg,感量 2g;秤的称量 20kg,感量 20g;

3)试验筛——筛孔公称直径分别为 5.00mm、10.0mm、20.0mm、25.0mm、31.5mm、40.0mm、63.0mm 和 80.0mm 的方孔筛各一只,根据需要选用;

4)卡尺。

(2)试样制备

将样品在室内风干至表面干燥,并缩分至表2-5规定的量,称量(m_0),然后筛分成表 2-6 所规定的粒级备用。

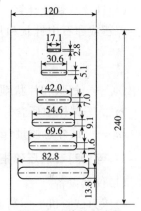

图 2-10 片状规准仪
(单位:mm)

表 2-5 针状和片状颗粒的总含量试验所需的试样最少质量

最大公称粒径(mm)	10.0	16.0	20.0	25.0	31.5	≥40.0
试样最少质量(kg)	0.3	1	2	3	5	10

表 2-6 针状和片状颗粒的总含量试验的粒级划分及其相应的规准仪孔宽或间距

公称粒级(mm)	5.00～10.0	10.0～16.0	16.0～20.0	20.0～25.0	25.0～31.5	31.5～40.0
片状规准仪上相对应的孔宽(mm)	2.8	5.1	7.0	9.1	11.6	13.8
针对规准仪上相对应的间距(mm)	17.1	30.6	42.0	54.6	69.6	82.8

(3)试验步骤

按表 2-6 所规定的粒级用规准仪逐粒对试样进行鉴定,凡颗粒长度大于针状规准仪上相对应的间距的,为针状颗粒。厚度小于片状规准仪上相应孔宽的,为片状颗粒。公称粒径大于 40mm 的可用卡尺鉴定其针片状颗粒,卡尺卡口的设定宽度应符合表 2-7 的规定。称取由各粒级挑出的针状和片状颗粒的总质量(m_1)。

表 2-7 公称粒径大于 40mm 用卡尺卡口的设定宽度

公称粒级(mm)	40.0～63.0	63.0～80.0
片状颗粒的卡口宽度(mm)	18.1	27.6
针状颗粒的卡口宽度(mm)	108.6	165.6

(4)针片状颗粒计算

碎石或卵石中针状和片状颗粒的总含量应按下式计算,精确至 1%:

$$\omega_p = \frac{m_1}{m_0} \times 100\% \tag{2-14}$$

式中:ω_p——针状和片状颗粒的总含量(%);

m_1——试样中所含针状和片状颗粒的总质量(g);

m_0——试样总质量(g)。

11. 碎(卵)石的压碎指标试验

(1)仪器设备

1)压力试验机——荷载 300kN;

2)压碎值指标测定仪(图 2-11);

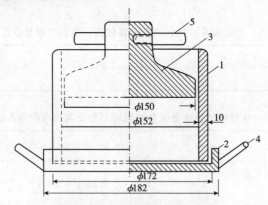

图 2-11 压碎值指标测定仪
1-圆筒;2-底盘;3-加压头;4-手把;5-把手

3)秤——称量5kg,感量5g;

4)试验筛——筛孔公称直径为10.0mm和20.0mm的方孔筛各一只。

(2)试样制备

1)标准试样一律采用公称粒级为10.0~20.0mm的颗粒,并在风干状态下进行试验。

2)对多种岩石组成的卵石,当其公称粒径大于20.0mm颗粒的岩石矿物成分与10.0~20.0mm粒级有显著差异时,应将大于20.0mm的颗粒应经人工破碎后,筛取10.0~20.0mm标准粒级另外进行压碎值指标试验。

3)将缩分后的样品先筛除试样中公称粒径10.0mm以下及20.0mm以上的颗粒,再用针状和片状规准仪剔除针状和片状颗粒,然后称取每份3kg的试样3份备用。

(3)试验步骤

置圆筒于底盘上,取试样一份,分两层装入圆筒。每装完一层试样后,在底盘下面垫放一直径为10mm的圆钢筋,将筒按住,左右交替颠击地面各25下。第二层颠实后,试样表面距盘底的高度应控制为100mm左右。整平筒内试样表面/把加压头装好(注意应使加压头保持平正),放到试验机上在160~300s内均匀地加荷到200kN,稳定5s,然后卸荷,取出测定筒。倒出筒中的试样并称其质量(m_0),用公称直径为2.50mm的方孔筛筛除被压碎的细粒,称量剩留在筛上的试样质量(m_1)。

(4)压碎指标计算

碎石或卵石的压碎值指标δ_a,应按下式计算(精确至0.1%):

$$\delta_a = \frac{m_0 - m_1}{m_0} \times 100\% \tag{2-15}$$

式中:δ_a——压碎值指标(%);

m_0——试样的质量(g);

m_1——压碎试验后筛余的试样质量(g)。

多种岩石组成的卵石,应对公称粒径20.0mm以下和20.0mm以上的标准粒级(10.0~20.0mm)分别进行检验,则其总的压碎值指标δ_a应按下式计算:

$$\delta_a = \frac{\alpha_1 \delta_{a1} + \alpha_2 \delta_{a2}}{\alpha_1 + \alpha_2} \times 100\% \tag{2-16}$$

式中:δ_a——总的压碎值指标(%);

α_1、α_2——公称粒径20.0mm以下和20.0mm以上两粒级的颗粒含量百分率;

δ_{a1}、δ_{a2}——两粒级以标准粒级试验的分计压碎值指标(%)。

三、骨料试验结果评定

1. 砂的筛分析

以两次试验结果的算术平均值作为测定值,精确至 0.1。当两次试验所得的细度模数之差大于 0.20 时,应重新取试样进行试验。

2. 砂的含泥量

以两个试样试验结果的算术平均值作为测定值。两次结果之差大于 0.5% 时,应重新取样进行试验。天然砂中的含泥量应符合表 2-8 的要求。

表 2-8　天然砂中的含泥量

混凝土强度等级	≥C60	C55～C30	≤C25
含泥量(按质量计,%)	≤2.0	≤3.0	≤5.0

对于有抗冻、抗渗或其他特殊要求的小于或等于 C25 混凝土用砂,其含泥量不应大于 3.0%。

3. 砂中泥块含量

以两次试样试验结果的算术平均值作为测定值。砂中泥块含量应符合表 2-9 的要求。

表 2-9　砂中泥块含量

混凝土强度等级	≥C60	C55～C30	≤C25
泥块含量(按质量计,%)	≤0.5	≤1.0	≤2.0

对于有抗冻、抗渗或其他特殊要求的小于或等于 C25 混凝土用砂,其泥块含量不应大于 1.0%。

4. 人工砂及混合砂中石粉含量试验(亚甲蓝法)

(1)亚甲蓝试验

当 MB 值<1.4 时,则判定是以石粉为主;当 MB 值>1.4 时,则判定为以泥粉为主的石粉。人工砂或混合砂中石粉含量应符合表 2-10 的要求。

表 2-10　人工砂或混合砂中石粉含量

混凝土强度等级		≥C60	C55～C30	≤C25
石粉含量(%)	MB<1.4(合格)	≤5.0	≤7.0	≤10.0
	MB≥1.4(不合格)	≤2.0	≤3.0	≤5.0

(2)亚甲蓝快速试验

出现色晕的为合格,否则为不合格。

5.人工砂压碎指标

第 i 单粒级砂的压碎指标以三份试样试验结果的算术平均值作为各单粒级试样的测定值。人工砂的总压碎值指标应小于30%。

6.碎(卵)石中含泥量

以两个试样试验结果的算术平均值作为测定值。两次结果之差大于0.2%时,应重新取样进行试验。碎(卵)石中含泥量应符合表2-11的要求。

表2-11 碎石或卵石中含泥量

混凝土强度等级	≥C60	C55~C30	≤C25
含泥量(按质量计,%)	≤0.5	≤1.0	≤2.0

对于有抗冻、抗渗或其他特殊要求的混凝土,其所用碎石或卵石中含泥量不应大于1.0%。当碎石或卵石的含泥是非黏土质的石粉时,其含泥量可为1.0%、1.5%、3.0%。

7.碎(卵)石中泥块含量

以两个试样试验结果的算术平均值作为测定值。碎(卵)石中泥块含量应符合表2-12的要求。

表2-12 碎石或卵石中泥块含量

混凝土强度等级	≥C60	C55~C30	≤C25
泥块含量(按质量计,%)	≤0.2	≤0.5	≤0.7

对于有抗冻、抗渗或其他特殊要求的强度等级小于C30的混凝土,其所用碎石或卵石中泥块含量不应大于0.5%。

8.碎(卵)石中针片状颗粒含量

表2-13 针、片状颗粒含量

混凝土强度等级	≥C60	C55~C30	≤C25
针、片状颗粒含量(按质量计,%)	≤8	≤15	≤25

9.碎(卵)石压碎指标值

以三次试验结果的算术平均值作为压碎指标测定值。碎石的压碎值指标应

符合表 2-14,卵石的压碎值指标应符合表 2-15

表 2-14 碎石的压碎值指标

岩石品种	混凝土强度等级	碎石压碎值指标(%)
沉积岩	C60~C40	≤10
	≤C35	≤16
变质岩或深成的火成岩	C60~C40	≤12
	≤C35	≤20
喷出的火成岩	C60~C40	≤13
	≤C35	≤30

表 2-15 卵石的压碎值指标

混凝土强度等级	≥C60~C40	≤C35
压碎值指标(%)	≤12	≤16

第三节 掺 合 料

一、粉煤灰试验

1. 粉煤灰检验规则和取样

(1)取样批量

以连续供应的 200t 相同等级、相同种类的粉煤灰为一编号。不足 200t 按一个编号论,粉煤灰质量按干灰(含水量小于 1%)的质量计算。

(2)取样方法

1)散装灰取样:应从每批不同部位取 15 份试样,每份试样 1~3kg 混拌均匀;按四分法缩取比试验用量大一倍的试样;

2)袋装灰取样:应从每批中任取 10 袋,每袋各取试样不得少于 1kg,混拌均匀,按四分法缩取比试验用量大一倍的试样。

2. 粉煤灰的必试项目及试验

(1)必试项目

细度、需水量比、烧失量。

(2)粉煤灰细度试验

1)仪器设备

①负压筛析仪

负压筛析仪主要由 45μm 方孔筛、筛座、真空源和收尘器等组成,其中 45μm 方孔筛内径为 φ150mm,高度为 25mm,45μm 方孔筛及负压筛析仪筛座结构示意图如图 2-12 所示。

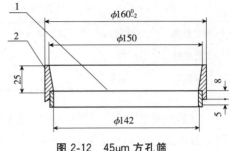

图 2-12　45μm 方孔筛
1-筛网;2-筛框

②天平

量程不小于 50g,最小分度值不大于 0.01g。

2)试验步骤

将测试用粉煤灰样品置于温度为 105～110℃烘干箱内烘至恒重,取出放在干燥器中冷却至室温。称取试样约 10g,准确至 0.01g,倒入 45μm 方孔筛筛网上,将筛子置于筛座上,盖上筛盖。接通电源,将定时开关固定在 3min,开始筛析。开始工作后,观察负压表,使负压稳定在 4000～6000Pa。若负压小于 4000Pa,则应停机,清理收尘器中的积灰后再进行筛析。在筛析过程中,可用轻质木槌或硬橡胶棒轻轻敲打筛盖,以防吸附。3min 后筛析自动停止,停机后观察筛余物,如出现颗粒成球、粘筛或有细颗粒沉积在筛框边缘,用毛刷将细颗粒轻轻刷开,将定时开关固定在手动位置,再筛析 1～3min 直至筛分彻底为止。将筛网内的筛余物收集并称量,准确至 0.01。

3)结果计算

45μm 方孔筛筛余按下式计算:

$$F=(G_1/G)\times 100 \qquad (2\text{-}17)$$

式中:F——45μm 方孔筛筛余,单位为百分数(%);

G_1——筛余物的质量,单位为克(g);

G——称取试样的质量,单位为克(g)。

计算至 0.1%。

(3)需水量比试验

1)仪器设备

①天平:量程不小于 1000g,最小分度值不大于 1g;

②搅拌机:行星式水泥胶砂搅拌机;

③流动度跳桌。

2)试验步骤

胶砂配合比见表 2-16。

表 2-16 胶砂配合比用量表

胶砂种类	水泥/g	粉煤灰/g	标准砂/g	加水量/mL
对比胶砂	250	—	750	125
试验胶砂	175	75	750	按流动度达到130mm~140mm调整

试验胶砂按 GB/T17671 规定进行搅拌。搅拌后的试验胶砂按 GB/T2419 测定流动度,当流动度在 130~140mm 范围内,记录此时的加水量;当流动度小于 130mm 或大于 140mm 时,重新调整加水量,直至流动度达到 130~140mm 为止。

3)结果计算

需水量比按下式计算:

$$X = (L_1/125) \times 100 \quad (2-18)$$

式中:X——需水量比,单位为百分数(%);

L_1——试验胶砂流动度达到 130~140mm 时的加水量,单位为毫升(mL);

125——对比胶砂的加水量,单位为毫升(mL)。

计算至 1%。

(4)烧失量

1)称取 1g 试样,准确至 1mg,置于已烘干至恒重的瓷坩埚中,将盖斜置于坩埚上,放在高温炉内从低温开始逐渐升高温度,在 950~1000℃ 温度下灼烧 15~20min,取出坩埚,置于干燥器中冷至室温。称量,如此反复灼烧,直至恒重。

2)粉煤灰烧失量计算:

$$X = \frac{G - G_1}{G} \times 100\% \quad (2-19)$$

式中:X——粉煤灰烧失量(%);

G_1——灼烧后试样的质量(g);

G——灼烧前的质量(g)。

3. 粉煤灰结果评定

粉煤灰试验结果应符合表 2-17。

表 2-17 粉煤灰技术要求

项目		技术要求		
		Ⅰ级	Ⅱ级	Ⅲ级
细度(45μm 方孔筛筛余),不大于/%	F 类粉煤灰	12.0	25.0	45.0
	C 类粉煤灰			

（续）

项目		技术要求		
		Ⅰ级	Ⅱ级	Ⅲ级
需水量比,不大于/%	F类粉煤灰	95	105	115
	C类粉煤灰			
烧失量,不大于/%	F类粉煤灰	5.0	8.0	15.0
	C类粉煤灰			

二、粒化高炉矿渣粉试验

1. 粒化高炉矿渣粉检验规则和取样

(1) 检验规则

矿渣粉出厂前按同级别进行编号和取样。每一编号为一个取样单位。矿渣粉出厂编号按矿渣粉单线年生产能力规定为：

$60×10^4$t 以上,不超过 2000t 为一编号；

$30×10^4$t～$60×10^4$t,不超过 1000t 为一编号；

$10×10^4$t～$30×10^4$t,不超过 600t 为一编号；

$10×10^4$t 以下,不超过 200t 为一编号。

当散装运输工具容量超过该厂规定出厂编号吨数时,允许该编号数量超过该厂规定出厂编号吨数。

(2) 取样方法

取样按 GB12573—2008 规定进行,取样应有代表性,可连续取样,也可以在 20 个以上部位取等量样品,总量至少 20kg。试样应混合均匀,按四分法缩取出比试验所需要量大一倍的试样。

2. 粒化高炉矿渣粉的必试项目及试验

(1) 必试项目

比表面积、活性指数、流动度比。

(2) 比表面积试验

1) 试验设备及条件

①透气仪：本方法采用的勃氏比表面积透气仪,分手动和自动两种,均应符合 JC/T956 的要求；

②烘干箱：控制温度灵敏度±1℃；

③分析天平：分度值为 0.001g；

④秒表：精确至 0.5s；

⑤压力计液体:采用带有颜色的蒸馏水或直接采用无色蒸馏水;
⑥滤纸:采用符合 GB/T1914 的中速定量滤纸;
⑦试验室条件:相对湿度不大于 50%。

2)试样量确定

试样量按下式计算:

$$m = \rho V(1-\varepsilon) \tag{2-20}$$

式中:M——需要的试样量,单位为克(g);

　　　ρ——试样密度,单位为克每立方厘米(g/cm³);

　　　V——试料层体积,单位为立方厘米(cm³);

　　　ε——试料层空隙率。

3)试验步骤

将穿孔板放入透气圆筒的突缘上,用捣棒把一片滤纸放到穿孔板上,边缘放平并压紧。称取试样量,精确到 0.001g,倒入圆筒。轻敲圆筒的边,使水泥层表面平坦。再放入一片滤纸,用捣器均匀捣实试料直至捣器的支持环与圆筒顶边接触,并旋转 1~2 圈,慢慢取出捣器。穿孔板上的滤纸为 φ12.7mm 边缘光滑的圆形滤纸片。每次测定需用新的滤纸片。

把装有试料层的透气圆筒下锥面涂一薄层活塞油脂,然后把它插入压力计顶端锥型磨口处,旋转 1~2 圈。要保证紧密连接不致漏气,并不振动所制备的试料层。打开微型电磁泵慢慢从压力计一臂中抽出空气,直到压力计内液面上升到扩大部下端时关闭阀门。当压力计内液体的凹月面下降到第一条刻线时开始计时,当液体的凹月面下降到第二条刻线时停止计时,记录液面从第一条刻度线到第二条刻度线所需的时间。以秒记录,并记录下试验时的温度(℃)。每次透气试验,应重新制备试料层。

4)计算

①当被测试样的密度、试料层中空隙率与标准样品相同,试验时的温度与校准温度之差≤3℃时,可按下式计算。

$$S = \frac{S_s \sqrt{T}}{\sqrt{T_s}} \tag{2-21}$$

如试验时的温度与校准温度之差>3℃时,则按下式计算:

$$S = \frac{S_s \sqrt{\eta_s} \sqrt{T}}{\sqrt{\eta} \sqrt{T_s}} \tag{2-22}$$

式中:S——被测试样的比表面积,单位为平方厘米每克(cm²/g);

　　　S_s——标准样品的比表面积,单位为平方厘米每克(cm²/g);

　　　T——被测试样试验时,压力计中液面降落测得的时间,单位为秒(s);

T_S——标准样品试验时,压力计中液面降落测得的时间,单位为秒(s);

η——被测试样试验温度下的空气黏度,单位为微帕·秒($\mu Pa \cdot s$);

η_S——标准样品试验温度下的空气黏度,单位为微帕·秒($\mu Pa \cdot s$)

②当被测试样的试料层中空隙率与标准样品试料层中空隙率不同,试验时的温度与校准温度之差≤3℃时,可按下式计算。

$$S=\frac{S_S\sqrt{T}(1-\varepsilon_S)\sqrt{\varepsilon^3}}{\sqrt{T_S}(1-\varepsilon)\sqrt{\varepsilon_S^3}} \quad (2-23)$$

如试验时的温度与校准温度之差>3℃时,则按下式计算:

$$S=\frac{S_S\sqrt{\eta_S}\sqrt{T}(1-\varepsilon_S)\sqrt{\varepsilon^3}}{\sqrt{\eta}\sqrt{T_S}(1-\varepsilon)\sqrt{\varepsilon_S^3}} \quad (2-24)$$

式中:ε——被测试样试料层中的空隙率;

ε_S——标准样品试料层中的空隙率。

③当被测试样的密度和空隙率均与标准样品不同,试验时的温度与校准温度之差≤3℃时,可按下式计算

$$S=\frac{S_S\rho_S\sqrt{T}(1-\varepsilon_S)\sqrt{\varepsilon^3}}{\rho\sqrt{T_S}(1-\varepsilon)\sqrt{\varepsilon_S^3}} \quad (2-25)$$

如试验时的温度与校准温度之差>3℃时,则按下式计算:

$$S=\frac{S_S\rho_S\sqrt{\eta_S}\sqrt{T}(1-\varepsilon_S)\sqrt{\varepsilon^3}}{\rho\sqrt{\eta}\sqrt{T_S}(1-\varepsilon)\sqrt{\varepsilon_S^3}} \quad (2-26)$$

式中:ρ——被测试样的密度,克每立方厘米(g/cm^3);

ρ_S——标准样品的密度,克每立方厘米(g/cm^3)。

(3)活性指数试验

1)试验方法

对比胶砂和试验胶砂配合比如表2-18进行制备试样。

表2-18 胶砂配比

胶砂种类	对比水泥/g	矿渣粉/g	中国ISO标准砂/g	水/mL
对比胶砂	450	—	1350	225
试验胶砂	225	225	1350	225

2)试验及计算

分别测定对比胶砂和试验胶砂的7d、28d抗压强度。

矿渣粉7d活性指数按下式计算,计算结果保留至整数:

$$A_7=\frac{R_7\times 100}{R_{07}} \quad (2-27)$$

式中：A_7——矿渣粉 7d 活性指数(%)；
　　　R_{07}——对比胶砂 7d 抗压强度，单位为兆帕(MPa)；
　　　R_7——试验胶砂 7d 抗压强度，单位为兆帕(MPa)。

矿渣粉 28d 活性指数按下式计算，计算结果保留至整数

$$A_{28}=\frac{R_{28}\times100}{R_{028}} \tag{2-28}$$

式中：A_{28}——矿渣粉 28d 活性指数，%；
　　　R_{028}——对比胶砂 28d 抗压强度，单位为兆帕(MPa)；
　　　R——试验胶砂 28d 抗压强度，单位为兆帕(MPa)。

(4)流动度比

按表 2-18 胶砂配比和 GB/T2419 进行试验，分别测定对比胶砂和试验胶砂的流动度，矿渣粉的流动度比按下式计算，计算结果保留至整数。

$$F=\frac{L\times100}{L_m} \tag{2-29}$$

式中：F——矿渣粉流动度比(%)；
　　　L_m——对比样品胶砂流动度，单位为毫米(mm)；
　　　L——试验样品胶砂流动度，单位为毫米(mm)。

3. 粒化高炉矿渣粉结果评定

(1)比表面积应由二次透气试验结果的平均值确定。如二次试验结果相差 2% 以上时，应重新试验。计算结果保留至 $10cm^2/g$。

(2)粒化高炉矿渣粉应符合表 2-19 要求。

表 2-19　技术指标

项目		级别		
		S105	S95	S75
比表面积/(m²/kg)	≥	500	400	300
活性指数/% ≥	7d	95	75	55
	28d	105	95	75
流动度比/%	≥	95		

第四节　外　加　剂

一、混凝土外加剂批量

(1)依据《混凝土外加剂》GB8076—2008 标准的混凝土外加剂：掺量≥1%

的同品种外加剂每一编号为100t,掺量<1‰的同品种外加剂每一编号为50t。不足100t或50t的,可按一个批量计。同一编号的产品必须混合均匀。每一编号取样量不少于0.2t水泥所需用的外加剂量。

(2)防水剂:年产500t以上的防水剂,每50t为一批;年产500t以下的,30t为一批;不足50t或30t的,也可按一个批量计。同一编号的产品必须混合均匀。每一编号取样量不少于0.2t水泥所需用的外加剂量。

(3)泵送剂:年产500t以上的防水剂,每50t为一批;年产500t以下的,30t为一批;不足50t或30t的,也可按一个批量计。同一编号的产品必须混合均匀。每一编号取样量不少于0.2t水泥所需用的外加剂量。

(4)防冻剂:每50t防冻剂为一批,不足50t也可作为一批。以容器上、中、下的20个以上不同部位取等量样品,每批取样是不少于0.15t水泥所需用的外加剂量。

(5)速凝剂:每20t速凝剂为一批,不足20t也可作为一批。16个不同点取样,每点取样不少于250g,总量不少于4000g。

(6)膨胀剂:每200t膨胀剂为一批,不足200t也可作为一批。取样总量不小于10kg。

二、外加剂的必试项目及外加剂性能试验

1.必试项目

(1)普通减水剂、高效减水剂:减水率、28d抗压强度比、钢筋锈蚀。

(2)引气剂及引气减水剂:含气量、28d抗压强度比、钢筋锈蚀、减水率。

(3)缓凝剂及缓凝减水剂:凝结时间差、28d抗压强度比、钢筋锈蚀、减水率。

(4)泵送剂:坍落度及坍落度损失、28d抗压强度比、钢筋锈蚀。

(5)防冻剂:泌水率比、-7d和-7+28d抗压强度比、钢筋锈蚀(50次冻融强度损失率比)。

(6)防水剂:渗透高度比、28d抗压强度比、钢筋锈蚀。

(7)膨胀剂:限制膨胀率、28d抗压强度比、钢筋锈蚀。

(8)早强剂及早强减水剂:1d和28d的抗压强度比、钢筋锈蚀、减水率。

(9)速凝剂:凝结时间、28d抗压强度比、钢筋锈蚀。

2.外加剂试验

(1)试件制作

1)混凝土试件制作及养护按GB/T50080—2002进行,但混凝土预养温度为20±3℃。

2)试验项目及数量

表 2-20　试验项目及所需数量

试验项目	外加剂类别	试验类别	混凝土拌合批数	每批取样数目	基准混凝土总取样数目	受检混凝土总取样数目
减水率	除早强剂、缓凝剂外的各种外加剂	混凝土拌合物	3	1次	3次	3次
泌水率比	各种外加剂		3	1个	3个	3个
含气量			3	1个	3个	3个
凝结时间差			3	1个	3个	3个
1h经时变化量 坍落度	高性能减水剂、泵送剂		3	1个	3个	3个
含气量	引气剂、引气减水剂		3	1个	3个	3个
抗压强度比	各种外加剂	硬化混凝土	3	6,9或12块	18,27或36块	18,27或36块
收缩率比		硬化混凝土	3	1条	3条	3条
相对耐久性	引气减水剂、引气剂	硬化混凝土	3	1条	3条	3条

注：1. 试验时，检验同一种外加剂的三批混凝土的制作宜在开始试验一周内的不同日期完成。对比的基准混凝土和受检混凝土应同时成型。
2. 试验龄期参考表1试验项目栏。
3. 试验前后应仔细观察试样，对有明显缺陷的试样和试验结果都应含弃。

(2)坍落度和坍落度1h经时变化量

1)混凝土坍落度按照GB/T50080测定;但坍落度为210±10mm的混凝土,分两层装料,每层装入高度为筒高的一半,每层用插捣棒插捣15次。

2)当要求测定此项时,应将搅拌的混凝土留下足够一次混凝土坍落度的试验数量,并装入用湿布擦过的试样筒内,容器加盖,静置至1h(从加水搅拌时开始计算),然后倒出,在铁板上用铁锹翻拌至均匀后,再按照坍落度测定方法测定坍落度。计算出机时和1h之后的坍落度之差值,即得到坍落度的经时变化量。

坍落度1h经时变化量按下式计算:

$$\Delta Sl = Sl_0 - Sl_{1h} \tag{2-30}$$

式中:ΔSl——坍落度经时变化量,单位为毫米(mm);

Sl_0——出机时测得的坍落度,单位为毫米(mm);

Sl_{1h}——1h后测得的坍落度,单位为毫米(mm)。

(3)减水率测定

减水率为坍落度基本相同时,基准混凝土和受检混凝土单位用水量之差与基准混凝土单位用水量之比。减水率按下式计算,应精确到0.1%。

$$W_R = \frac{W_0 - W_1}{W_0} \times 100 \tag{2-31}$$

式中:W_R——减水率,%;

W_0——基准混凝土单位用水量,单位为千克每立方米(kg/m³);

W_1——受检混凝土单位用水量,单位为千克每立方米(kg/m³)。

(4)泌水率比测定

1)泌水率比按下式计算,精确到1%

$$R_B = \frac{B_t}{B_c} \times 100 \tag{2-32}$$

式中:R_B——泌水率比,%;

B_t——受检混凝土泌水率,%;

B_c——基准混凝土泌水率,%。

2)泌水率的测定和计算

先用湿布润湿容积为5L的带盖筒(内径为185mm,高200mm),将混凝土拌合物一次装入,在振动台上振动20s,然后用抹刀轻轻抹平,加盖以防水分蒸发。试样表面应比筒口边低约20mm。自抹面开始计算时间,在前60min,每隔10min用吸液管吸出泌水一次,以后每隔20min吸水一次,直至连续三次无泌水为止。每次吸水前5min,应将筒底一侧垫高约20mm,使筒倾斜,以便于吸水。吸水后,将筒轻轻放平盖好。将每次吸出的水都注入带塞量筒,最后计算出总的

泌水量,精确至1g,并按下式计算:

$$B=\frac{V_W}{(W/G)G_W}\times100 \quad (2\text{-}33)$$

$$G_W=G_1-G_0 \quad (2\text{-}34)$$

式中:B——泌水率,%;

V_W——泌水总质量,单位为克(g);

W——混凝土拌合物的用水量,单位为克(g)

G——混凝土拌合物的总质量,单位为克(g)

G_W——试样质量,单位为克(g);

G_1——筒及试样质量,单位为克(g);

G_0——筒质量,单位为克(g)。

(5)含气量和含气量1h经时变化量测定

1)含气量测定

按GB/T50080—2002用气水混合式含气量测定仪,并按仪器说明进行操作,但混凝土拌合物应一次装满并稍高于容器,用振动台振实15~20s。

2)含气量1h经时变化量测定

当要求测定此项时,将搅拌的混凝土留下足够一次含气量试验的数量,并装入用湿布擦过的试样筒内,容器加盖,静置至1h(从加水搅拌时开始计算),然后倒出,在铁板上用铁锹翻拌均匀后,再按照含气量测定方法测定含气量。计算出机时和1h之后的含气量之差值,即得到含气量的经时变化量。

含气量1h经时变化量按下式计算:

$$\Delta A=A_0-A_{1h} \quad (2\text{-}35)$$

式中:ΔA——含气量经时变化量,%;

A_0——出机后测得的含气量,%;

A_{1h}——1小时后测得的含气量,%。

(6)凝结时间差测定

1)凝结时间差按下式计算:

$$\Delta T=T_t-T_c \quad (2\text{-}36)$$

式中:ΔT——凝结时间之差,单位为分钟(min);

T_t——受检混凝土的初凝或终凝时间,单位为分钟(min);

T_c——基准混凝土的初凝或终凝时间,单位为分钟(min)。

2)凝结时间采用贯入阻力仪测定,仪器精度为10N,凝结时间测定方法如下:

将混凝土拌合物用5mm(圆孔筛)振动筛筛出砂浆,拌匀后装入上口内径为160mm,下口内径为150mm,净高150mm的刚性不渗水的金属圆筒,试样表面应略低于筒口约10mm,用振动台振实,约3~5s,置于20±2℃的环境中,容器加盖。一般基准混凝土在成型后3~4h,掺早强剂的在成型后1~2h,掺缓凝剂的在成型后4~6h开始测定,以后每0.5h或1h测定一次,但在临近初、终凝时,可以缩短测定间隔时间。每次测点应避开前一次测孔,其净距为试针直径的2倍,但至少不小于15mm,试针与容器边缘之距离不小于25mm。测定初凝时间用截面积为100mm²的试针,测定终凝时间用20mm²的试针。

测试时,将砂浆试样筒置于贯入阻力仪上,测针端部与砂浆表面接触,然后在10±2s内均匀地使测针贯入砂浆25±2mm深度。记录贯入阻力,精确至10N,记录测量时间,精确至1mm。贯入阻力按下式计算,精确到0.1MPa。

$$R = \frac{P}{A} \tag{2-37}$$

式中:R——贯入阻力值,单位为兆帕(MPa);

P——贯入深度达25mm时所需的净压力,单位为牛顿(N);

A——贯入阻力仪试针的截面积,单位为平方毫米(mm²)。

根据计算结果,以贯入入阻力值为纵坐标,测试时间为横坐标,绘制贯入阻力值与时间关系曲线,求出贯入阻力值达3.5MPa时,对应的时间作为初凝时间;贯入阻力值达28MPa时,对应的时间作为终凝时间。从水泥与水接触时开始计算凝结时间。

(7)抗压强度比测定

1)普通混凝土

受检混凝土与基准混凝土的抗压强度按GB/T50081进行试验和计算。试件制作时,用振动台振动15~20s。试件预养温度为20±3℃。

抗压强度比以掺外加剂混凝土与基准混凝土同龄期抗压强度之比表示,按下式计算,精确到1%:

$$R_f = \frac{f_t}{f_c} \times 100 \tag{2-38}$$

式中:R_f——抗压强度比,%;

f_t——受检混凝土的抗压强度,单位为兆帕(MPa);

f_c——基准混凝土的抗压强度,单位为兆帕(MPa)。

2)掺防冻剂混凝土

①试件制作

基准混凝土试件和受检混凝土试件应同时制作。混凝土试件制作及养护参照GB/T50080进行,但掺与不掺防冻剂混凝土坍落度为80±10mm,试件制作采用振动台振实,振动时间为10~15s。掺防冻剂的受检混凝土试件在20±3℃环境温度下按照表2-21规定的时间预养后移入冰箱(或冰室)内并用塑料布覆盖试件,其环境温度应于3~4h内均匀地降至规定温度,养护7d后(从成型加水时间算起)脱模,放置在20±3℃;环境温度下解冻,解冻时间按表2-21的规定解冻后进行抗压强度试验或转标准养护。

表2-21 不同规定温度下混凝土试件的预养和解冻时间

防冻剂的规定温度(℃)	预养时间(h)	$M(℃·h)$	解冻时间(h)
−5	6	180	6
−10	5	150	5
−15	4	120	4

注:试件预养时间也可按 $M=\sum(T+10)\Delta t$ 来控制。式中:M——度时积,T——温度。Δt——温度T的持续时间。

②抗压强度比

以受检标养混凝土、受检负温混凝土与基准混凝土在不同条件下的抗压强度之比表示:

$$R_{28}=\frac{f_{CA}}{f_C}\times 100 \qquad (2-39)$$

$$R_{-7}=\frac{f_{AT}}{f_C}\times 100 \qquad (2-40)$$

$$R_{-7+28}=\frac{f_{AT}}{f_C}\times 100 \qquad (2-41)$$

$$R_{-7+56}=\frac{f_{AT}}{f_C}\times 100 \qquad (2-42)$$

式中:R_{28}——受检标养混凝土与基准混凝土标养28d的抗压强度之比,单位为百分数(%);

f_{CA}——受检标养混凝土28d的抗压强度,单位为兆帕(MPa);

f_C——基准混凝土标养28d的抗压强度,单位为兆帕(MPa);

R_{-7}——受检负温混凝土负温养护7d的抗压强度与基准混凝土标养28d抗压强度之比,单位为百分数(%);

f_{AT}——不同龄期(R_{-7},R_{-7+28},R_{-7+56})的受检混凝土的抗压强度,单位为兆帕(MPa)。

R_{-7+28}——受检负温混凝土在规定温度下负温养护7d再转标准养护28d的抗压强度与基准混凝土标养28d抗压强度之比,单位为百分数(%);

R_{-7+56}——受检负温混凝土在规定温度下负温养护7d再转标准养护56d的抗压强度与基准混凝土标养28d抗压强度之比,单位为百分数(%)。

(8)收缩率比

受检混凝土及基准混凝土的收缩率按GB/T50082测定和计算。试件用振动台成型,振动15~20s。收缩率比以28d龄期时受检混凝土与基准混凝土的收缩率的比值表示,按下式计算:

$$R_\varepsilon = \frac{\varepsilon_1}{\varepsilon_c} \times 100 \qquad (2-43)$$

式中:R_ε——收缩率比,%;

ε_1——受检混凝土的收缩率,%;

ε_c——基准混凝土的收缩率,%。

(9)渗透高度比

1)试验步骤

渗透高度比试验的混凝土一律采用坍落度为180±10mm的配合比。参照GB/T50082—2002规定的抗渗透性能试验方法,但初始压力为0.4MPa。若基准混凝土在1.2MPa以下的某个压力透水,则受检混凝土也加到这个压力,并保持相同时间,然后劈开,在底边均匀取10个点,测定平均渗透高度。若基准混凝土与受检混凝土在1.2MPa时都未透水,则停止升压,劈开,测定平均渗透高度。

2)结果计算

渗透高度比按照下式计算,精确至1%:

$$R_{hc} = \frac{H_{tc}}{H_{rc}} \times 100 \qquad (2-44)$$

式中:R_{hc}——受检混凝土与基准混凝土渗透高度比,用百分比表示(%);

H_{tc}——受检混凝土的渗透高度,单位为毫米(mm);

H_{rc}——基准混凝土的渗透高度,单位为毫米(mm)。

(10)限制膨胀率

1)仪器设备和试验室温湿度

①测量仪:测量仪由千分表、支架和标准杆组成(图2-13),千分表的分辨率为0.001mm。

②纵向限制器:由纵向钢丝与钢板焊接制成(图2-14)

③恒温恒湿(箱)室温度为20±2℃,湿度为60±5%。

2)试样制备

每成型3条试体需称量的材料和用量如表2-22。

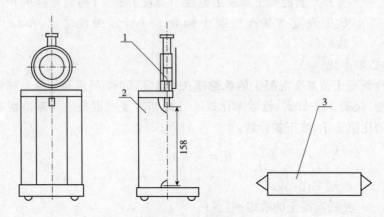

图 2-13 测量仪

1-电子千分表；2-支架；3-标准杆

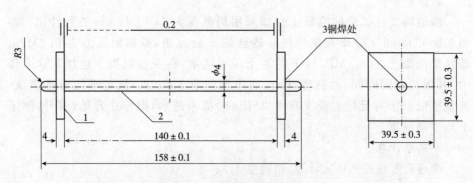

图 2-14 纵向限制器(单位 mm)

1-钢板；2-钢丝；3-铜焊处

表 2-22 限制膨胀率材料用量表

材　料	代　号	材料质量
水泥/g	C	607.5+2.0
膨胀剂/g	E	67.5±0.2
标准砂/g	S	1350.0±5.0
拌和水/g	W	270.0±1.0

注：$\dfrac{E}{C+E}=0.10$；$\dfrac{S}{C\div E}=2.00$；$\dfrac{W}{C+E}=0.40$。

同一条件有 3 条试体供测长用,试体全长 158mm,其中胶砂部分尺寸为 40mm×40mm×140mm。

3)试体测长

测量前 3h,将测量仪、标准杆放在标准试验室内,用标准杆校正测量仪并调整下分表零点。测量前,将试体及测量仪测头擦净。每次测量时,试体记有标志的一面与测量仪的相对位置必须一致,纵向限制器测头与测量仪测头应正确接触,读数应精确至 0.001mm。不同龄期的试体应在规定时间±1h 内测量。

试体脱模后在 1h 内测量试体的初始长度。

测量完初始长度的试体立即放入水中养护,测量第 7d 的长度。然后放入恒温恒湿(箱)室养护,测量第 21d 的长度。也可以根据需要测量不同龄期的长度,观察膨胀收缩变化趋势。

养护时,应注意不损伤试体测头。试体之间应保持 15mm 以上间隔,试体支点距限制钢板两端约 30mm。

4)结果计算

各龄期限制膨胀率按下式计算:

$$\varepsilon = \frac{L_1 - L}{L_c} \times 100 \qquad (2\text{-}45)$$

式中:ε——所测龄期的限制膨胀率,%;

L_1——所测龄期的试体长度测量值,单位为毫米(mm);

L——试体的初始长度测量值,单位为毫米(mm);

L_c——试体的基准长度,140mm。

三、外加剂试验结果评定

1. 坍落度和坍落度 1h 经时变化量

每批混凝土取一个试样。坍落度和坍落度 1 小时经时变化量均以三次试验结果的平均值表示。三次试验的最大值和最小值与中间值之差有一个超过 10mm 时,将最大值和最小值一并舍去,取中间值作为该批的试验结果;最大值和最小值与中间值之差均超过 10mm 时,则应重做。坍落度及坍落度 1 小时经时变化量测定值以 mm 表示,结果表达修约到 5mm。

2. 减水率

W_R 以三批试验的算术平均值计,精确到 1%。若三批试验的最大值或最小值中有一个与中间值之差超过中间值的 15% 时,则把最大值与最小值一并舍去,取中间值作为该组试验的减水率。若有两个测值与中间值之差均超过 15%

时,则该批试验结果无效,应该重做。

3. 泌水率

试验时,从每批混凝土拌合物中取一个试样,泌水率取三个试样的算术平均值,精确到 0.1%。若三个试样的最大值或最小值中有一个与中间值之差大于中间值的 15%,则把最大值与最小值一并舍去,取中间值作为该组试验的泌水率,如果最大值和最小值与中间值之差均大于中间值的 15% 时,则应重做。

4. 含气量和含气量 1h 经时变化量测定

试验时,从每批混凝土拌合物取一个试样,含气量以三个试样测值的算术平均值来表示。若三个试样中的最大值或最小值中有一个与中间值之差超过 0.5% 时,将最大值与最小值一并舍去,取中间值作为该批的试验结果;如果最大值与最小值与中间值之差均超过 0.5%,则应重做。含气量和 1h 经时变化量测定值精确到 0.1%。

5. 凝结时间差测定

试验时,每批混凝土拌合物取一个试样,凝结时间取三个试样的平均值。若三批试验的最大值或最小值之中有一个与中间值之差超过 30min,把最大值与最小值一并舍去,取中间值作为该组试验的凝结时间。若两侧值与中间值之差均超过 30min 组试验结果无效,则应重做。凝结时间以 min 表示,并修约到 5min。

6. 抗压强度比

试验结果以三批试验测值的平均值表示,若三批试验中有一批的最大值或最小值与中间值的差值超过中间值的 15%,则把最大值与最小值一并舍去,取中间值作为该批的试验结果,如有两批测值与中间值的差均超过中间值的 15%,则试验结果无效,应该重做。

掺防冻剂混凝土。受检混凝土和基准混凝土以三组试验结果强度的平均值计算抗压强度比,结果精确到 1%。

7. 收缩率比

每批混凝土拌合物取一个试样,以三个试样收缩率比的算术平均值表示,计算精确 1%。

8. 限制膨胀率试验

取相近的 2 个试件测定值的平均值作为限制膨胀率的测量结果,计算值精确至 0.001%。

表2-23 受检混凝土性能指标

项目	高性能减水剂 HPWR			高效减水剂 HWR		普通减水剂 WR			引气减水剂 AEWR	泵送剂 PA	早强剂 Ac	缓凝剂 Rc	引气剂 AE
	早强型 HPWR-A	标准型 HPWR-S	缓凝型 HPWR-R	标准型 HWR-S	缓凝型 HWR-R	早强型 WR-A	标准型 WR-S	缓凝型 WR-R					
减水率/%,不小于	25	25	25	14	14	8	8	8	10	12	—	—	6
泌水率比/%,不大于	50	60	70	90	100	95	100	100	70	70	100	100	70
含气量/%	≤6.0	≤6.0	≤6.0	≤3.0	≤4.5	≤4.0	≤4.0	≤5.5	≥3.0	≤5.5	—	—	≥3.0
凝结时间之差/min 初凝	−90~+90	−90~+120	>+90	−90~+120	>+90	−90~+90	−90~+120	>+90	−90~+120	—	−90~+90	>+90	−90~+120
终凝	—	≤80	≤60	—	—	—	—	—	—	≤80	—	—	—
1h经时变化量 坍落度/mm	—	—	—	140	—	135	—	—	—	—	135	—	—
含气量/%	—	—	—	—	—	—	—	—	−1.5~+1.5	—	—	—	−1.5~+1.5
抗压强度比/%,不小于 1d	180	170	—	130	—	130	—	—	115	115	130	—	95
3d	170	160	—	130	125	130	115	—	115	115	130	—	95
7d	145	150	140	125	125	110	115	110	110	110	110	100	95
28d	130	140	130	120	120	100	110	110	100	110	100	100	90

（续）

项目		外加剂品种												
		高性能减水剂 HPWR			高效减水剂 HWR		普通减水剂 WR			引气减水剂 AEWR	泵送剂 PA	早强剂 Ac	缓凝剂 Rc	引气剂 AE
		早强型 HPWR-A	标准型 HPWR-S	缓凝型 HPWR-R	标准型 HWR-S	缓凝型 HWR-R	早强型 WR-A	标准型 WR-S	缓凝型 WR-R					
收缩率比/%,不大于	28d	110	110	110	135	135	135	135	135	135	135	135	135	135
相对耐久性(200次)/%,不小于		—	—	—	—	—	—	—	—	80	—	—	—	80

注：
1. 表1中抗压强度比、收缩率比、相对耐久性为强制性指标，其余为推荐性指标；
2. 除含气量和相对耐久性外，表中所列数据为掺外加剂混凝土与基准混凝土的差值或比值；
3. 凝结时间之差性能指标中的"—"号表示提前，"+"号表示延缓；
4. 相对耐久性(200次)性能指标中的"≥80"表示将28d龄期的受检混凝土试件快速冻融循环200次后，动弹性模量保留值≥80%；
5. 1h含气量经时变化量表中的"—"号表示含气量增加，"+"号表示含气量减少；
6. 其他品种的外加剂是否需要测定相对耐久性指标，由供、需双方协商确定；
7. 当用户对泵送剂等产品有特殊要求时，需要进行的补充技术指标，试验方法及指标，由供需双方协商决定。

9. 外加剂性能指标

表 2-24 掺防冻剂混凝土的性能指标

序号	试验项目		性能指标					
			一等品			合格品		
1	减水率(%)≥		10			—		
2	泌水率比(%)≤		80			100		
3	含气量(%)≥		2.5			2.0		
4	凝结时间差/min	初凝 终凝	−150～+150			−210～+210		
5	抗压强度比(%)≥	规定温度/℃	−5	−10	−15	−5	−10	−15
		R_{28}	100	95		95		90
		R_{-7}	20	12	10	20	10	8
		R_{-7+28}	95	90	85	95	85	80
		R_{-7+56}			100			100
6	28d 收缩率比(%)≤		135					
7	渗透高度比(%)		≤100					
8	50 次冻融强度损失率比(%)≤		100					
9	对钢筋锈蚀作用		应说明对钢筋无锈蚀作用					

表 2-25 混凝土膨胀剂性能指标

项目			指标值	
			Ⅰ型	Ⅱ型
化学成分	氧化镁含量(%)≤		5.0	
	总碱含量(%)≤		0.75	
物理性能	细度	比表面积/m²/kg,≥	250	
		1.18mm 筛筛余(%),≤	0.5	
	凝结时间	初凝时间/min,≥	45	
		终凝时间/h,≤	10	
	限制膨胀率(%)	水中 7d≥	0.025	0.050
		空气中 21d≥	−0.020	−0.010
	抗压强度/MPa,≥	7d	20.0	
		28d	40.0	

表 2-26 混凝土防水剂性能指标

试验项目			性能指标	
			一等品	合格品
安定性			合格	合格
泌水率比/%		≤	50	70
凝结时间差/min ≥	初凝		−90°	−90°
抗压强度比/% ≥	3d		100	90
	7d		110	100
	28d		100	90
渗透高度比/%		≤	30	40
吸水量比(48h)/%		≤	65	75
收缩率比(28d)/%		≤	125	135

第五节 砌墙砖及砌块

一、砌墙砖和砌块组批原则及取样规定

1. 烧结普通砖

(1)组批原则:每15万块为一验收批,不足15万块也按一批计。

(2)取样规定:每一验收批随机抽取试样一组(10块)。

2. 烧结多孔砖

(1)组批原则:每3.5~5万块为一验收批,不足3.5万块也按一批计。

(2)取样规定:每一验收批随机抽取试样一组(10块)。

3. 烧结空心砖和空心砌块

(1)组批原则:每3万块为一验收批,不足3万块也按一批计。

(2)取样规定:每批从尺寸偏差和外观质量检验合格的砖中,随机抽取抗压强度试验试样一组(5块)。

4. 非烧结垃圾尾矿砖

(1)组批原则:每10万块为一验收批,不足10万块也按一批计。

(2)取样规定:每批从尺寸偏差和外观质量检验合格的砖中,随机抽取抗压强度试验试样一组(10块)。

5. 粉煤灰砖

(1)组批原则:每 10 万块为一验收批,不足 10 万块也按一批计。

(2)取样规定:每一验收批随机抽取试样一组(20 块)。

6. 粉煤灰砌块

(1)组批原则:每 200mm³ 为一验收批,不足 200mm³ 也按一批计。

(2)取样规定:每批从尺寸偏差和外观质量检验合格的砌块中,随机抽取试样一组(3 块),将其切割成边长为 200mm 的立方体试件进行试验。

7. 蒸压灰砂砖

(1)组批原则:每 10 万块为一验收批,不足 10 万块也按一批计。

(2)取样规定:每一验收批随机抽取试样一组(10 块)。

8. 蒸压灰砂空心砖

(1)组批原则:每 10 万块为一验收批,不足 10 万块也按一批计。

(2)取样规定:从外观质量检验合格的砖样中,随机抽取试样二组 10 块(NF 砖为 2 组 20 块)进行试验。

9. 普通混凝土小型空心砌块、轻骨料混凝土小型空心砌块

(1)组批原则:每 1 万块为一验收批,不足 1 万块也按一批计。

(2)取样规定:每批从尺寸偏差和外观质量检验合格的砖中,随机抽取抗压强度试验试样一组(5 块)。

10. 蒸压加气混凝土砌块

(1)组批原则:同品种、同规格、同等级的砌块,以 10000 块为一批,不足 10000 块也为一批。

(2)取样规定:每批从尺寸偏差和外观质量检验合格的砌块中,随机抽取砌块,制作 3 组试件进行立方体抗压强度试验,制作 3 组试件做干体积密度检验抗压强度试验。

二、砌墙砖和砌块的必试项目及试验

1. 必试项目

(1)烧结普通砖、烧结多孔砖、烧结空心砖和空心砌块、粉煤灰砌块、蒸压灰砂砖、蒸压灰砂空心砖、普通混凝土小型空心砌块和轻集料混凝土小型空心砌块的必试项目:抗压强度。

(2)非烧结垃圾尾矿砖、粉煤灰砖的必试项目:抗压强度和抗折强度。

(3)蒸压加气混凝土砌块的必试项目:抗压强度和干体积密度。

2. 砌墙砖试验

(1)抗折强度试验

1)仪器设备

①材料试验机:试验机的示值相对误差不大于±1%,其下加压板应为球铰支座,预期最大破坏荷载应在量程的20%~80%之间。

②抗折夹具:抗折试验的加荷形式为三点加荷,其上压辊和下支辊的曲率半径为15mm,下支辊应有一个为铰接固定。

③钢直尺:分度值不应大于1mm。

2)试样数量及处理

试样数量为10块。试样应放在温度为20±5℃的水中浸泡24h后取出,用湿布拭去其表面水分进行抗折强度试验。

3)试验步骤

测量试样的宽度和高度尺寸各2个,分别取算术平均值,精确至1mm。

调整抗折夹具下支辊的跨距为砖规格长度减去40mm。但规格长度为190mm的砖,其跨距为160mm。

将试样大面平放在下支辊上,试样两端面与下支辊的距离应相同,当试样有裂缝或凹陷时,应使有裂缝或凹陷的大面朝下,以50~150N/s的速度均匀加荷,直至试样断裂,记录最大破坏荷载P。

4)结果计算

每块试样的抗折强度按下式计算:

$$R_C = \frac{3PL}{2BH^2} \tag{2-46}$$

式中:R_C——抗折强度,单位为兆帕(MPa);

P——最大破坏荷载,单位为牛顿(N);

L——跨距,单位为毫米(mm);

B——试样宽度,单位为毫米(mm);

H——试样高度,单位为毫米(mm)。

(2)抗压强度试验

1)仪器设备

①材料试验机:试验机的示值相对误差不超过±1%,其上、下加压板至少应有一个球铰支座,预期最大破坏荷载应在量程的20%~80%之间。

②钢直尺:分度值不应大于1mm。

③振动台、制样模具、搅拌机。

④切割设备。

2)试样数量及制备

试样数量为10块。

试样的制备分以下三种:

①一次成型制样

一次成型制样适用于采用样品中间部位切割,交错叠加灌浆制成强度试验试样的方式。将试样锯成两个半截砖,两个半截砖用于叠合部分的长度不得小于100mm,如果不足100mm,应另取备用试样补足。将已切割开的半截砖放入室温的净水中浸20~30min后取出,在铁丝网架上滴水20~30min,以断口相反方向装入制样模具中。用插板控制两个半砖间距不应大于5mm,砖大面与模具间距不应大于3mm,砖断面、顶面与模具间垫以橡胶垫或其他密封材料,模具内表面涂油或脱膜剂。制样模具及插板如图2-15所示。将净浆材料按照配制要求,置于搅拌机中搅拌均匀。将装好试样的模具置于振动台上,加入适量搅拌均匀的净浆材料,振动时间为0.5~1min,停止振动,静置至净浆材料达到初凝时间(约15~19min)后拆模。

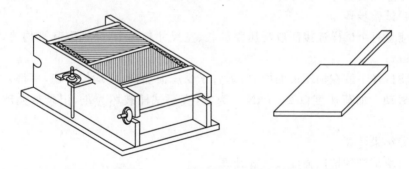

图2-15 一次成型制样模具及插板

②二次成型制样

二次成型制样适用于采用整块样品上下表面灌浆制成强度试验试样的方式。将整块试样放入室温的净水中浸20~30min后取出,在铁丝网架上滴水20~30min。按照净浆材料配制要求,置于搅拌机中搅拌均匀。模具内表面涂油或脱膜剂,加入适量搅拌均匀的净浆材料,将整块试样一个承压面与净浆接触,装入制样模具中,承压面找平层厚度不应大于3mm。接通振动台电源,振动0.5~1min,停止振动,静置至净浆材料初凝(约15~19min)后拆模。按同样方法完成整块试样另一承压面的找平。二次成型制样模具如图2-16所示。

③非成型制样

非成型制样适用于试样无需进行表面找平处理制样的方式。将试样锯成两个半截砖,两个半截砖用于叠合部分的长度不得小于100mm。如果不足

100mm，应另取备用试样补足。两半截砖切断口相反叠放，叠合部分不得小于100mm，如图 2-17 所示，即为抗压强度试样。

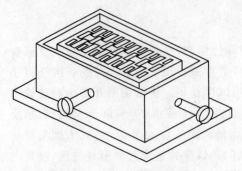

图 2-16　二次成型制样模具

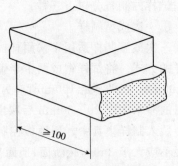

图 2-17　半砖叠合示意图（单位 mm）

3）试样养护

①一次成型制样、二次成型制样在不低于 10℃ 的不通风室内养护 4h。

②非成型制样不需养护，试样气干状态直接进行试验。

4）试验步骤

测量每个试样连接面或受压面的长、宽尺寸各两个，分别取其平均值，精确至 1mm。

将试样平放在加压板的中央，垂直于受压面加荷，应均匀平稳，不得发生冲击或振动。加荷速度以 2～6kN/s 为宜，直至试样破坏为止，记录最大破坏荷载 P。

5）结果计算

每块试样的抗压强度按下式计算：

$$R_p = \frac{P}{L \times B} \tag{2-47}$$

式中：R_p——抗压强度，单位为兆帕（MPa）；

　　　P——最大破坏荷载，单位为牛顿（N）；

　　　L——受压面（连接面）的长度，单位为毫米（mm）；

　　　B——受压面（连接面）的宽度，单位为毫米（mm）。

3. 混凝土小型空心砌块试验

(1) 仪器设备

1）材料试验机：示值误差应不大于 2%，其量程选择应能使试件的预期破坏荷载落在满量程的 20%～80%。

2）钢板：厚度不小于 10mm，平面尺寸应大于 440mm×240mm。钢板的一面需平整，精度要求在长度方向范围内的平面度不大于 0.1mm。

3)玻璃平板:厚度不小于6mm,平面尺寸与钢板的要求相同。

4)水平尺。

(2)试件制作

试件数量为5个砌块。

处理试件的坐浆面和铺浆面,使之成为互相平行的平面。将钢板至于稳固的底座上、平整面向上,用水平尺调至水平。在钢板上先薄薄地涂一层机油,或铺一层湿纸,然后铺一层以1份重量的325号以上的普通硅酸盐水泥和2份细砂,加入适量的水调成的砂浆,将试件的坐浆面湿润后平稳地压入砂浆层内,使砂浆层尽可能均匀,厚度为3~5mm。将多余的砂浆沿试件棱边刮掉,静置24h以后,再按上述方法处理试件的铺浆面。为使两面能彼此平行,在处理铺浆面时,应将水平尺置于现已向上的坐浆面上调至水平。在温度10℃以上的不通风的室内养护3d后做抗压强度试验。

为缩短时间,也可在坐浆面砂浆层处理后,不经静置立即在向上的铺浆面上铺一层砂浆,压上事先涂油的玻璃平板,边压边观察砂浆层,将气泡全部排除,并用水平尺调至水平,直至砂浆层平而均匀,厚度达3~5mm。

(3)试验步骤

测量每个试件的长度和宽度,分别求出各个方向的平均值精确至1mm。将试件置于试验机承压板上,使试件的轴线与试验机压板的压力中心重合,以10~30kN/s的速度加荷,直至试件破坏。记录最大破坏荷载P。

(4)结果计算

每个试件的抗压强度按下式计算,精确至0.1MPa:

$$R=\frac{P}{LB} \tag{2-48}$$

式中:R——试件的抗压强度(MPa);

P——破坏荷载(N);

L——受压面的长度(mm);

B——受压面的宽度(mm)。

4.蒸压加气混凝土砌块

(1)干体积密度

1)仪器设备

①电热鼓风干燥箱:最高温度200℃。

②托盘天平或磅秤:称量2000g,感量1g。

2)试件制备

试件的制备,采用机锯或刀锯,锯切时不得将试件弄湿。试件应沿制品发气方向中心部分上、中、下顺序锯取一组,"上"块上表面距离制品顶面30mm,"中"块在制品正中处,"下"块下表面离制品底面30mm。试件表面必须平整,不得有裂缝或明显缺陷,尺寸允许偏差为±2mm,试件应逐块编号,表明锯取部位和发气方向。

试件为100mm×100mm×100mm正立方体,共两组6块。

3)试验步骤

取试件一组3块,逐块量取长、宽、高三个方向的轴线尺寸,精确至1mm,计算试件的体积;并称取试件质量M,精确至1g。

将试件放入电热鼓风干燥箱内,在(60±5)℃下保温24h,然后在(80±5)℃下保温24h,再在105±5℃下烘至恒质(M_0)。恒质指在烘干过程中间隔4h,前后两次质量差不超过试件质量的0.5%。

4)结果计算

干密度按下式计算:

$$r_0 = \frac{M_0}{V} \times 10^6 \qquad (2-49)$$

式中:R_0——干密度,单位为kg/m³;

M_0——试件烘干的质量,单位为g;

V——试件体积,单位为mm³。

(2)立方体抗压强度

1)仪器设备

材料试验机:精度(示值的相对误差)不应低于±2%,其量程的选择应能使试件的预期最大破坏荷载处在全量程的20~80%范围内。

2)试件制备

试件的制备,采用机锯或刀锯,锯切时不得将试件弄湿。试件应沿制品发气方向中心部分上、中、下顺序锯取一组,"上"块上表面距离制品顶面30mm,"中"块在制品正中处,"下"块下表面离制品底面30mm。试件表面必须平整,不得有裂缝或明显缺陷,尺寸允许偏差为±2mm,试件应逐块编号,表明锯取部位和发气方向。

试件为100mm×100mm×100mm立方体试件一组3块。

3)试验步骤

将试件放在材料试验机的下压板的中心位置,试件的受压方向应垂直于制品的发气方向。开动试验机,当上压板与试件接近时,调整球座,使接触均衡。以2.0±0.5kN/s的速度连续而均匀地加荷,直至试件破坏,记录破坏荷载(P_1)。将试验后的试件全部或部分立即称取质量,然后在105±5℃下烘至恒质,计算其含水率。

4）结果计算

抗压强度按下式计算：

$$f_{cc} = \frac{p_1}{A_1} \quad (2-50)$$

式中：f_{cc}——试件的抗压强度，单位为兆帕（MPa）；

p_1——破坏荷载，单位为牛（N）；

A_1——试件受压面积，单位为平方毫米（mm²）。

三、砌墙砖和砌块试验结果评定

1．砌墙砖抗折试验

试验结果以试样抗折强度的算术平均值和单块最小值表示。

2．砌墙砖抗压试验

试验结果以试样抗压强度的算术平均值和标准值或单块最小值表示。

3．混凝土小型空心砌块抗压试验

试验结果以五个试件抗压强度的算术平均值和单块最小值表示，精确至0.1MPa。

4．砌墙砖和砌块性能指标

表2-27　烧结普通砖强度（MPa）

强度等级	抗压强度平均值 $\bar{f} \geqslant$	变异系数 $\delta \leqslant 0.21$ 强度标准值 $f_k \geqslant$	变异系数 $\delta > 0.21$ 单块最小抗压强度值 $f_{min} \geqslant$
MU30	30.0	22.0	25.0
MU25	25.0	18.0	22.0
MU20	20.0	14.0	16.0
MU15	15.0	10.0	12.0
MU10	10.0	6.5	7.5

表2-28　烧结多孔砖强度（MPa）

强度等级	抗压强度平均值 $\bar{f} \geqslant$	强度标准值 $\bar{f}_k \geqslant$
MU30	30.0	22.0
MU25	25.0	18.0
MU20	20.0	14.0
MU15	15.0	10.0
MU10	10.0	6.5

表 2-29 烧结空心砖和空心砌块强度

强度等级	抗压强度/MPa		
	抗压强度平均值 $\bar{f}\geqslant$	变异系数 $\delta\leqslant 0.21$ 强度标准值 $f_k\geqslant$	变异系数 $\delta > 0.21$ 单块最小抗压强度值 $f_{min}\geqslant$
MU10.0	10.0	7.0	8.0
MU7.5	7.5	5.0	5.8
MU5.0	5.0	3.5	4.0
MU3.5	3.5	2.5	2.8
MU2.5	2.5	1.6	1.8

表 2-30 非烧结垃圾尾矿砖强度(MPa)

强度等级	抗压强度平均值 $\bar{f}\geqslant$	变异系数 $\delta\leqslant 0.21$ 强度标准值 $f_k\geqslant$	变异系数 $\delta > 0.21$ 单块最小抗压强度 $f_{min}\geqslant$
MU25	25.0	19.0	20.0
MU20	20.0	14.0	16.0
MU15	15.0	10.0	12.0

表 2-31 粉煤灰砖强度(MPa)

强度等级	抗压强度		抗折强度	
	10块平均值$\geqslant$	单块值$\geqslant$	10块平均值$\geqslant$	单块值$\geqslant$
MU30	30.0	24.0	6.2	5.0
MU25	25.0	20.0	5.0	4.0
MU20	20.0	16.0	4.0	3.2
MU15	15.0	12.0	3.3	2.6
MU10	10.0	8.0	2.5	2.0

表 2-32 蒸压灰砂砖强度(MPa)

强度级别	抗压强度		抗折强度	
	平均值不小于	单块值不小于	平均值不小于	单块值不小于
MU25	25.0	20.0	5.0	4.0
MU20	20.0	16.0	4.0	3.2
MU15	15.0	12.0	3.3	2.6
MU10	10.0	8.0	2.5	2.0

注:优等品的强度级别不得小于 MU15。

表 2-33　混凝土小型空心砌块强度(MPa)

强度等级	砌块抗压强度	
	平均值≥	单块最小值≥
MU3.5	3.5	2.8
MU5.0	5.0	4.0
MU7.5	7.5	6.0
MU10.0	10.0	8.0
MU15.0	15.0	12.0
MU20.0	20.0	16.0

表 2-34　轻集料混凝土小型空心砌块强度

强度等级	抗压强度/MPa	
	平均值	最小值
MU2.5	≥2.5	≥2.0
MU3.5	≥3.5	≥2.8
MU5.0	≥5.0	≥4.0
MU7.5	≥7.5	≥6.0
MU10.0	≥10.0	≥8.0

表 2-35　蒸压加气混凝土砌块(MPa)

强度级别	立方体抗压强度	
	平均值不小于	单组最小值不小于
A1.0	1.0	0.8
A2.0	2.0	1.6
A2.5	2.5	2.0
A3.5	3.5	2.8
A5.0	5.0	4.0
A7.5	7.5	6.0
A10.0	10.0	8.0

表 2-36　蒸压加气混凝土干密度(kg/m^3)

干密度级别		B03	B04	B05	B06	B07	B08
干密度	优等品(A)≤	300	400	500	600	700	800
	合格品(B)≤	325	425	525	625	725	825

第六节　钢　材

一、钢材的组批原则及取样数量

1.碳素结构钢

(1)组批原则:同一厂别、同一炉罐号、同一规格、同一交货状态每60t为一验收批,不足60t也按一批计。

(2)取样规定:每一验收批取一组试件(拉伸、弯曲各一个)。

2.热轧光圆钢筋、钢筋混凝土用余热处理钢筋

(1)组批原则:同一厂别、同一炉罐号、同一规格、同一交货状态每60t为一验收批,不足60t也按一批计。

(2)取样规定:每一验收批,在任选的两根钢筋上切取试件(拉伸、弯曲各二个)。

3.低碳钢热轧圆盘条

(1)组批原则:同一厂别、同一炉罐号、同一规格、同一交货状态每60t为一验收批,不足60t也按一批计。

(2)取样规定:每一验收批,取试件其中拉伸1个、弯曲2个(取自不同盘)。

4.冷轧带肋钢筋

(1)组批原则:同一牌号、同一外形、同一生产工艺、同一交货状态每60t为一验收批,不足60t也按一批计。

(2)取样规定:每一验收批取拉伸试件1个(逐盘),弯曲试件2个(每批),松弛试件1个(定期)。

5.预应力混凝土用钢丝

组批原则:钢丝应接批检查与验收,每批钢丝由同一牌号、同一规格、同一加工状态的钢丝组成,每批重量不大于60t。

6.预应力混凝土用钢棒

(1)组批原则:钢棒应成批验收,每批由同一牌号、同一外形、同一公称截面尺寸、同一热处理制度加工的钢棒组成。

(2)取样规定：不论交货状态是盘卷或直条，检验件均在端部取样，各试验项目取样均为一根。

7. 预应力混凝土用钢绞线

(1)组批原则：每批由同一牌号、同一规格、同一生产工艺制度的钢绞线组成，每批重量不大于60t。

(2)取样规定：从每批钢绞线中任取3盘，每盘所选的钢绞线端部正常部位截取一根进行表面质量、直径偏差、捻距和力学性能试验。如每批少于3盘，则应逐盘进行上述检验。屈服和松弛试验每季度抽检一次，每次不少于一根。

8. 低合金高强度结构钢

(1)组批原则：每批应由同一牌号、同一质量等级、同一炉罐号、同一规格、同一轧制制度或同一热处理制度后的钢材组成，每批重量不大于60t。

(2)取样规定：同一质量等级、同一冶炼和浇铸方法、不同炉罐号组成混合批。但每批不得多于6个炉罐号，且各炉罐号碳含量之差不得大于0.02%，且锰含量之差不得大于0.15%。

9. 型钢取样

(1)按图2-18在型钢腿部切取拉伸和弯曲样坯。如型钢尺寸不能满足要求，可将取样位置中部位移。对于腿部有斜度的型钢，可在腰部1/4在处取样（图2-18b、d）。对于腿部长度不相等的角钢，可从任一腿部取样。

(2)对于腿部厚度≤50mm的型钢，当机加工和试验机能力允许时，应按图2-19a切取拉伸样坯；当切取圆形横截面拉伸样坯时，按图2-19b规定。对于腿部厚度＞50mm的型钢，当切取圆形横截面样坯时，按图2-19c规定。

10. 条钢取样

(1)按图2-20在圆钢上选取拉伸样坯位置，当机加工和试验机能力允许时，按图2-20a取样。

(2)按图2-21在六角钢上选取拉伸样坯位置，当机加工和试验机能力允许时，按图2-21a取样。

(3)按图2-22在矩形截面条钢上切取拉伸样坯，当机加工和试验机能力允许时，按图2-22a取样。

11. 钢板取样

(1)应在钢板宽度1/4处切取拉伸和弯曲样坯，如图2-23所示。

(2)对于纵轧钢板，当产品标准没有规定取样方向时，应在钢板宽度1/4处切取横向样坯，如钢板宽度不足，样坯中心可以内移。

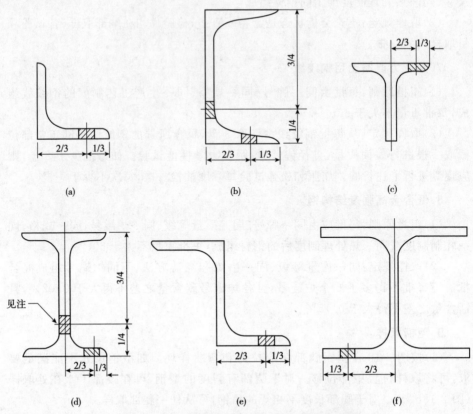

图 2-18 在型钢腿部宽度放行切取样坯的位置

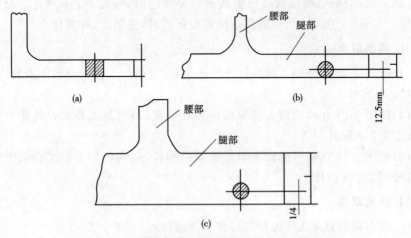

图 2-19 在型钢腿部厚度方向切取拉伸样坯的位置

(a)$t<30mm$；(b)$30mm \leqslant t \leqslant 50mm$；(c)$t$ 大于 50mm

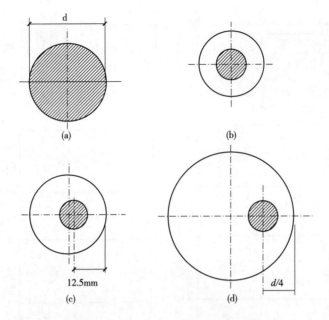

图 2-20 在圆钢上选取拉伸样坯位置
(a)全横截面试样；(b)$d \leqslant 25$mm；(c)25mm$< d \leqslant 50$mm；(d)d 大于 50mm

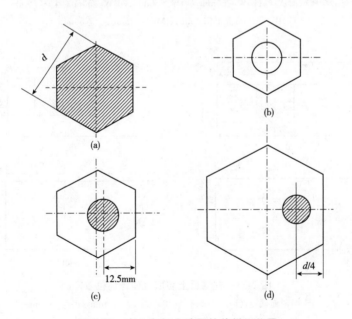

图 2-21 在六角钢上选取拉伸样坯位置
(a)全横截面试样；(b)$d \leqslant 25$mm；(c)25mm$< d \leqslant 50$mm；(d)d 大于 50mm

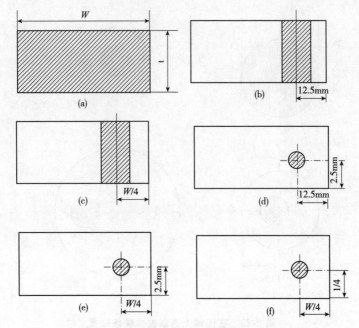

图 2-22 在矩形截面条钢上切取拉伸样坯位置

(a)全横截面试样;(b)$W \leqslant 50mm$;(c)$W > 50mm$;(d)$W \leqslant 50mm$ 且 $t \leqslant 50mm$
(e)$W > 50mm$ 且 $t \leqslant 50mm$;(f)$W > 50mm$ 且 $t > 50mm$

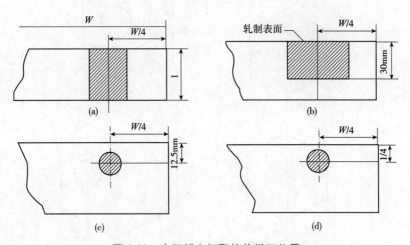

图 2-23 在钢板上切取拉伸样坯位置

(a)全横截面试样;(b)$t > 30mm$;(c)$25mm < t < 50mm$;(d)$t \geqslant 50mm$

(3)应按图 2-23 在钢板厚度方向切取拉伸样坯。当机加工和试验机能力允许时,应按图 2-23a 取样。

12.钢管取样

(1)应按图 2-24 切取拉伸样坯,当机加工和试验机能力允许时,应按图2-24a 取样。对于图 2-24c,如钢管尺寸不能满足要求,可将取样位置向中部位移。

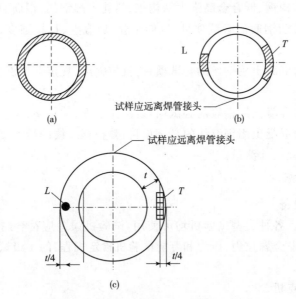

图 2-24 在钢管上切取拉伸或弯曲样坯位置
(a)全横截面试样;(b)矩形横截面试样;(c)圆形横截面试样

(2)对于焊管,当取横向试样检验焊接性能时,焊缝应在试样中部。

(3)应按图 2-25 在方形管上取拉伸或弯曲样坯。当机加工和试验机能力允许时,应按图 2-25a 取样。

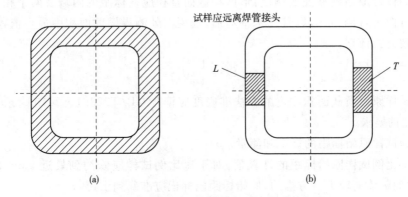

图 2-25 在方形管上切取拉伸或弯曲样的位置
(a)全横截面试样;(b)矩形横截面试样

二、钢材的必试项目及试验

1. 必试项目

(1)碳素结构钢、低合金高强度结构钢、热轧光圆钢筋、钢筋混凝土用余热处理钢筋、冷轧带肋钢筋的必试项目:拉伸试验(屈服点、抗拉强度、伸长率)、弯曲试验。

(2)预应力混凝土用钢丝的必试项目:抗拉强度、规定非比例伸长应力、最大力总伸长率。

(3)预应力混凝土用钢棒的必试项目:抗拉强度、伸长率、平直度。

(4)预应力混凝土用钢绞线的必试项目:整根钢绞线的最大负荷、屈服负荷、伸长率、松弛率、尺寸测量。

2. 拉伸试验

(1)仪器设备

1)试验机。各种类型试验机均可使用,试验机误差应符合《拉力、压力和万能试验机》或《非金属拉力、压力和万能试验机检定规程》的1级试验机要求或优于1级准确度。

2)标距打点机。

3)千分尺、游标尺、钢板尺。

(2)试验步骤

1)取样:用两个或一系列等分小冲点打点机或细划标出原始标距,标记不应影响试样断裂,对于脆性试样和小尺寸试样,建议用快干墨水笔标出原始标距。

2)试样原始横截面的测定:形试样截面直径应在标距的两端及两个相互垂直的方向上各测一次,取其算术平均值,选用三处测得横截面积中最小值,横截面积按公式计算:

$$S_0 = \frac{1}{4}\pi d^2 \tag{2-51}$$

试样原始横截面积测定的方法准确度应符合 GB/T228.1—2010 附录 A~B 规定的要求。

3)试样原始标距的标记和测量

①比例试样原始标距的计算值,对于短比例试样应修约到最近 5mm 的倍数,中间数值向较大一方修约,原始标距的标记应准确到±1%。

②试样原始横截面积的计算值按有效数字修约,修约的方法按 GB/T8170—2008 数值修约规定。

4)试验速率应根据材料性质和试验目的确定。除有关标准或协议另作规定外,拉伸速率应符合下述要求:

①测定规定非比例伸长应力、规定残余伸长应力和规定总伸长应力时,弹性范围内的应力速率应符合表 2-37 规定,并保持试验级控制器固定于这一速率位置上,直至该性能测出为止。

表 2-37 应力速率

金属材料的弹性模量 $E/(N/mm^2)$	应力速率/$(N/mm^2) \cdot s^{-1}$	
	最小	最大
<15000	2	20
≥15000	6	60

②上屈服强度(R_{eH})在弹性范围内(直至上屈服强度),试验机夹头的速率应尽可能保持恒定并在表 2-37 规定的应力速率的范围内。

③测定下屈服强度(R_{eL})若仅测定下屈服强度,试样的屈服期间应变速率应在 0.00025~0.0025/s 之间,并应尽可能保持恒定,如不能直接控制这一速率,则应通过调节在屈服开始前的应力将其固定,直至屈服阶段过后,但弹性范围内的应力速率不得超过表 2-37 所允许的最大速率。

④上屈服强度和下屈服强度(R_{eH} 和 R_{eL})如在同一试验中测定上屈服强度和下屈服强度,测定下屈服强度的条件应符合 3 的要求。

⑤规定非比例延伸强度(R_p)、规定总延伸强度(R_t)和规定残余延伸强度(R_r)应力速率应在表 2-37 规定的范围内。

⑥在塑性范围和直至规定强度应变速率不应超过 0.0025/s。

⑦平行长度的应变速率不超过 0.008/s。

5)断后伸长率(A)和断裂总伸长率(A_t)的测定

①应使用分辨率优于 0.1mm 的量具或测量装置测定断后标距(L_u),准确到±0.25mm,如规定的最小断后伸长率小于 5%,建议采用特殊方法进行测定。

②原则上只有断裂处与最接近的标记的距离不小于原始标距的三分之一情况方为有效,但断后伸长率大于或等于规定值,不管断裂位置处于何处测量均有效。

6)最大力总伸长率(A_{gt})和最大力非比例伸长率(A_g)的测定。

在用引伸计得到的力—延伸曲线图上测定最大力时的总延伸(ΔL_m)。最大力总伸长率按照下式计算:

$$A_{gt} = \frac{\Delta L_m}{L_e} \times 100 \tag{2-52}$$

从最大力时的总延伸 ΔL_m 中,扣除弹性延伸部分即得到最大力时的非比例延伸,将其除以引伸计标距得最大力非比例伸长率(A_g)。

7)屈服点延伸率的测定 根据力—延伸曲线图测定屈服点延伸率,试验时记录力—延伸曲线,直至达到均匀加工硬化阶段。在曲线图上,经过屈服阶段结束点划一条平行于曲线的弹性直线段的平行线,此平行线在曲线图的延伸轴上的截距即为屈服点延伸,屈服点延伸除以引伸计标距得到屈服点延伸率。

8)上屈服强度(R_{eH})和下屈服强度(R_{eL})的测定

①呈现明显屈服现象的金属材料,相关产品标准应规定测定上屈服强度或下屈服强度。如未具体规定,应测定上屈服强度和下屈服强度。按照定义采用下列方法测定上屈服强度和下屈服强度。

②图解方法:试验时记录力—延伸曲线或力—位移曲线。从曲线图读取力首次下降前的最大力和不计初始瞬时效应屈服阶段中的最小力或屈服平台的恒定力。将其分别除以试样原始横截面积(S_0)得到上屈服强度和下屈服强度。

③指针方法:试验时,读取测力度盘指针首次回转前指示的最大力和不计初始瞬时效应时屈服阶段中指示的最小力或首次停止转动指示的恒定力。将其分别除以试样原始横截面积(S_0)得到上屈服强度和下屈服强度。

9)规定非比例延伸强度(R_p)测定

根据力—延伸曲线图测定规定非比例延伸强度。在曲线图上,划一条与曲线的弹性直线段部分平行,且在延伸轴上与此直线段的距离等效于规定非比例延伸率。此平行线与曲线的交结点给出相应于所求规定非比例延伸强度的力。此力除以试样原始横截面积(S_0)得到规定非比例延伸强度。试验时,当以超过预期的规定非比例延伸强度后,将力降至约为已达到力的10%。然后再施加力直至超过原已达到的力。为了测定规定非比例延伸强度,过滞后划一直线。然后经过横轴上与曲线原点的距离等效于所规定的非比例延伸率的点,作平行于此直线的平行线。平行线与曲线的交结点给出相应于规定非比例延伸强度的力。此力除以试样原始横截面积(S_0)得到规定非比例延伸强度。

10)规定总延伸强度(S_t)的测定

在力—延伸曲线图上,划一条平行于力轴并与该轴的距离等效于规定总伸率的平行线,此平行线与曲线的交结点给出相应于规定总延伸强度的力,此力除以试样原始横截面积(S_0)得到规定总延伸强度。

11)规定残余延伸强度(R_m)的试验方法 试样施加相应于规定残余延伸强度的力,保持力10~12s卸除力后验证残余延伸率未超过百分率。

12)抗拉强度(R_m)的测定 采用图解方法或指针方法测定抗拉强度。

对于呈现明显屈服(不连续屈服)现象的金属材料,从记录的力一延伸或力一位移曲线图,或从力度盘,读取过了屈服阶段之后的最大力,对于呈现无明显屈服(连续屈服)现象的金属材料,从记录的力一延伸或力一位移曲线图,或从测力度盘,读取试验过程中的最大力。最大力除以试样原始横截面积(S_0)得到抗拉强度。

(3)试验测定

1)抗拉强度按下式计算:

$$R_m = \frac{F_m}{S_0} \tag{2-53}$$

2)断后伸长率按下式计算:

$$A = \frac{L_1 - L_0}{L_0} \times 100\% \tag{2-54}$$

式中:L_1——拉断后钢筋长度
　　　L_0——钢筋原始长度

3.弯曲试验

(1)试验设备

1)钢筋弯曲试验在压力机或万能试验机上进行,试验机应具备下列装置:支辊式弯曲装置、V形模具式弯曲装置、虎钳式弯曲装置、翻板式弯曲装置。

2)支辊长度应大于试样宽度或直径,支辊半径应为1~10倍试样厚度,支辊间的距离可以调节,支辊应具有足够的硬度,支辊间距离应按照下式确定:

$$l = (d + 3a) \pm 0.5a \tag{2-55}$$

此距离在试验期间应保持不变。

(2)试验要求

1)模具的V形槽其角度应为$180° - \alpha$。弯曲压头的圆角半径为$d/2$。模具的支承棱边应倒圆,其倒圆半径应为1~10倍试样厚度。模具和弯曲压头宽度应大于试样宽度或直径。

2)翻板式弯曲装置其翻板带有楔形滑块宽度应大于试样宽度或直径。翻板固定在耳轴上,试验时能绕耳轴轴线转动,耳轴连接弯曲角度指示器,指示0°~180°的弯曲角度。翻板间距离应为翻板的试样支承面同时垂直于水平轴线时两支承面间的距离,按下式确定:

$$l = (d + 2a) + e \tag{2-56}$$

式中:e可取值2~6mm。

3)试样长度应根据试样厚度和所使用的试验设备确定

$$L = 0.5\pi(d + a) + 140\text{mm} \tag{2-57}$$

式中:π为圆周率,其值取3.14。

(3)试验步骤

1)将试样放置于两个支点上,将一定直径弯心在试样两个支点中间施压力,使试样弯曲到规定的角度或出现裂纹、裂缝、断裂为止。

2)试样在两个支点上按一定弯心直径弯曲至两臂平行时,可一次完成试验,亦可先弯曲然后放置在试验机平板之间继续施压力,压至试样两臂平行。此时可以加与弯心直径相同尺寸的衬垫进行试验。

3)当试样需要弯曲至两臂时,然后放置在两平板间继续施加压力,直至两臂接触为止。

4)试验时应在平稳压力作用下,缓慢施加试验力。

5)弯心直径必须符合有关规定,弯心宽度必须大于试样的宽度或直径。两支辊间距离为(d+2.5a)±0.5a,并且在试验过程中不允许有变化。

6)试验一般应在10~35℃的室温范围内进行。对温度要求严格的试验,试验温度应为23±5℃下进行。

三、钢材的试验结果评定

1.碳素结构钢性能指标

表2-38 拉伸性能

牌号	等级	屈服强度[a] R_{eH}/(N/mm²),不小于						抗拉强度[b] R_m/ (N/mm²)	断后伸长率 A/%,不小于				
		厚度(或直径)/mm							厚度(或直径)/mm				
		≤16	>16 ~40	>40 ~60	>60 ~100	>100 ~150	>150 ~200		≤40	>40 ~60	>60 ~100	>100 ~150	>150 ~200
Q195	—	195	185	—	—	—	—	315~430	33	—	—	—	—
Q215	A B	215	205	195	185	175	165	335~450	31	30	29	27	26
Q235	A B C D	235	225	215	215	195	185	370~500	26	25	24	22	21
Q275	A B C D	275	265	255	245	225	215	410~540	22	21	20	18	17

表 2-39　弯曲性能

牌号	试样方向	冷弯试验180° $B=2a^a$	
		钢材厚度(或直径)[b]/mm	
		≤60	>60~100
		弯心直径 d	
Q195	纵	0	—
	横	0.5a	
Q215	纵	0.5a	1.5a
	横	a	2a
Q235	纵	a	2a
	横	1.5a	2.5a
Q275	纵	1.5a	2.5a
	横	2a	3a

注：1. B 为试样宽度，a 为试样厚度(或直径)；
　　2. 钢材厚度(或直径)大于100mm时，弯曲试验由双方协商确定。

2. 钢筋混凝土用热轧光圆钢筋和用余热处理钢筋

表 2-40　力学性能

类别	表面形状	钢筋级别	强度等级代号	公称直径/mm	屈服强度 σ_s/MPa	抗拉强度 σ_b/MPa	伸长率 δ_s/%	冷弯 d—弯心直径 a—钢筋公称直径
					不小于			
热轧光圆钢筋	光圆	I	R235	8~20	235	370	25	180° $d=a$
余热处理钢筋	月牙肋	II	KL400	8~25	440	600	14	90° $d=3a$
				28~40				90° $d=4a$

3. 冷轧带肋钢筋性能

表 2-41　力学性能

牌号	σ_b/MPa 不小于	伸长率/%，不小于		弯曲试验180°	反复弯曲次数
		δ_{10}	δ_{100}		
CRB550	550	8.0	—	$D=3d$	—
CRB650	650	—	4.0		3

（续）

牌 号	σ_b/MPa 不小于	伸长率/%,不小于		弯曲试验180°	反复弯曲次数
		δ_{10}	δ_{100}		
CRB800	800	—	4.0	—	3
CRB970	970	—	4.0	—	3
CRB1170	1170	—	4.0	—	3

4. 预应力混凝土用钢绞线

(1) 1×2 结构钢绞线

表 2-42　1×2 结构钢绞线力学性能

钢绞线结构	钢绞线公称直径 D_n/mm	抗拉强度 R_m/MPa 不小于	整根钢绞线的最大力 F_m/kN 不小于	规定非比例延伸力 $F_{p0.2}$/kN 不小于	最大力总伸长率 ($L_o \geq 400mm$) A_{gt}/% 不小于	应力松弛性能	
						初始负荷相当于公称最大力的百分数/%	1000h后应力松弛率 r/% 不大于
1×2	5.00	1570	15.4	13.9	对所有规格	对所有规格	对所有规格
		1720	16.9	15.2			
		1860	18.3	16.5			
		1960	19.2	17.3			
	5.80	1570	20.7	18.6		60	1.0
		1720	22.7	20.4			
		1860	24.6	22.1			
		1960	25.9	23.3	3.5	70	2.5
	8.00	1470	36.9	33.2			
		1570	39.4	35.5			
		1720	43.2	38.9		80	4.5
		1860	46.7	42.0			
		1960	49.2	44.3			
	10.00	1470	57.8	52.0			
		1570	61.7	55.5			
		1720	67.6	60.8			
		1860	73.1	65.8			
		1960	77.0	69.3			
	12.00	1470	83.1	74.7			
		1570	88.7	79.8			
		1720	97.2	87.5			
		1860	105	94.5			

注：规定非比例延伸力 $F_{p0.2}$ 值不小于整根钢绞线公称最大力 F_m 的 90%。

(2) 1×3结构钢绞线

表2-43 1×3结构钢绞线力学性能

钢绞线结构	钢绞线公称直径 D_n(mm)	抗拉强度 R_m(MPa) 不小于	整根钢绞线的最大力 F_m(kN) 不小于	规定非比例延伸力 $F_{p0.2}$(kN) 不小于	最大力总伸长率 ($L_o \geq 400mm$) A_{gt}(%) 不小于	应力松弛性能 初始负荷相当于公称最大力的百分数(%)	应力松弛性能 1000h后应力松弛率 r(%)不大于
1×3	6.20	1570	31.1	28.0	对所有规格	对所有规格	对所有规格
		1720	34.1	30.7			
		1860	36.8	33.1			
		1960	38.8	34.9			
	6.50	1570	33.3	30.0			
		1720	36.5	32.9		60	1.0
		1860	39.4	35.5			
		1960	41.6	37.4			
	8.60	1470	55.4	49.9			
		1570	59.2	53.3			
		1720	64.8	58.3			
		1860	70.1	63.1			
		1960	73.9	66.5	3.5	70	2.5
	8.74	1570	60.6	54.5			
		1670	64.5	58.1			
		1860	71.8	64.6			
	10.80	1470	86.6	77.9			
		1570	92.5	83.3			
		1720	101	90.9			
		1860	110	99.0			
		1960	115	104		2.5	4.5
	12.90	1470	125	113			
		1570	133	120			
		1720	146	131			
		1860	158	142			
		1960	166	149			
1×3I	8.74	1570	60.6	54.5			
		1670	64.5	58.1			
		1860	71.8	64.6			

注:规定非比例延伸 $F_{p0.2}$ 值不小于整根钢绞线公称最大力 F_m 的90%。

(3)1×7 结构钢绞线

表 2-44 1×7 结构钢绞线力学性能

钢绞线结构	钢绞线公称直径 D_n(mm)	抗拉强度 R_m(MPa) 不小于	整根钢绞线的最大力 F_m(kN) 不小于	规定非比例延伸力 $F_{p0.2}$(kN) 不小于	最大力总伸长率 ($L_o \geqslant 500mm$) A_{gt}(%) 不小于	应力松弛性能 初始负荷相当于公称最大力的百分数(%)	应力松弛性能 1000h 后应力松弛率 r(%) 不大于
1×7	9.50	1720	94.3	84.9	对所有规格	对所有规格	对所有规格
	9.50	1860	102	91.8			
	9.50	1960	107	96.3			
	11.10	1720	128	115			
	11.10	1860	138	124		60	1.0
	11.10	1960	145	131			
	12.70	1720	170	153			
	12.70	1860	184	166			
	12.70	1960	193	174			
	15.20	1470	206	185	3.5	70	2.5
	15.20	1570	220	198			
	15.20	1670	234	211			
	15.20	1720	241	217			
	15.20	1860	260	234			
	15.20	1960	274	247			
	15.70	1770	266	239		80	4.5
	15.70	1860	279	251			
	17.80	1720	327	294			
	17.80	1860	353	318			
	21.60	1770	504	454			
	21.60	1860	530	477			
(1×7)C	12.70	1860	208	187			
(1×7)C	15.20	1820	300	270			
(1×7)C	18.00	1720	384	346			

注:规定非比例延伸力 $F_{p0.2}$ 值不小于整根钢绞线公称最大力 F_m 的 90%。

表 2-45 低合金高强度结构钢拉伸性能

牌号	质量等级	拉 伸 试 验[a,b,c]																		
		以下公称厚度（直径、边长）下屈服强度 R_{eL} (MPa)								以下公称厚度（直径、边长）抗拉强度 R_m (MPa)						断后伸长率 A (%) 以下公称厚度（直径、边长）				
		≤16 mm	>16~40 mm	>40~63 mm	>63~80 mm	>80~100 mm	>100~150 mm	>150~200 mm	>200~250 mm	≤40 mm	>40~63 mm	>63~80 mm	>80~100 mm	>100~150 mm	>150~250 mm	≤40 mm	>40~63 mm	>63~100 mm	>100~150 mm	>150~250 mm
Q345	A	≥345	≥335	≥325	≥315	≥305	≥285	≥275	≥265	470~630	470~630	470~630	470~630	450~600	450~600	≥20	≥19	≥19	≥18	≥17
	B																			
	C															≥21	≥20	≥20	≥19	≥18
	D																			≥17
	E								≥265											
Q390	A	≥390	≥370	≥350	≥330	≥330	≥310	—	—	490~650	490~650	490~650	490~650	470~620	—	≥20	≥19	≥19	≥18	—
	B																			
	C																			
	D																			
	E																			

（续）

牌号	质量等级	拉伸试验 [a,b,c]																断后伸长率 A(%)					
		以下公称厚度（直径、边长）下屈服强度 R_{eL}（MPa）									以下公称厚度（直径、边长）抗拉强度 R_m（MPa）							公称厚度（直径、边长）					
		≤16mm	>16~40mm	>40~63mm	>63~80mm	>80~100mm	>100~150mm	>150~200mm	>200~250mm	>250~400mm	≤40mm	>40~63mm	>63~80mm	>80~100mm	>100~150mm	>150~250mm	>250~400mm	≤40mm	>40~63mm	>63~100mm	>100~150mm	>150~250mm	>250~400mm
Q420	A	≥420	≥400	≥380	≥360	≥360	≥340	—	—	—	520~680	520~680	500~650	—	—	—	—	≥19	≥18	≥18	—	—	—
	B																						
	C																						
	D																						
	E																						
Q460	C	≥460	≥440	≥420	≥400	≥400	≥380	—	—	—	550~720	550~720	530~700	—	—	—	—	≥17	≥16	≥16	—	—	—
	D																						
	E																						
Q500	C	≥500	≥480	≥470	≥450	≥440	—	—	—	—	610~770	600~760	590~750	540~730	—	—	—	≥17	≥17	≥17	—	—	—
	D																						
	E																						

（续）

第二章 建筑材料试验

牌号	质量等级	拉伸试验[a,b,c]																				
		以下公称厚度（直径、边长）下屈服强度 R_{eL}（MPa）									以下公称厚度（直径、边长）抗拉强度 R_m（MPa）							断后伸长率 A（%） 公称厚度（直径、边长）				
		≤16 mm	>16~40 mm	>40~63 mm	>63~80 mm	>80~100 mm	>100~150 mm	>150~200 mm	>200~250 mm	>250~400 mm	≤40 mm	>40~63 mm	>63~80 mm	>80~100 mm	>100~150 mm	>150~250 mm	>250~400 mm	≤40 mm	>40~63 mm	>63~100 mm	>100~150 mm	>150~250 mm
Q550	C	≥550	≥530	≥520	≥500	≥490	—	—	—	—	670~830	620~810	600~790	590~780	—	—	—	≥16	≥16	≥16	—	—
	D																					
	E																					
Q620	C	≥620	≥600	≥590	≥570	—	—	—	—	—	710~880	690~880	670~860	—	—	—	—	≥15	≥15	≥15	—	—
	D																					
	E																					
Q690	C	≥690	≥670	≥660	≥640	—	—	—	—	—	770~940	750~920	730~900	—	—	—	—	≥14	≥14	≥14	—	—
	D																					
	E																					

注：1. 当屈服不明显时，可测量 $R_{p0.2}$ 代替下屈服强度；
2. 宽度不小于 600mm 扁平材，拉伸试验取横向试样；宽度小于 600mm 的扁平材、型材及棒材取纵向试样；断后伸长率最小值相应提高 1%（绝对值）；
3. 厚度>250~400mm 的数值适用于扁平材。

5.低合金高强度结构钢

表 2-46　低合金高强度结构钢弯曲性能

牌号	试样方向	180°弯曲试验 $[d=$弯心直径$,a=$试样厚度(直径)$]$	
		钢材厚度(直径、边长)	
		≤16mm	>16～100mm
Q345 Q390 Q420 Q460	宽度不小于 600mm 扁平材,拉伸试验取横向试样。宽度小于 600mm 的扁平材、型材及棒材取纵向试样	2a	3a

第七节　防水材料

一、防水材料组批原则和取样

1.石油沥青油毡

(1)组批原则:同一生产厂、同一品牌、同一标号、同一等级的产品,1000 卷为一验收批。大于一验收批抽 2 卷,进行规格尺寸和外观质量检验。

(2)取样方法:在外观质量检验合格的卷材中,取 5 卷,每 500～1000 卷抽 4 卷,100～499 卷抽 3 卷,100 卷以下任取一卷做物理性能检验。切除距外层卷头 2500mm 部分后顺纵向截取长度为 500mm 的全幅卷材两块。一块做物理性能试验,另一块备用。

2.沥青

(1)组批原则:同一产地、同一品种、同一标号 20t 为一验收批。

(2)取样方法:在料堆上取样时,取样部位应均匀分布,同时应不少于五处,每处取洁净的等量试样共 1kg。

3.弹性体改性沥青防水卷材(SBS 卷材)、塑性体改性沥青防水材料、聚合物改性沥青复合胎防水卷材

(1)组批原则:同厂、同品种、同规格卷材 10000m² (1000 卷)为一批,不足 10000m² 也为一批。

(2)取样方法

1)大于1000卷抽5卷,每500~1000卷抽4卷,100~499卷抽3卷,100卷以下抽2卷,进行规格尺寸和外观质量检验。在外观质量检验合格的卷材中,任抽一卷做物理性能检验。

2)将试样卷材切除距外层卷头2500mm后,顺纵向切取800mm的全幅卷材试样2块。一块做物理性能检验用,另一块备用。

4.三元乙丙防水卷材

(1)组批原则:同一生产厂、同一规格、同一等级的卷材3000m为一批。

(2)取样方法:在一验收批中抽取3卷,经尺寸、外观质量检验合格后,任抽一卷,切除距外层卷头300mm后,顺纵向切取1800mm作物理性能检验。

5.聚氯乙烯、氯化聚乙烯卷材

(1)组批原则:同一生产厂、同一类型、同一规格的卷材,5000m为一验收批。

(2)取样方法:在一验收批中抽取3卷,经尺寸、外观质量检验合格后,任抽一卷,距端头300mm处截取约300mm作物理性能检验。

6.水乳型沥青防水涂料

(1)组批原则:同一生产厂、同一品种、同一等级的涂料10t为一验收批,不足10t也按一批进行抽检。没验收批取试样2kg。

(2)取样方法:将所取试样搅拌均匀后,用取样器,在液面上、中、下3个不通过水平部位取相同量的样品,进行再混合,搅拌均匀。抽取的试样装入密闭的容器中,并做好标记。

7.聚合物水泥防水涂料

(1)组批原则:乳液、粉料共计10t为一批,不足10t也按一批计。

(2)取样方法:抽样前乳液应搅拌均匀,乳液、粉料按配比共取5kg样品。

8.聚氨酯防水涂料

(1)组批原则:以5t为一验收批,不足5t也为一验收批。每一验收批取样总重约为2kg。

(2)取样方法:搅拌均匀后,装入干燥的密闭容器中,留存5%的空隙。

二、防水材料必试项目及试验

1.必试项目

(1)沥青的必试项目:针入度、延度、软化点。

(2)弹性体改性沥青防水卷材(SBS卷材)、塑性体改性沥青防水材料的必试项目:拉力、最大拉力时伸长率、不透水性、低温柔度、耐热度。

(3)聚合物改性沥青复合胎防水卷材的必试项目:拉力、不透水性、低温柔度、耐热度。

(4)三元乙丙防水卷材、聚氯乙烯、氯化聚乙烯卷材的必试项目:拉伸强度、拉断伸长率、不透水性、低温弯折性。

(5)水乳型沥青防水涂料的必试项目:延伸性、柔韧性、耐热性、不透水性、固体含量。

(6)聚合物水泥防水涂料的必试项目:固体含量、拉伸强度、拉断伸长率、低温柔性、不透水性。

(7)聚氨酯防水涂料的必试项目:拉伸强度、拉断伸长率、不透水性、低温弯折性、固体含量。

2.石油沥青试验

(1)试样制备

将除去水分的试样,在砂浴或密闭电炉上小心加热,应防止局部过热,且加热时间不超过30min,加热熔化后用筛过滤。先将黄铜环置于金属板上,然后将试样注入黄铜环内至略高出环顶面为止,制成软化点试件(若估计软化点在120℃以上时,应将黄铜环与金属板预热至80~100℃。试件制成后在15~30℃空气中冷却30min。

将过滤的沥青倒入预先选好的试样皿中,并且试样深度应大于预计针穿入深度10mm制成针入度试件,制成试件后,在15~30℃空气中冷却1~1.5h(小试样皿)或1.5~2h(大试样皿)。

将过滤的沥青呈细流从延度铜模的一端至另一端往返倒入,使试样略高出模具,制成延度试件,并在15~30℃空气中冷却30min。

(2)针入度试验

1)仪器设备

①针入度计

②标准针

③试样皿。是一种金属圆柱形平底容器,其使用尺寸应符合下列要求。当针入度小于200时,试样皿内径为55mm内部深度为35mm;当针入度在200~350时,试样皿内径为70mm,内部深度为45mm。

④恒温水浴。容量小于10L,能保持温度在试验温度的±0.1℃误差范围内,水中应备有一个带孔的支架,位于水面下且要求不小于100mm,距浴底不小于50mm处。

⑤平底玻璃皿。容量小于0.5L,深度不小于80mm。内设一个不锈钢三腿

支架，能使试样皿稳定。

⑥秒表。要求刻度不大于0.1s,60s间隔的准确度达到±0.1s。

⑦温度计。液体玻璃温度计,刻度范围为0~50℃,分度为0.1℃。

⑧筛。筛孔为0.3~0.5mm的金属网。

⑨砂浴或可控温度的密闭电炉,砂浴用燃气灯或电加热。

2)试验步骤

将冷却后的试样移入25±5℃的恒温水浴中,小试样皿保持1~1.5h;大试样皿保持1.5~2h。调节针入度计的调平螺钉,并将针入度计调至水平,检查连杆和导轨(无水、无摩擦)用甲苯等溶剂清洗标准针,将其用干净布擦干,把标准针插入连杆中固紧。按试验条件放好砝码(标准计、连杆与附加砝码合计为100±0.1g)。到恒温时间后,取出试样皿,将其放入水温控制在试验温度的平底玻璃皿中,再把装有试样的玻璃皿放在针入度计的平台上。慢慢放下连杆,并使标准针针尖刚好与试样表面接触。必要时用放置在合适位置的光源反射来观察。拉下活杆,使之与针连杆顶端接触,调节零点。用手压紧按钮,同时启动秒表,使标准针自由下落,穿入沥青试样,在5s后松开按钮,指针停止转动。拉下活杆,使之与连杆顶端接触,此时刻度盘指针的读数即为试样的针入度。同一试样重复测定至少3次,各测点间距不应小于10mm。测定针入度大于200的沥青试样,至少用3根标准针,每次测定后将标准针留在试样中,直至3次测定完成后,再把标准针从试样中取出。

(3)延度试验

1)仪器设备

①延度仪。

②试模："8"字形试模。

③恒温水浴。容量至少为10L,能保持温度在试验温度的±0.1℃误差范围内的玻璃或金属器皿。

④温度计。液体玻璃温度计,刻度范围为0~50℃,分度为0.1℃和0.5℃各一支。

⑤筛。筛孔为0.3~0.5mm的金属网。

⑥秒表。要求刻度不大于0.1s,60s间隔的准确度达到±0.1s。

⑦砂浴或可控温度的密闭电炉,砂浴用燃气灯或电加热。

2)试验步骤

将冷却后的试件放入25±0.1℃的水浴中,静置30min后取出,然后用热刀将高出模具的沥青刮去,使沥青面与模面平齐。沥青的刮法应自模的中间刮向两边,表面要求十分光滑,将试件连同金属板再浸入25±0.1℃的水浴中静置

1~1.5h。检查延度仪拉伸速度是否符合要求,然后移动滑板使其指针正对标尺的零点,保持水槽中水温为25±0.5℃。将试件移至延度仪水槽中,将模具两端的孔分别套在滑板及槽端的金属柱上,水面距试样顶面应不小于20mm,然后去掉侧模。将水温调至25±0.5℃,开动延度仪,并观察沥青拉伸情况,若发现沥青细丝浮于水面或沉在水槽底时,则应在水中加入乙醇或食盐水调整水的密度,并使其与试样的密度相近后,再进行测定。读出试件拉断时指针所指标尺上的刻度,即为试样的延度,用"cm"表示。在正常情况下,应将试样拉伸成锥尖状,在断裂时实际横断面面积为零。若不能得到上述结果,则应报告在此条件下无测定结果。

(4)软化点试验

1)仪器设备

①软化点测定仪。

②电炉及其他加热器。

③玻璃板。

④小刀。

⑤筛。筛孔为0.3~0.5mm的金属网。

2)试验步骤

将黄铜环置于涂有隔离剂的玻璃板上。将预先脱水的试样加热熔化,在不断搅拌下继续加热,应注意试样温度不得高出软点100℃,加热时间不超过30min,用筛过滤。将试样注入黄铜环内至略高出环顶面为止。然后将冷却的试样用热刀刮去高出环顶面的沥青。将试样置于盛满新煮沸并冷却至5℃的蒸馏水的保温槽中,或置于盛满预先加热至约32℃的甘油的保温槽中恒温1.5min。从水或甘油的保温槽中,取出试件并放置在环架中承板的圆孔中,套上钢球定位器,整个环架放入烧杯内(烧杯内注满水或甘油,条件与前述相同),调整水面或甘油液面至深度标记,要求环架上任何部分均不得有气泡。将温度计由上承板中心孔垂直插入,使水银球底部与铜环下面齐平。将烧杯移至电炉上,然后将钢球放在试样上立即加热,并使烧杯内水或甘油温度在3min后保持每分钟上升5±0.5℃,在整个测定过程中若发现温度的上升速度超出此范围时,则试验应重做。试样受热软化下坠至与下承板面接触时的温度,即为试样的软化点。

3.沥青防水卷材拉伸试验

(1)仪器设备

拉伸试验机有连续记录力和对应距离的装置,能按下面规定的速度均匀的移动夹具。拉伸试验机有足够的量程(至少2000N)和夹具移动速度100±10mm/min,

夹具宽度不小于50mm。拉伸试验机的夹具能随着试件拉力的增加而保持或增加夹具的夹持力,对于厚度不超过3mm的产品能夹住试件使其在夹具中的滑移不超过1mm,更厚的产品不超过2mm。这种夹持方法不应在夹具内外产生过早的破坏。

为防止从夹具中的滑移超过极限值,允许用冷却的夹具,同时实际的试件伸长用引伸计测量。

(2)试件制备

整个拉伸试验应制备两组试件,一组纵向5个试件,一组横向5个试件。试件在试样上距边缘100mm以上任意裁取,用模板,或用裁刀,矩形试件宽为50 ± 0.5mm,长为(200mm+2×夹持长度),长度方向为试验方向。表面的非持久层应去除。试件在试验前在23 ± 2℃和相对湿度30%~70%的条件下至少放置20h。

(3)试验步骤

将试件紧紧的夹在拉伸试验机的夹具中,注意试件长度方向的中线与试验机夹具中心在一条线上。夹具间距离为200 ± 2mm,为防止试件从夹具中滑移应作标记。当用引伸计时,试验前应设置标距间距离为180 ± 2mm。为防止试件产生任何松弛,推荐加载不超过5N的力。试验在23 ± 2℃进行,夹具移动的恒定速度为100 ± 10mm/min。

连续记录拉力和对应的夹具(或引伸计)间距离。

4. 沥青和高分子防水卷材不透水性试验

(1)仪器设备

1)一个带法兰盘的金属圆柱体箱体,孔径150mm,并连接到开放管子末端或容器,其间高差不低于1m,通常如图2-26所示。

2)组成设备的装置见图2-27和图2-28,产生的压力作用于试件的一面。

试件用有四个狭缝的盘(或7孔圆盘)盖上。缝的形状尺寸符合图2-29的规定,孔的尺寸形状符合图2-30的规定。

(2)试样制备及试验条件

1)制备

试件在卷材宽度方向均匀裁取,最外一个距卷材边缘100mm。试件的纵向与产品的纵向平行并标记。在相关的产品标准中应规定试件数量,最少三块。

2)试件尺寸

圆形试件,直径200 ± 2mm,试件直径不小于盘外径(约130mm)。

3)试验条件

试验前试件在23 ± 5℃放置至少6h。

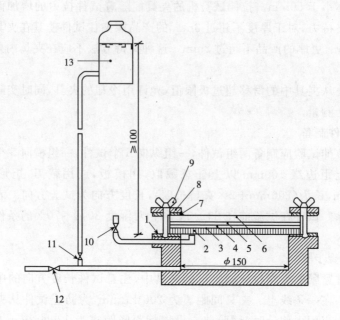

图 2-26 低压力不透水性装置

1—下橡胶密封垫圈；2—试件的迎水面是通常暴露于大气/水的面；3—实验室用滤纸；4—湿气指示混合物，均匀的铺在滤纸上面，湿气透过试件能容易的探测到，指示剂由细白糖（冰糖）(99.5%)和亚甲基兰染料(0.5%)组成的混合物，用 0.074mm 筛过滤并在干燥器中用氧化钙干燥；5—实验室用滤纸；6—圆的普通玻璃板，其中：5mm 厚，水压≤10kPa；8mm 厚，水压≤60kPa；7—上橡胶密封垫圈；8—金属夹环；9—带翼螺母；10—排气阀；11—进水阀；12—补水和排水阀；13—提供和控制水压到 60kPa 的装置

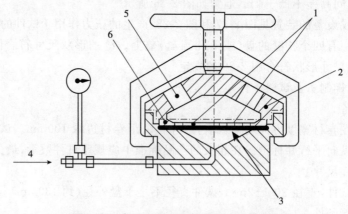

图 2-27 高压力不透水性用压力试验装置

1-狭缝；2-封盖；3-试件；4-静压力；5-观测孔；6-开缝盘

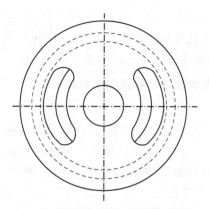

图 2-28 狭缝压力试验装置封盖草图

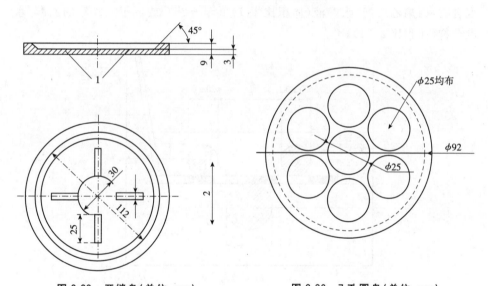

图 2-29 开缝盘(单位:mm)   图 2-30 7 孔圆盘(单位:mm)

1-所有开缝盘的边都有约 0.5mm 半径弧度

2-试件纵向方向。

(3)试验步骤

1)放试件在低压力不透水性装置上,旋紧翼形摞母固定夹环。打开阀(11)让水进入,同时打开阀(10)排出空气,直至水出来关闭阀(10),说明设备已水满。调整试件上表面所要求的压力。保持压力 24±1h。检查试件,观察上面滤纸有无变色。

2)高压力不透水性用压力试验装置中充水直到满出,彻底排出水管中空气。试件的上表面朝下放置在透水盘上,盖上规定的开缝盘(或 7 孔圆盘),其中一个缝的方向与卷材纵向平行(图 2-29)。放上封盖,慢慢夹紧直到试件夹紧在盘上,用布或压缩空气干燥试件的非迎水面,慢慢加压到规定的压力。达到规定压力后,保持压力 24±1h(7 孔盘保持规定压力 30±2min)。试验时观察试件的不透水性(水压突然下降或试件的非迎水面有水)。

5. 沥青防水卷材耐热性试验和低温柔性试验

(1)仪器设备

试验装置的操作的示意和方法见图 2-31 该装置由两个直径 20±0.1mm 不旋转的圆筒,一个直径 30±0.1mm 的圆筒或半圆筒弯曲轴组成(可以根据产品规定采用其他直径的弯曲轴,该轴在两个圆筒中间,能向上移动。两个圆筒间的距离可以调节,即圆筒和弯曲轴间的距离能调节为卷材的厚度。整个装置浸入能控制温度在+20~-40℃、精度 0.5℃温度条件的冷冻液中。冷冻液用任一混合物:丙烯乙二醇/水溶液(体积比 1:1)低至-25℃或低于-20℃的乙醇/水混合物(体积比 2:1)。

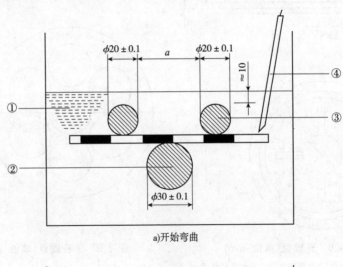

a)开始弯曲

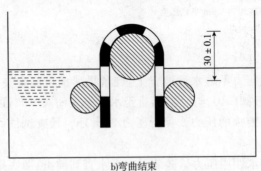

b)弯曲结束

图 2-31 试验装置原理和弯曲过程(单位:mm)

1-冷冻液;2-弯曲轴;3-固定圆筒;4-半导体温度计(热敏探头)

用一支测量精度 0.5℃的半导体温度计检查试验温度,放入试验液体中与试验试件在同一水平面。试件在试验液体中的位置应平放且完全浸入,用可移动的装置支撑,该支撑装置应至少能放一组五个试件。

试验时,弯曲轴从下面顶着试件以 360mm/min 的速度升起,这样试件能弯曲 180°,电动控制系统能保证在每个试验过程和试验温度的移动速度保持在 360±40mm/min。裂缝通过目测检查,在试验过程中不应有任何人为的影响。为了准确评价,试件移动路径是在试验结束时,试件应露出冷冻液,移动部分通过设置适当的极限开关控制限定位置。

(2)试件制备

矩形试件尺寸(150±1)mm×(25±1)mm,试件从试样宽度方向上均匀的裁取,长边在卷材的纵向,试件裁取时应距卷材边缘不少于 150mm,试件应从卷材的一边开始做连续的记号,同时标记卷材的上表面和下表面。去除表面的任何保护膜,适宜的方法是常温下用胶带粘在上面,冷却到接近假设的冷弯温度,然后从试件上撕去胶带,另一方法是用压缩空气吹[压力约 0.5MPa(5bar),喷嘴直径约 0.5mm],假若上面的方法不能除去保护膜,用火焰烤,用最少的时间破坏膜而不损伤试件。试件试验前应在(23±2)℃的平板上放置至少 4h,并且相互之间不能接触,也不能粘在板上。可以用硅纸垫,表面的松散颗粒用手轻轻敲打除去。

(3)试验步骤

在开始所有试验前,两个圆筒间的距离(见图 2-31)应按试件厚度调节,即弯曲轴直径+2mm+两倍试件的厚度。然后装置放入已冷却的液体中,并且圆筒的上端在冷冻液面下约 10mm,弯曲轴在下面的位置。弯曲轴直径根据产品不同可以为 20mm、30mm、50mm。

(4)试验条件

冷冻液达到规定的试验温度,误差不超过 0.5℃,试件放于支撑装置上,且在圆筒的上端,保证冷冻液完全浸没试件。试件放入冷冻液达到规定温度后,开始保持在该温度 1h±5min。半导体温度计的位置靠近试件,检查冷冻液温度,然后试件进行低温柔性或冷弯温度试验。

(5)低温柔性试验

两组各 5 个试件,全部试件按规定温度处理后,一组是上表面试验,另一组下表面试验。试件放置在圆筒和弯曲轴之间,试验面朝上,然后设置弯曲轴以 360±40mm/min 速度顶着试件向上移动,试件同时绕轴弯曲。轴移动的终点在圆筒上面 30±1mm 处(图 2-31)。试件的表面明显露出冷冻液,同时液面也因此下降。在完成弯曲过程 10s 内,在适宜的光源下用肉眼检查试件有无裂纹,必要时，用辅助光学装置帮助。假若有一条或更多的裂纹从涂盖层深入到胎体层，或完全贯穿无增强卷材，即存在裂缝。一组五个试件应分别试验检查。假若装置的尺寸满足，可以同时试验几组试件。

(6)冷弯温度测定

冷弯温度的范围(未知)最初测定，从期望的冷弯温度开始，每隔6℃试验每个试件，因此每个试验温度都是6℃的倍数(如−12℃、−18℃、−24℃等)。从开始导致破坏的最低温度开始，每隔2℃分别试验每组五个试件的上表面和下表面，连续的每次2℃的改变温度，直到每组5个试件分别试验后至少有4个无裂缝，这个温度记录为试件的冷弯温度。

6.建筑防水涂料试验方法

(1)固体含量

1)仪器设备

①天平：感量0.001g。

②电热鼓风烘箱：控温精度±2℃。

③干燥器：内放变色硅胶或无水氯化钙。

④培养皿：直径60~75mm。

2)试验步骤

将样品(对于固体含量试验不能添加稀释剂)搅匀后，取(6±1)g的样品倒入已干燥称量的培养皿(m_0)中并铺平底部，立即称量(m_1)，再放入到加热到表2-47规定温度的烘箱中，恒温3h，取出放入干燥器中，在标准试验条件下冷却2h，然后称量(m_2)。对于反应型涂料，应在称量(m_1)后在标准试验条件下放置24h，再放入烘箱。

表2-47 涂料加热温度

涂料种类	水性	溶剂型、反应型
加热温度/℃	105±2	120±2

3)结果计算

固体含量按下式计算

$$X = \frac{m_2 - m_0}{m_1 - m_0} \tag{2-58}$$

式中：X——固体含量(质量分数)，%；

m_0——培养皿质量，单位为克(g)；

m_1——干燥前试样和培养皿质量，单位为克(g)；

m_2——干燥后试样和培养皿质量，单位为克(g)。

(2)耐热性

1)仪器设备

①电热鼓风烘箱:控温精度±2℃。

②铝板:厚度不小于2mm,面积大于100mm×50mm,中间上部有一小孔,便于悬挂。

2)试验步骤

将样品搅匀后,将样品按生产厂的要求分2~3次涂覆(每次间隔不超过24h)在已清洁干净的铝板上,涂覆面积为100mm×50mm,总厚度1.5mm,最后一次将表面刮平,进行养护,不需要脱模。然后将铝板垂直悬挂在已调节到规定温度的电热鼓风干燥箱内,试件与干燥箱壁间的距离不小于50mm,试件的中心宜与温度计的探头在同一位置,在规定温度下放置5h后取出,观察表面现象,共试验3个试件。

(3)拉伸性能

1)仪器设备

①拉伸试验机:测量值在量程的15%~85%之间,示值精度不低于1%,伸长范围大于500mm。

②电热鼓风干燥箱:控温精度±2℃。

③冲片机及哑铃Ⅰ型裁刀。

④紫外线箱:500W直管汞灯,灯管与箱底平行,与试件表面的距离为47~50cm。

⑤厚度计:接触面直径6mm,单位面积哑铃0.02MPa,分度值0.01mm。

⑥氙弧灯老化试验箱。

2)试验步骤

①无处理拉伸性能

将涂膜裁取成按要求的哑铃Ⅰ型试件,并划好间距25mm的平行标线,用厚度计测量试件标线中间和两端三点的厚度,取其算术平均值作为试件厚度。调整拉伸试验机夹具间距约70mm,将试件夹在试验机上,保持试件长度方向的中线与试验机夹具中心在一条线上,按表2-48的拉伸速度进行拉伸至断裂,记录试件断裂时的最大荷载(P),断裂时标线间距离(L_1),精确到0.1mm,测试五个试件,若有试件断裂在标线外,应舍弃用备用件补测。

表2-48 拉伸速度

产品类型	拉伸速度(mm/min)	产品类型	拉伸速度(mm/min)
高延伸率涂料	500	低延伸率涂料	200

②热处理拉伸性能

将涂膜裁取六个120mm×25mm矩形试件平放在隔离材料上,水平放入已达到检定温度的电热鼓风烘箱中,加热温度沥青类涂料为(70±2)℃,其他涂料为(80±2)℃。试件与箱壁间距不得少于50mm,试件宜与温度计的探头在同一水平位置,在规定温度的电热鼓风烘箱中恒温(168±1)h取出,然后在标准试验条件下放置4h,裁取符合GB/T528要求的哑铃Ⅰ型试件,按无处理拉伸性能方法进行拉伸试验。

③碱处理拉伸性能

在23±2℃时,在0.1%化学纯氢氧化钠(NaOH)溶液中,加入$Ca(OH)_2$试剂,并达到过饱和状态。

在600mL该溶液中放入裁取的六个120mm×25mm矩形试件,液面应高出试件表面10mm以上,连续浸泡168±1h取出,充分用水冲洗,擦干,在标准试验条件下放置4h,裁取符合GB/T528要求的哑铃Ⅰ型试件,按无处理拉伸性能方法进行拉伸试验。

对于水性涂料,浸泡取出擦干后,再在60±2℃的电热鼓风烘箱中放置6h±15min,取出在标准试验条件下放置18±2h,裁取符合GB/T528要求的哑铃Ⅰ型试件,按无处理拉伸性能方法进行拉伸试验。

④酸处理拉伸性能

在23±2℃时,在600mL的2%化学纯硫酸(H_2SO_4)溶液中,放入裁取的六个120mm×25mm矩形试件,液面应高出试件表面10mm以上,连续浸泡168±1h取出,充分用水冲洗,擦干,在标准试验条件下放置4h,裁取符合GB/T528要求的哑铃Ⅰ型试件,按无处理拉伸性能方法进行拉伸试验。

对于水性涂料,浸泡取出擦干后,再在60±2℃的电热鼓风烘箱中放置6h±15min,取出在标准试验条件下放置18±2h,裁取符合GB/T528要求的哑铃Ⅰ型试件,按无处理拉伸性能方法进行拉伸试验。

⑤紫外线处理拉伸性能

裁取的六个120×25mm矩形试件,将试件平放在釉面砖上,为了防粘,可在釉面砖表面撒滑石粉。将试件放入紫外线箱中,距试件表面50mm左右的空间温度为45±2℃,恒温照射240h。取出在标准试验条件下放置4h,裁取符合GB/T528要求的哑铃Ⅰ型试件,按无处理拉伸性能方法进行拉伸试验。

⑥人工气候老化材料拉伸性能

裁取的六个120mm×25mm矩形试件放入符合GB/T18244要求的氙弧灯老化试验箱中,试验累计辐照能量为$1500MJ^2/m^2$(约720h)后取出,擦干,在标准试验条件下放置4h,裁取符合GB/T528要求的哑铃Ⅰ型试件,按无处理拉伸性能方法进行拉伸试验。

对于水性涂料,取出擦干后,再在 60±2℃ 的电热鼓风烘箱中放置 6h±15min,取出在标准试验条件下放置 18±2h,裁取符合 GB/T528 要求的哑铃 I 型试件,按无处理拉伸性能方法进行拉伸试验。

3)结果计算

①拉伸强度

试件的拉伸强度按下式计算:

$$T_L = P/(B \times D) \tag{2-59}$$

式中:T_L——拉伸强度,单位为兆帕(MPa);

　　P——最大拉力,单位为牛顿(N);

　　B——试件中间部位宽度,单位为毫米(mm);

　　D——试件厚度,单位为毫米(mm)。

②断裂伸长率

试件的断裂伸长率按下式计算:

$$E = (L_1 - L_0)/L_0 \times 100 \tag{2-60}$$

式中:E——断裂伸长率,%;

　　L_0——试件起始标线间距离 25mm

　　L_1——试件断裂时标线间距离,单位为毫米(mm)。

③保持率

拉伸性能保持率按下式计算:

$$R_t = (T_1/T) \times 100 \tag{2-61}$$

式中:R_t——样品处理后拉伸性能保持率,%;

　　T——样品处理前平均拉伸强度;

　　T_1——样品处理后平均拉伸强度。

结果精确到 1%。

(4)低温柔性

1)仪器设备

①低温冰柜:控温精度±2℃

②圆棒或弯板:直径 10mm、20mm、30mm。

2)试验步骤

①无处理

将涂膜裁取 120mm×25mm 试件三块进行试验,将试件和弯板或圆棒放入已调节到规定温度的低温冰柜的冷冻液中,温度计探头应与试件在同一水平位置,在规定温度下保持 1h,然后在冷冻液中将试件绕圆棒或弯板在 3s 内弯曲

180°,弯曲三个试件(无上、下表面区分)立即取出试件用肉眼观察试件表面有无裂纹、断裂

②热处理

将涂膜裁取三个120mm×25mm矩形试件平放在隔离材料上,水平放入已达到规定温度的电热鼓风烘箱中,加热温度沥青类涂料为70±2℃,其他涂料为80±2℃。试件与箱壁间距不得少于50mm,试件宜与温度计的探头在同一水平位置,在规定温度的电热鼓风烘箱中恒温168±1h取出,然后在标准试验条件下放置4h,按无处理试验步骤进行试验。

③碱处理

在23±2℃时,在0.1%化学纯氢氧化钠(NaOH)溶液中,加入$Ca(OH)_2$试剂,并达到过饱和状态。

在400mL该溶液中放入裁取的三个120mm×25mm矩形试件,液面应高出试件表面10mm以上,连续浸泡168±1h取出,充分用水冲洗,擦干,在标准试验条件下放置4h,按无处理试验步骤进行试验。

对于水性涂料,浸泡取出擦干后,再在60±2℃的电热鼓风烘箱中放置6h±15min,取出在标准试验条件下放置18±2h,按无处理试验步骤进行试验。

④酸处理

在23±2℃时,在400mL的2%化学纯硫酸(H_2SO_4)溶液中,放入裁取的三个120mm×25mm矩形试件,液面应高出试件表面10mm以上,连续浸泡168±1h取出,充分用水冲洗,擦干,在标准试验条件下放置4h,按无处理试验步骤进行试验。

对于水性涂料,浸泡取出擦干后,再在60±2℃的电热鼓风烘箱中放置6h±15min,取出在标准试验条件下放置18±2h,按无处理试验步骤进行试验。

⑤紫外线处理拉伸性能

裁取的三个120mm×25mm矩形试件,将试件平放在釉面砖上,为了防粘,可在釉面砖表面撒滑石粉。将试件放入紫外线箱中,距试件表面50mm左右的空间温度为45±2℃,恒温照射240h。取出在标准试验条件下放置4h,按无处理试验步骤进行试验。

⑥人工气候老化材料拉伸性能

裁取的三个120mm×25mm矩形试件放入符合GB/T18244要求的氙弧灯老化试验箱中,试验累计辐照能量为$1500MJ^2/m^2$(约720h)后取出,擦干,在标准试验条件下放置4h,裁取符合GB/T528要求的哑铃Ⅰ型试件,按无处理拉伸性能方法进行拉伸试验。

对于水性涂料,取出擦干后,再在60±2℃的电热鼓风烘箱中放置6h±15min,取出在标准试验条件下放置18±2h,按无处理拉伸性能方法进行拉伸试验。

(5)低温弯折性

1)仪器设备

①低温冰柜:控温精度±2℃。

②弯折仪。

③6倍放大镜。

2)试验步骤

①无处理

裁取的三个120mm×25mm矩形试件,沿长度方向弯曲试件,将端部固定在一起。调节弯折仪的两个平板间的距离为试件厚度的3倍。

放置弯曲试件在试验机上,胶带端对着平行于弯板的转轴。放置翻开的弯折试验机试件于调好规定温度的低温箱中。在规定温度放置1h后,在规定温度弯折试验机从超过90°的垂直位置到水平位置,1s内合上,保持该位置1s,整个操作过程在低温箱中进行。从试验机中取出试件,恢复到23±5℃,用6倍放大镜检查试件弯折区域的裂纹或断裂。

②热处理

试件按热处理低温柔性试验处理后,按无处理低温弯折方法进行试验。

③碱处理

试件按碱处理低温柔性试验处理后,按无处理低温弯折方法进行试验。

④酸处理

试件按酸处理低温柔性试验处理后,按无处理低温弯折方法进行试验。

⑤紫外线处理

试件按紫外线处理低温柔性试验处理后,按无处理低温弯折方法进行试验。

⑥人工气候老化处理

试件按人工气候老化处理低温柔性试验处理后,按无处理低温弯折方法进行试验。

(6)不透水性

1)仪器设备

①不透水仪。

②金属网:孔径为0.2mm。

2)试验步骤

裁取的三个150mm×150mm试件,在标准试验条件下放置2h,试验在

23±5℃进行,将装置中充水直到满出,彻底排出装置中空气。

将试件放置在透水盘上,再在试件上加一相同尺寸的金属网,盖上7孔圆盘,慢慢夹紧直到试件夹紧在盘上,用布或压缩空气干燥试件的非迎水面,慢慢加压到规定的压力。

达到规定压力后,保持压力30±2min。试验时观察试件的透水情况(水压突然下降或试件的非迎水面有水)。

三、防水材料试验结果评定

1.石油沥青

(1)针入度

取3次测定的针入度的算术平均值,取至整数作为测定结果。

3次测定的针入度相差不应大于表2-49中的数值,如果超过规定,则试验应重做。

重复性试验结果的差值应不超过表2-50的规定。

表2-49 3次针入度测定结果的相差值规定

针入度(25℃)	最大差值	针入度(25℃)	最大差值
0~49	2	150~249	6
50~149	4	250~350	8

表2-50 重复试验针入度测定结果的相差值规定

针入度(25℃)	<50	≥50
差值	不超过2	不超过平均值的4%

(2)延度

延度试验结果评定。取平行测定3次结果的算术平均值作为测定结果。

3次的单个值与平均值之差均应在平均值的5%以内,若其中1次测定值与平均值之差不在平均值的5%以内,则应舍去该值,而取另2次结果的平均值;若其中有2次测定值与平均值之差均不在平均值的5%以内,则试验应重做。

重复性试验,2次试验结果之差,不应超过平均值的10%。

(3)软化点

取平行测定的两个结果的算术平均值作为测定结果。

重复性试验两个结果的差值符合表2-51的规定。

表 2-51 软化点重复试验两个结果差值规定

软化点(℃)	允许差值(℃)	软化点(℃)	允许差值(℃)
<80	1	100~140	3
80~100	2		

(4)石油沥青技术指标

表 2-52 建筑石油沥青技术标准

项 目	质量指标	
	10 号	30 号
针入度(25℃,100g)(1/100mm)	10~25	25~40
延度(25℃)(cm) ≥	1.5	3
软化点(环球法)(℃) ≥	95	70

2.沥青防水卷材拉伸试验

记录得到的拉力和距离,或数据记录,最大的拉力和对应的由夹具(或引伸计)间距离与起始距离的百分率计算的延伸率。去除任何在夹具 10mm 以内断裂或在试验机夹具中滑移超过极限值的试件的试验结果,用备用件重测。最大拉力单位为 N/50mm,对应的延伸率用百分率表示,作为试件同一方向结果。分别记录每个方向 5 个试件的拉力值和延伸率,计算平均值。拉力的平均值修约到 5N,延伸率的平均值修约到 1%。同时对于复合增强的卷材在应力应变图上有两个或更多的峰值,拉力和延伸率应记录两个最大值。

3.沥青和高分子防水卷材不透水性试验

(1)用低压力不透水性装置试验的试件有明显的水渗到上面的滤纸产生变色,认为试验不符合。所有试件通过认为卷材不透水。

(2)用高压力不透水性装置试验的试件在规定的时间不透水认为不透水性试验通过。

4.沥青防水卷材耐热性试验和低温柔性试验

(1)规定温度的柔度结果

一个试验面 5 个试件在规定温度至少 4 个无裂缝为通过,上表面和下表面的试验结果要分别记录。

(2)冷弯温度测定的结果

5 个试件中至少 4 个通过,这冷弯温度是该卷材试验面的,上表面和下表面的结果应分别记录(卷材的上表面和下表面可能有不同的冷弯温度)。

5.建筑防水涂料

(1)含固量

试验结果取两次平行试验的平均值,结果计算精确到1%。

(2)耐热性

试验后所有试件都不应产生流淌、滑动、滴落,试件表面无密集气泡。

(3)拉伸性能

1)拉伸强度

取五个试件的算术平均值作为试验结果,结果精确到0.01MPa。

2)断裂伸长率

取五个试件的算术平均值作为试验结果,结果精确到1%。

(4)低温柔性

所有试件应无裂纹。

(5)低温弯折性

所有试件应无裂纹。

(6)不透水性

所有试件在规定时间应无透水现象。

6.防水材料性能指标

(1)弹性体改性沥青防水卷材(SBS卷材)

表2-53 弹性体改性沥青防水卷材性能指标

序号	项目		指标 I		指标 II		
			PY	G	PY	G	PYG
2	耐热性	℃	90		105		
		≤mm	2				
		试验现象	无流淌、滴落				
3	低温柔性(℃)		−20		−25		
			无裂缝				
4	不透水性 30min		0.3MPa	0.2MPa	0.3MPa		
5	拉力	最大峰拉力(N/50mm)≥	500	350	800	500	900
		次高峰拉力(N/50mm)≥	—	—	—	—	800
		试验现象	拉伸过程中,试件中部无沥青涂盖层开裂或与胎基分离现象				
6	延伸率	最大峰时延伸率(%)≥	30		40		—
		第二峰时延伸率(%)≥					15

(2)塑性体改性沥青防水材料

表 2-54 性能指标

序号	项目		指标 I		指标 II		
			PY	G	PY	G	PYG
2	耐热性	℃	110	110	130	130	130
		≤mm	2	2	2	2	2
		试验现象	无流淌、滴落				
3	低温柔性(℃)		−7		−15		
			无裂缝				
4	不透水性 30min		0.3MPa	0.2MPa	0.3MPa	0.3MPa	0.3MPa
5	拉力	最大峰拉力(N/50mm)≥	500	350	800	500	900
		次高峰拉力(N/50mm)≥	—	—	—	—	800
		试验现象	拉伸过程中，试件中部无沥青涂盖层开裂或与胎基分离现象				
6	延伸率	最大峰时延伸率(%)≥	25	—	40	—	—
		第二峰时延伸率(%)≥	—	—	—	—	15

(3)聚合物改性沥青复合胎防水卷材

表 2-55 SBS 改性沥青复合胎防水卷材性能指标

序号	项目		指标 I	指标 II
1	不透水性	压力,0.3MPa	不透水	
		保持时间,30min		
2	耐热度	90℃	无滑动、流淌、滴落	
3	拉力,N	纵向	≥450	≥600
		横向	≥400	≥500
4	低温柔度	−18℃	无裂纹	

表 2-56 APP 改性沥青复合胎防水卷材性能指标

序号	项目		指标 I	指标 II
1	不透水性	压力,0.3MPa	不透水	
		保持时间,30min		

（续）

序号	项目		指标	
			I	II
2	耐热度	110℃	无滑动、流淌、滴落	
3	拉力，N	纵向	≥450	≥600
		横向	≥400	≥500
4	低温柔度	−5℃	无裂纹	

（4）三元乙丙防水卷材

表 2-57　三元乙丙防水卷材性能指标

序号	项目		指标	
			一等品	合格品
1	拉伸强度(MPa)纵横均应≥		8	7
2	拉断伸长率(%)纵横均应≥		450	450
3	不透水性	0.3MPa,30min	合格	—
		0.1MPa,30min	—	合格
4	粘合性能（胶与胶）	无处理	合格	合格
5	低温弯折性	−40℃	合格	合格

（5）聚氯乙烯、氯化聚乙烯卷材

表 2-58　聚氯乙烯防水卷材性能指标

序号	项目		指标				
			H	L	P	G	GL
2	拉伸性能	最大拉力(N/cm) ≥	—	120	250	—	120
		拉伸强度(MPa) ≥	10.0	—	—	10.0	—
		最大拉力时伸长率(%) ≥	—	—	15	—	—
		断裂伸长率(%) ≥	200	150	—	200	100
3	热处理尺寸变化率(%) ≤		2.0	1.0	0.5	0.1	0.1
4	低温弯折性		−25℃无裂纹				
5	不透水性		0.3MPa,2h 不透水				

表 2-59　氯化聚乙烯防水卷材性能指标

序号	项　目		Ⅰ型	Ⅱ型
1	拉伸强度(MPa)	≥	5.0	8.0
2	断裂伸长率(%)	≥	200	300
3	热处理尺寸变化率(%)	≤	3.0	纵向 2.5 横向 1.5
4	低温弯折性		−20℃无裂纹	−25℃无裂纹
5	抗穿孔性		不渗水	
6	不透水性		不透水	

(6) 水乳型沥青防水涂料

表 2-60　水乳型沥青防水涂料性能指标

项　目	L 型	H 型
固体含量(%)	≥45	
耐热度(℃)	80±2	110±2
	无流淌、滑动、滴落	
不透水性	0.10MPa,30min 无渗水	
低温柔性(标准条件)(℃)	−15	0
断裂伸长率(标准条件)(%)	600	

(7) 聚合物水泥防水涂料

表 2-61　聚合物水泥防水涂料性能指标

序号	试　验　项　目		技术指标		
			Ⅰ型	Ⅱ型	Ⅲ型
1	固体含量(%)	≥	70	70	70
2	拉伸强度	无处理(MPa) ≥	1.2	1.8	1.8
		加热处理后保持率(%) ≥	80	80	80
		碱处理后保持率(%) ≥	60	70	70
		浸水处理后保持率(%) ≥	50	70	70
		紫外线处理后保持率(%) ≥	80	—	—

（续）

序号	试验项目			技术指标		
				Ⅰ型	Ⅱ型	Ⅲ型
3	断裂伸长率	无处理(%)	≥	200	80	30
		加热处理(%)	≥	150	65	20
		碱处理(%)	≥	150	65	20
		浸水处理(%)	≥	150	65	20
		紫外线处理(%)	≥	150	—	—
4	低温柔性(ϕ10min 棒)			－10℃ 无裂纹		
6	不透水性(0.3MPa,30min)			不透水	不透水	不透水

(8) 聚氨酯防水涂料

表 2-62 聚氨酯防水涂料

序号	项目			技术指标		
				Ⅰ	Ⅱ	Ⅲ
1	固体含量(%)	≥	单组分		85.0	
			多组分		92.0	
5	拉伸强度(MPa)	≥		2.00	6.00	2.0
6	断裂伸长率(%)	≥		500	450	50
8	低温弯折性			－35℃,无裂纹		
9	不透水性			0.3MPa,120min 不透水		

第三章　施工过程试验及检测

第一节　地基基础

一、平板载荷试验

平板载荷试验是在原位条件下,对原型基础或缩尺模型基础逐级施加荷载,并同时观测地基(或基础)随时间而发展的变形(沉降)的一种测试方法。平板载荷试验是确定天然地基、复合地基承载力和变形特性参数的综合性测试手段,还是其他原位测试手段(如静力触探、标准贯入试验等)对比的基本方法。

1. 试验原理

竖向均布荷载作用于刚性圆形板,板下各点的沉降为:

$$s = 1.57 \frac{(1-v^2)}{E_0} rp \tag{3-1}$$

当为刚性的方形板时,板下各点的沉降为:

$$s = 0.88 \frac{(1-v^2)}{E_0} bp \tag{3-2}$$

式中:s——板下各点的沉降(mm);
　　　r——刚性圆形板的半径(mm);
　　　b——刚性方形板的宽度(mm);
　　　v——地基土的泊松比(侧膨胀系数);
　　　E_0——地基土的变形模量(kPa);
　　　P——刚性圆形板或方形板上的平均压力(kPa)。

平板载荷试验得到的典型压力—沉降曲线(亦即 p—s 曲线)可以分为三个阶段,见图3-1所示。

(1)直线变形阶段:当压力小于比例极限压力 p_0 时,p—s 呈直线关系;土的变形主要由土中孔隙的减小而引起,主要是竖向压缩,

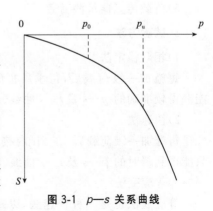

图 3-1　p—s 关系曲线

随时间的增长逐渐趋于稳定。

(2)剪切变形阶段:当压力大于 p_0 而小于极限压力 p_0' 时,p—s 时关系由直线变为曲线关系;土体除了竖向压缩之外,在承压板的边缘土体承受的剪应力达到了或超过了土的抗剪强度,变形由土体的竖向压缩和土颗粒的剪切变位同时引起。

(3)破坏阶段:当压力大于极限压力 p_0' 时,沉降急剧增大。承压板不断下沉,在承压板周围土体发生隆起及环状或放射状裂隙,在滑动土体内各点的剪应力均达到或超过土体的抗剪强度。

2. 试验设备

(1)承压板

可加工成正方形或圆形的钢板或钢筋混凝土板。

(2)加载系统

1)单个手动液压千斤顶加荷装置;

2)两个或两个以上千斤顶并联加荷、高压油泵;

3)千斤顶自动控制加荷装置;

4)压重加荷装置。

(3)反力系统

1)堆重平台反力装置;

2)锚桩横梁反力装置;

3)伞形构架式地锚反力装置;

4)撑壁式反力装置。

(4)荷载测量系统

1)油压表量测荷载;

2)标准测力计量测荷载;

3)荷载传感器量测荷载。

3. 试验方法

1)相对稳定法

每施加一级荷载后,待承压板的沉降达到稳定标准后再施加下一级荷载。能获得较准确的 p—s 及 t—s 曲线。

2)快速法

每施加一级荷载后,在 2h 内按每隔 15min 观测一次,即施加下一级荷载。只能得到瞬时的 p—s 及 t—s 曲线。

3)等应变法

等应变法也是一种快速法,以每级荷载下的沉降量为承压板宽的 0.5% 来控制荷载。

自每级荷载加荷起,按 0.5、1、2、4、8、15min 时间间隔观测至荷载停止变化,然后又确定的沉降量,继续加荷达到恒定,直至达到出现极限压力。

4. 试验结果分析

1) 修正荷载与沉降量误差

可按下列公式进行修正:

$$s = s_0 + cp \tag{3-3}$$

式中:s——修正后的沉降值(m);

s_0——直线方程在沉降 s 轴上的截距(m);

c——直线方程的斜率(m^3/kN);

p——承压板单位面积上所受的压力(kPa)。

修正是使各点修正后的沉降值与真值的离差平方积为最小,即:

$$c = \frac{N\sum p_i s_i - \sum p_i s_i}{N\sum p_i^2 - (\sum p_i)^2} \tag{3-4}$$

$$s_0 = \frac{\sum s_i \sum p_i^2 - \sum p_i \sum p_i s_i}{N\sum p_i^2 - (\sum p_i)^2} \tag{3-5}$$

式中:p_i——荷载级的单位压力;

s_i——相应于负的沉降观测值;

N——荷载级数。

2) 确定比例界限压力值

①转折点法:取 $p—s$ 曲线首段直线转折点所对应的压力为比例界限压力。

②二倍沉降增量法:当某级压力下的沉降增量大于或等于前级压力下沉降增量的两倍时,则可取该前级压力为比例界限压力。

③切线交会法:取 $p—s$ 曲线首尾段两切线交会点所对应的压力为比例界限压力。

④全对数法:在 $\lg p—\lg s$ 曲线上,取曲线急剧转折点所对应的压力为比例界限压力。

⑤斜率法:在 $p—\Delta s/\Delta p$ 曲线上,取第一转折点所对应的压力为比例界限压力。

⑥沉降速率法在某级压力下,沉降增量与时间增量比趋于常数,则可取前一级压力为比例界限压力。

5. 试验注意事项

(1)对均质密实的土层,采用的承压板面积为 $0.1m^2$。对软土、新近堆积土和填土,采用的承压板面积为不应小于 $0.5m^2$。

(2)试坑底面的宽度应不小于承压板宽度的三倍。

(3)荷载应按等量分级施加。每级荷载增量为预估极限荷载的 1/10~1/8。

(4)沉降稳定标准:一般的沉降量不大于 0.1mm 视为稳定。每级荷载下观测沉降量的时间间隔,在加荷的初步阶段,次数要多,间隔要短,2h 以后可长些,但不宜大于 1h。

(5)回弹观测的卸载级可为加荷的 2 倍,当荷载全部卸完后,应观测至回弹量趋于稳定为止。

(6)试验土体出现极限破坏的标志是:①承压板周围土明显隆起;②荷载增加不多,沉降急剧增加;③荷载不变,24h 内沉降无法稳定,随时间等速或加速发展,或超过规范最大限值。

二、静力触探试验

静力触探试验主要适合于软土、黏性土、粉土和中密以下的砂土等地层中,对于含较多碎石、砾石的土和极密状态砂土不适合采用,此外总的测试深度一般不能超过 80m。

1. 试验原理

静力触探试验的基本原理是通过一定的机械装置,用准静力将标准规格的金属探头垂直均匀地压入地层中,同时利用传感器或量测仪表测试土层对触探头的贯入阻力,并根据测得的阻力情况来分析判断土层的物理力学性质。

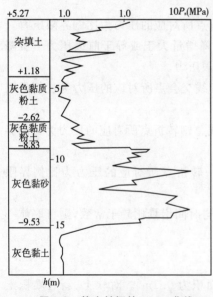

图 3-2 静力触探的 p_s—h 曲线

2. 试验设备

(1)探头

常用的静力触探探头分为单桥探头、双桥探头两种。

(2)贯入装置

1)探杆加压的压力装置:液压传动式、电动机械式及手摇链条式;

2)反力系统:一种是利用旋入地下的地锚的抗拔力提供反力,另一种是利用重物提供加压反力。

(3)测量装置:液压式静力触探仪

3. 试验结果

(1)单桥静力触探:比贯入阻力(p_s)—深度(h)的关系曲线(图 3-2)。

（2）双桥静力触探：锥尖阻力（q_c）－深度（h）关系曲线、侧壁摩阻力（f_s）－深度（h）关系曲线（图 3-3）、摩阻比（R_f）－深度（h）关系曲线（图 3-4）。

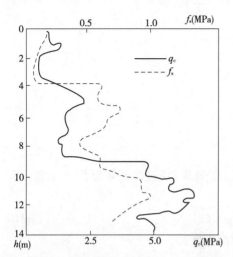

图 3-3　静力触探 q_c-h、f_s-h 曲线

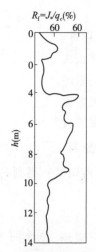

图 3-4　静力触探 R_f-h 曲线

三、十字板剪切试验

十字板剪切试验是一种在钻孔内快速测定饱和软黏土抗剪强度的原位测试方法。

1. 试验原理

十字板剪切试验是将十字板插入土层中，通过钻杆对十字板头施加扭矩使其匀速旋转，根据测得的抵抗扭矩，换算得到该土层的抗剪强度。

扭转十字板时，土体将出现一个圆柱状的剪切破坏面，土体产生的抵抗扭矩由两部分构成，一是圆柱侧面的抵抗扭矩 M_1，二是圆柱的圆形底面和顶面产生的抵抗扭矩 M_2，即：

$$M = M_1 + M_2 \tag{3-6}$$

$$M_1 = C_u \pi DH \frac{D}{2} \tag{3-7}$$

$$M_2 = 2C_u \cdot \frac{\pi D^2}{4} \cdot \frac{2}{3} \cdot \frac{D}{2} \tag{3-8}$$

式中：C_u——饱和黏性土不排水抗剪强度（kPa）

　　　H——十字板的高度（m）；

　　　D——十字板的直径（m）。

土的不排水抗剪强度如下式：

$$C_u = \frac{2M}{\pi D^3 \left(H + \dfrac{D}{3}\right)} \tag{3-9}$$

2.试验设备

(1)十字板头

(2)传力系统

(3)加力装置

(4)测量装置

3.试验结果

十字板剪切试验得到的不排水抗剪强度偏高，经过修正才能用于工程。其修正如下：

$$(C_u)_f = \mu \cdot C_u \tag{3-10}$$

式中：C_u——现场实测的十字板不排水抗剪强度；

$(C_u)_f$——修正后的不排水抗剪强度；

μ——修正系数。

4.试验注意事项

(1)十字板剪切试验点布置在软土中，竖向上的间距可为1m；

(2)十字板头形状宜为矩形，径高比为1:2，板厚宜为2～3mm；

(3)十字板头插入钻孔底深度不应小于孔径或套管直径的3～5倍；

(4)十字板插入至试验深度后，至少应静置2～3min；

(5)扭转剪切速率宜采用(1°～2°)/10s；

(6)在峰值强度或稳定值测试完毕后，再顺扭转方向连续转动6圈，测定重塑土的不排水抗剪强度。

四、圆锥动力触探试验

圆锥动力触探是利用一定的落锤能量，将一定尺寸、一定形状的圆锥探头打入土中，根据打入的难易程度来评价土的物理力学性质的一种原位测试方法，它的适用于静力触探难以贯入的碎石土、密实砂层和软岩。

1.试验原理

圆锥动力触探试验中，以打入土中一定距离（贯入度）所需落锤次数（锤击数）来表示探头在土层中贯入的难易程度。同样贯入条件下，锤击数越多，表明土层阻力越大。锤击数越少，表明土层阻力越小。

2. 试验设备

主要的试验设备为圆锥动力触探设备,它又分为轻型、重型与超重型三种类型,见表 3-1。

表 3-1 圆锥动力触探类型及设备规格

类 型		轻 型	重 型	超重型
落锤	质量(kg)	10	63.5	120
	落距(cm)	50	76	100
触探指标		贯入 30cm 的锤击数	贯入 10cm 的锤击数	贯入 10cm 的锤击数
主要适应土类		浅部的填土、砂土、粉土、黏性土	砂土、中密以下碎石土、极软岩石	密实和极密的碎石土、软岩

3. 试验的技术要求

(1) 落锤方式对锤击能量的影响较大,现在实际工程采用固定落距的自动落锤的锤击方式;

(2) 触探杆最大偏斜度不应超过 2‰,锤击贯入应保持连续进行,锤击速率宜为每分钟 15~30 击;

(3) 对轻型动力触探,当 $N_{10}>100$ 或贯入 15cm 锤击数超过 50 时,可停止试验或改用重型动力触探;对重型动力触探,当连续三次 $N_{63.5}>50$ 时,可停止试验或改用超重型动力触探;

(4) 为了减少探杆与孔壁的接触,探杆直径应小于探头直径。

4. 试验结果

(1) 确定砂土、圆砾卵石孔隙比

根据重型动力触探的试验结果可确定砂土、圆砾、卵石的孔隙比,其计算公式如下:

$$N'_{63.5}=\alpha N_{63.5} \tag{3-11}$$

式中:$N_{63.5}$——实测的重型触探锤击数;

$N'_{63.5}$——校正后的锤击数;

α——触探杆长度校正系数。

(2) 确定地基土的承载力

用轻型圆锥动力触探的结果 N_{10} 来确定黏性土地基及由黏性土和粉土组成的素填土地基的承载力标准值。其中 N_{10} 是经过修正后的锤击数值,其修正计算公式如下:

$$N_{10}=\overline{N}_{10}-1.645\sigma \tag{3-12}$$

式中：$\overline{N}_{10}$——同一土层轻便触探的锤击数现场多次读数的平均值；

N_{10}——修正以后的锤击数；

σ——锤击数现场多次读数的标准差。

五、标准贯入试验

标准贯入试验是将原来的圆锥形探头换成了由两个半圆筒组成的对开式管状贯入器，另外规定将贯入器贯入土中 30cm 所需要的锤击数（又称为标贯击数）作为分析判断的依据。

1．试验原理

标准贯入试验是采用将标准贯入器打入土中一定距离（30cm）所需落锤次数（标贯击数）来表示土阻力大小的，并根据大量的对比试验资料分析统计得到土的物理力学性质指标的。

2．试验设备

表 3-2　标准贯入试验设备规格及适用土类

落锤		质量(kg)	63.5
		落距(cm)	76
贯入器	对开管	直径 d(mm)	74
		长度(mm)	500
		外径(mm)	51
		内径(mm)	35
探杆(钻杆)		直径(mm)	42
		相对弯曲	<1‰
贯入指标			贯入 30cm 的锤击数 $N_{63.5}$
主要使用土类			砂土、粉土、一般黏性土

3．试验要求

（1）标准贯入试验应采用回转钻进，钻进过程中要保持孔中水位略高于地下水位。

（2）应采用自动脱钩的自由落锤装置并保证落锤平稳下落，锤击速率应 30 击。

（3）探杆最大相对弯曲度应小于 1‰。

（4）试验前，应预先将贯入器打入土中 15cm，然后开始记录每打入 10cm 的锤击数，累计打入 3cm 的锤击数为标准贯入试验锤击数 N。当锤击数已达到 50 击，而贯入深度未达到 30cm 时，可记录 50 击的实际贯入度，并按下式换算成相当于 30cm 贯入度的标准贯入试验锤击数 N 并终止实验：

$$N = 30 \times \frac{50}{\Delta S} \tag{3-13}$$

式中：ΔS——50击时的实际贯入深度(cm)。

(5)标准贯入试验可在钻孔全深度范围内进行，间距一般为 1.0~2.0m。

4．试验结果

(1)判定砂土的密实程度

表 3-3　标贯击数 N 与砂土密实度的关系对照表

密实程度	相对密实度 Dr	标贯击数 N
松散	0~0.2	0~10
稍密	0.2~0.33	10~15
中密	0.33~0.67	15~30
密实	0.67~1	>30

(2)评定黏性土的稠度状态和无侧限抗压强度

表 3-4　黏性土的稠度状态与标贯击数的关系

标贯击数 N	<2	2~4	4~7	7~18	18~35	>35
稠度状态	流动	软塑	软可塑	硬可塑	硬塑	坚硬
液性指数 I_L	>1	1~0.75	0.75~0.5	0.5~0.25	0.25~0	<0

(3)评定砂土的抗剪强度指标 ϕ

砂土的抗剪强度指标计算如下式：

$$\phi = \sqrt{20N} + 15 \tag{3-14}$$

(4)评定地基土的承载力

表 3-5　砂土承载力标准值 f_k(kPa)与标贯击数的关系

	标贯击数 N	10	15	30	50
f_k(kPa)					
土类	中、粗砂	180	250	340	500
	粉、细沙	140	180	250	340

表 3-6　黏性土承载力标准值 f_k(kPa)与标贯击数的关系

标贯击数 N	3	5	7	9	11	13	15	17	19	21	23
f_k(kPa)	105	145	190	235	280	325	370	430	515	600	680

(5) 饱和砂土、粉土的液化判定

标准贯入试验是判别饱和砂土、粉土液化的重要手段。我国《建筑抗震设计规范》(GB50011—2010)推荐采用标准贯入试验判别法对地面以下 20m 深度范围内的可液化土,按下式进行判别:

$$N < N_{cr} \tag{3-15}$$

$$N_{cr} = N_0 \beta \left[\ln(0.6 d_s + 1.5) - 0.1 d_w \right] \sqrt{3/\rho_c} \tag{3-16}$$

式中:N——待判别饱和土的实测标贯击数;

N_{cr}——是否液化的标贯击数临界值;

N_0——是否液化的标贯击数基准值,按表 3-7 取用;

d_s——饱和土标准贯入试验点深度(m);

d_w——地下水位深度(m)宜按建筑使用期内年平均最高水位采用,也可按近期内年最高水位采用;

ρ_c——黏粒含量百分率,当小于 3 或为砂土时均取 3;

β——调整系数,设计地震第一组取 0.8,第二组取 0.95,第三组取 1.05。

表 3-7 液化判别标准贯入锤击数基准

设计基本地震加速度(g)	0.10	0.15	0.20	0.30	0.40
液化判别标准贯入锤击数基准值	7	10	12	16	19

经上述判别为液化土层的地基,应进一步探明各液化土层的深度和厚度,并按下式计算液化指数:

$$L_{le} = \sum_{i=1}^{n} \left(1 - \frac{N_i}{N_{cri}}\right) d_i w_i \tag{3-17}$$

式中:L_{le}——液化指数;

n——在判别深度内每一个钻孔标准贯入试验点的总数;

N_i、N_{cri}——分别为第 i 试验点标贯锤击数的实测值和临界值,当实测值大于临界值时,应取临界值的数值;当只需要判别 15m 范围以内的液化时,15m 以下的实测值可按临界值采用;

d_i——第 i 试验点所代表的土层厚度(m),可采用与该标准贯入试验点相邻的上、下两标贯试验点深度差值的一半,但上界不高于地下水位深度,下界不深于液化深度;

w_i——i 试验点所在土层的层厚影响权函数(单位 m^{-1}),当该土层中点深度不大于 5m 时应取 10,等于 20m 时取 0,大于 5m 而小于 20m 时,应按线性内插法确定。

表 3-8　液化等级表

液化指数 L_{le}	$0 < L_{le} \leqslant 5$	$5 < L_{le} \leqslant 15$	$L_{le} > 15$
液化等级	轻微	中等	严重

六、桩基静载试验

1.试验设备

(1)加载装置

一般选用单台或多台同型号的千斤顶并联加载。单个千斤顶均应平放于试桩中心,并保持严格的物理对中,当采用两个以上千斤顶并联加载时,其上下部应设置足够刚度的钢垫箱,并使千斤顶的合力通过试桩中心。试桩、锚桩和基准桩之间的中心距离应大于 4 倍桩径且不小于 2m。

(2)量测装置

1)荷载可用放置于千斤顶上的应力环、应变式压力传感器直接测定。

2)沉降测量一般采用百分表或电测位移计。

2.试验要求

(1)试桩顶部应凿除浮浆,在桩顶配置加密钢筋网 2~3 层,再用高强度等级砂浆将桩顶抹平;

(2)试桩顶部露出地面高度不宜小于 60cm,试桩的倾斜度不得大于 1%;

(3)从预制桩打入和灌注桩成桩到开始试验的时间间隔,在桩身强度达到设计要求的前提下:对于砂类土,不应少于 7d;对于一般黏性土,不应少于 15d;对于黏土与砂交互的土层可取中间值;对于淤泥或淤泥质土,不应少于 25d;

(4)在试桩间歇期内,试桩区周围 30m 范围内尽量不要产生能造成桩间土中孔隙水压力上升的干扰。

3.试验方法

进行单桩竖向抗压静载试验时,试桩的加载量应满足以下要求:

(1)对于以桩身承载力控制极限承载力的工程桩试验,加荷至设计承载力 2.0 倍;

(2)对于嵌岩桩,当桩身沉降量很小时,最大加载量不应小于设计承载力的 2.0 倍;

(3)当以堆载为反力时,堆载重量不应小于试桩预估极限承载力的 1.2 倍。

单桩竖向抗压静载荷试验的加载方式有慢速法、快速法、等贯入速率法和循环法等,现在工程中常用的是慢速法。

慢速法是慢速维持荷载法的简称,即先逐级加载,待该级荷载达到相对稳定后,再加下一级荷载,直到试验破坏,然后按每级加荷量的两倍卸载到零。慢速法载荷试验的加载分级,一般是按试桩的最大预估承载力将荷载等分成10～12级逐级施加。慢速法载荷试验沉降测读规定:每级加载后,隔5、10、15min各测读一次读数,以后每隔15min后测读一次,累计1h后每隔0.5h测读一次。

慢速法载荷试验的稳定标准:在每级荷载作用下,桩的沉降量满足连续两次0.1mm/h即可视为稳定。在连续观测的半小时沉降量中,出现相邻三次平均沉降速率呈现衰减,即可认为该级荷载下的沉降已趋于稳定。

当试桩过程中出现下列条件之一时,可终止加荷:①某级荷载作用下,桩顶沉降量大于前一级荷载作用下沉降量的5倍;②某级荷载作用下,桩的沉降量大于等于前一级荷载作用下沉降量的2倍,且经过24h尚未达到相对稳定标准;③已达到设计要求的最大加载量;④当工程桩作锚桩时,锚桩上拔量已达到允许值;⑤当荷载沉降曲线呈缓变型时,可加载至桩顶总沉降量60～80mm。

慢速载荷试验的卸荷规定:每级卸载值为加载增量的二倍。每级荷载维持1h,卸载后按第15、30、60min测读一次桩顶沉降量后,即可卸下一级荷载。全部卸载后,维持时间为3h,测读时间为第15、30min,以后每隔30min读一次。

4. 试验结果

在工程实践中,按照有关的规范规程,以下列标准确定极限承载力:

(1)当 $Q-S$ 曲线的陡降段明显时,取相应于陡降段起点的荷载为极限承载力;

(2)对于缓变型 $Q-S$ 曲线,一般可取 $S=40\sim60$mm 对应的荷载;

(3)取 $S-\lg t$ 曲线尾部出现明显向下弯曲的前一级荷载;

(4)对于摩擦型灌注桩,取 $S-\lg Q$ 线出现陡降直线段的起始点所对应的荷载值;

(5)对于大直径钻孔灌注桩,取桩端沉降 $S_b=(0.03\sim0.06)D$ 所对应的荷载为极限承载力;

(6)在桩身材料破坏的情况下,其极限承载力可取破坏前一级的荷载值。

七、桩的钻芯检测

由于钻孔取芯法需要在工程桩的桩身上钻孔,所以通常适用于直径不小于800mm的混凝土灌注桩。

1. 技术要点

(1)钻杆垂直度要求高。

(2)钻头、取样管及取样技术须适合桩的类型,一般选用岩芯钻头,钻头直径按骨料粒径大小,可选用 91~110mm。

(3)如要定量确定混凝土强度,必须送有资质的建材试验单位做抗压强度实验。

2. 检测设备

(1)钻机

桩基钻孔取芯应采用液压高速钻机,钻机应具有足够的刚度、操作灵活、固定和移动方便,并应有循环水冷却系统。钻机主轴的径向跳动不应超过 0.1mm,钻机宜采用 φ50mm 的方扣钻杆,钻杆必须平直,钻机应采用双管单动钻具。钻机取芯宜采用内径最小尺寸大于混凝土骨料粒径 2 倍的人造金刚石薄壁钻头。

(2)锯切机、磨平机和补平器

锯切机应具有冷却系统和牢固夹紧芯样的装置,配套使用的人造金刚石圆锯片应有足够的刚度。磨平机和补平器除保证芯样端面平整外,还应保证芯样端面与轴线垂直。

(3)压力机

压力机的量度和精度应能满足芯样试件的强度要求。承压板的直径应不小于芯样试件的直径,也不宜大于试件直径的 2 倍。

3. 检测方法

(1)确定钻孔位置

当桩径小于 1600mm 时,宜选择靠近桩中心钻孔,当桩径等于或大于 1600mm 时,钻孔数不宜少于 2 个。

(2)安置钻机

钻孔位置确定后,应对准孔位安置钻机。钻机就位并安放平稳后,应将钻机固定,以使工作时不致产生位置偏移。在固定钻机时,还应检查底盘的水平度,保证钻杆以及钻孔的垂直度。

(3)施钻前的检查

施钻前应先通电检查主轴的旋转方向,当旋转方向为顺时针时,方可安装钻头。调整钻机主轴的旋转轴线,使其呈垂直状态。

(4)开钻

开钻前先接水源和电源,将变速钮拨到所需转速,还向转动操作手柄,使合金钻头慢慢地接触混凝土表面,待钻头刃部入槽稳定后方可加压进行正常钻进。

(5)钻进取芯

在钻进过程中,应保持钻机的平稳,转速不宜小于 140r/min,钻孔内的循环水流不得中断,水压应保证能充分排除孔内混凝土屑料,循环冷却水出口的温度不宜超过30℃,水流量宜为3~5L/min。每次钻孔进尺长度不宜超过1.5m。提钻取芯时,应拧下钻头和胀圈,严禁敲打卸取芯样。卸取的芯样应冲洗干净后标上深度,按顺序置于芯样箱中。灌注桩钻孔取芯检测的取芯数目视桩径和桩长而定。通常至少每1.5m应取1个芯样,沿桩长均匀选取,每个芯样均应标明取样深度。对于用于判明灌注桩混凝土强度的芯样,则根据情况,每一桩不得少于10个试样。钻孔取芯的深度应进入桩底持力层不小于1m。芯样试件一般一组3个,宜在同一高度附近取样。

(6)补孔

在钻孔取芯以后,桩上留下的孔洞应及时进行修补,修补时宜用高于桩原来强度等级的混凝土来填充。

4.检测结果

(1)混凝土芯样试件抗压强度代表值应按一组三块试件强度值的平均值确定。

(2)受检桩中不同深度位置的混凝土芯样试件抗压强度代表值中的最小值为该桩混凝土芯样试件抗压强度代表值。

(3)桩基等级类别为表3-9。

表3-9 桩基等级类别

类别	特征
Ⅰ	混凝土芯样连续、完整、表面光滑、胶结好、骨料分布均匀、呈长柱状、断口吻合,芯样侧面仅见少量气孔
Ⅱ	混凝土芯样连续、完整、胶结较好、骨料分布基本均匀、呈柱状、断口基本吻合
Ⅲ	大部分混凝土芯样胶结较好,无松散、夹泥或分层现象,但有下列情况之一: 1)芯样局部破碎且破碎长度大于10cm; 2)芯样骨料分布不均匀; 3)芯样多呈短柱状或块状; 4)芯样侧面蜂窝麻面、沟槽连续
Ⅳ	钻进很困难; 芯样任意端松散、夹泥或分层; 芯样局部破碎且破碎长度不大于10cm

八、桩的低应变检测

低应变动力试桩法按行业标准《建筑基桩检测技术规范》JGJ106—2014称

之为低应变动测法。按照其激励方法的不同,又分为应力波反射法、机械阻抗法、水电效应法、动参数法、共振法等数种,目前普遍采用的低应变应力波反射法。其主要目的是检测单桩的完整性,以及缺陷所处位置,并判别缺陷的严重程度。

1. 基本原理

在桩顶激起竖向激振,弹性波沿着桩身向下传播,当桩身存在明显阻抗差异的界面或桩身截面积发生变化,将产生反射波,经接收、放大、滤波和数据处理,可以识判断桩身混凝土的完整性,判定桩身缺陷的程度和位置。通过力锤敲击,在桩顶击发一个压缩波,压缩波当遇到波阻抗界面,压缩波被反射回来。将桩顶接受到的各种反射波与击发波比较,根据时间差及频谱特性即可判断波阻抗界面的性质。出现反射波的条件是,在界面两侧的波阻抗不一致,波阻抗的定义:

$$Z = \rho V A = \frac{EA}{C} \tag{3-18}$$

式中:C——压缩波在桩身中传播速度;

E——桩身材料的弹性模量;

A——桩身面积。

缺陷位置计算的基本公式:

$$t = \frac{2L}{C} \tag{3-19}$$

式中:L——桩顶至反射界面的距离;

t——压缩波自桩顶激发,传至反射界面后,反射回桩顶所需时间。

2. 反射波法的测试仪器

(1)激振设备

通常用手锤或力棒。

(2)传感器

传感器可采用速度传感器或加速度传感器。

(3)放大器

要求放大器的增益高、噪声低、频带宽。

(4)信号采集分析仪

3. 检测方法

在桩顶安置加速度计并加以固定。传感器放置的位置宜在桩顶中心至边缘的1/2处。为了分析缺陷位置,根据反射波到达时间,按下列公式可得:

$$L_n = \frac{1}{2} C t_i \tag{3-20}$$

式中：L_n——缺陷离桩顶距离；

t_i——缺陷处反射波到达的时间；

C——桩基中压缩波波速。

根据反射波出现的时间可以确定界面的位置，但是无法确定阻抗变化的程度。故可以根据反射波峰与初始入射波峰的幅值之比判断其缺损率：

$\eta=1$ 无缺损；

$\eta=1\sim0.8$ 轻微缺损；

$\eta=0.8\sim0.6$ 缺损；

$\eta=0.6\sim0.4$ 严重缺损；

η 小于 0.4 断裂。

4. 检桩数量规定

(1)柱下三桩或三桩以下的承台抽检桩数不得少于一根；

(2)设计等级为甲级，或地质条件复杂，成桩质量可靠性较低的灌注桩，抽检不低于 30%，其他桩基工程不少于 20%，且不得少于 10 根；

(3)地下水位以上且终孔后桩端持力层得到校验的人工挖孔桩，可适当减少，不低于 10%，不少于 10 根。

(4)当完整性检验发现Ⅲ、Ⅳ类桩大于 20% 时，应加倍扩大抽检比例。

九、桩的高应变检测

高应变检测，用重锤冲击桩顶，实测桩顶部的速度和力时程曲线，通过波动理论分析，对单桩竖向抗压承载力和桩身完整性进行判定的检测方法。常用的方法有波动方程法、动力打桩公式法和动静试桩法等，其中波动方程法又分为史密斯法、凯斯法和实测曲线拟合法，其中凯斯法的应用最为普及。

1. 基本原理

通过重锤冲击桩头，产生沿桩身向下传播的应力波和一定的桩土位移，利用对称安装于桩顶两侧的加速度计和特制应变计记录冲击波作用下的加速度和应变，并通过电缆传输给桩基动测仪，然后利用不同软件求得相应承载力和桩基质量完整性指数。

2. 检测设备

(1)锤击设备的配制。首要的是选择适当的锤重，保证在锤击时，使桩产生足够的贯入度（应不小于 2.5～3mm）。

(2)工具式的应变传感器通常由四片箔式电阻片构成，连成一个桥路，并通过螺栓固定在桩侧表面。

(3)打桩分析仪或基桩检测仪。

(4)测量桩贯入度的仪器或装置,保证精度在1mm以内,一般采用精密水准仪或激光位移计等。

3.试验检测

(1)处理桩头

被测桩必须满足最短休止养护期,桩顶需平整,其轴线与重锤一致。安装传感器处无缺陷,截面均匀,表面平整,传感器紧贴桩身,锤击时不产生滑移、抖动。

(2)传感器安装

传感器主要有两类,一类为应变式力传感器,另一类为加速度计,各两支对称安装在桩的两侧,以便取平均值以消除偏心的影响。安装高度为离桩顶大于2倍桩径处。

(3)检测仪器和设备的检查

在接通检测仪器后,应先检查各部分仪器和设备是否能正常进行。

(4)信号采集及数据记录

正式测试开始后,每次锤击,基桩检测仪都自动采集桩顶的力(即应变)和速度(即由加速度积分)信号,得到两条曲线。

(5)参数设定

1)桩长 L 和桩截面积 A

对打入桩,可采用建设或施工单位提供的实际桩长和桩截面积作为设定值;对混凝土灌注桩,宜按建设或施工单位提供的施工记录设定桩长和桩截面积。

2)桩身的波速 v_c

对于钢桩,可设定波速为5120m/s,也可实测已知桩长的波速;对混凝土预制桩,宜在打入前实测无缺陷桩的桩身平均波速,以此作为设定值;对于混凝土灌注桩,可用反射法按桩底反射信号计算已知桩长的平均波速。

3)桩身材料的质量密度

对钢桩,质量密度应设定为 $7.85 \times 10^3 \text{kg/m}^3$;对混凝土预制桩,质量密度可设定为 $2.45 \sim 2.55 \times 10^3 \text{kg/m}^3$;对混凝土灌注桩,质量密度可设定为 $2.40 \times 10^3 \text{kg/m}^3$。

4.分析计算

(1)单桩承载力计算

$$R_c = \frac{1}{2}(1-J_c)[F(t_1)+ZV(t_1)] + \frac{1}{2}(1+J_c)\left[F\left(t_1+\frac{2L}{c}\right) - ZV\left(t_1+\frac{2L}{c}\right)\right]$$

(3-21)

$$Z=\frac{EA}{c} \tag{3-22}$$

式中：R_c——由凯斯法判定的单桩竖向抗压承载力（kN）
J_c——凯斯法阻尼系数；
t_1——速度第一峰对应的时刻（ms）；
$F(t_1)$——t_1时刻的锤击力（kN）；
$V(t_1)$——t_1时刻的质点运动速度（m/s）；
Z——桩身截面力学阻抗（kN·s/m）；
A——桩身横截面面积（m²）；
L——测点下桩长（m）。

上式适用于t_1+2L/c时刻桩侧和桩端土阻力均已充分发挥的摩擦型桩。对于土阻力滞后于t_1+2L/c时刻明显发挥或先于t_1+2L/c时刻发挥并造成桩中上部侧阻力卸荷这两种情况，宜分别采用以下两种方法对R_c值进行增值修正：

①适当将t_1延时，确定R_c的最大值；
②考虑卸载回弹部分土阻力对R_c值进行修正。

（2）桩身完整性计算

桩身完整性系数β可按下式计算：

$$\beta=Z_x/Z \tag{3-23}$$

式中：β——桩身完整性系数；
Z_x——桩身缺陷处的阻抗。

当采用凯斯法时，对于等截面桩，桩身完整性系数β和桩身缺陷位置x应分别按下列公式计算：

$$\beta=\frac{[F(t_1)+ZV(t_1)]-2R_x+[F(t_x)-ZV(t_x)]}{[F(t_1)+ZV(t_1)]-[F(t_x)-ZV(t_x)]} \tag{3-24}$$

式中：t_x——缺陷反射峰对应的时刻（ms）；
x——桩身缺陷至传感器安装点的距离（m）；
R_x——缺陷以上部位土阻力的估计值，等于缺陷反射波起始点的力与速度乘以桩身截面力学阻抗之差值，取值方法见表3-10。

表3-10 桩身完整性类别判定

类别	β值	类别	β值
I	$\beta=1.0$	III	$0.6\leqslant\beta<0.8$
II	$0.8\leqslant\beta<1.0$	IV	$\beta<0.6$

第二节 回 填 土

一、回填土取样数量和方法

1. 取样数量

(1) 柱基回填,要求抽查柱基总数的 10%,但不少 5 个。

(2) 基槽和管沟回填土,要求每层按长度 20～50m 取样 1 组,但不少于 1 组。

(3) 基坑和室内填土,要求每层按 100～500m³ 取样 1 组,但不少于 1 组。

(4) 坑地平整填方,要求每层按 400～900m² 取样 1 组,但不少于 1 组。

(5) 柱基按总数抽查 10%,但不少于 5 个。

(6) 基坑、槽沟每 10m² 抽查 1 处,但不少于 5 处。

2. 取样方法

(1) 环刀法:每段每层进行检验,应在夯实层下半部(至每层表面以下 2/3 处)用环刀取样。

(2) 灌砂法:用于级配砂石回填或不宜用环刀法取样的土质。采用灌砂法取样时,取样数量可较环刀法适当减少。取样部位应为每层压实后的全部深度。

(3) 灌水法。

二、土工密度试验

1. 环刀法

(1) 环刀法取样

环刀内径为 61.8±0.15mm 和 19.8±0.15mm 两种,高度为 20±0.016mm。取样部位应在每层压实后的下半部。取样时应在环刀内壁涂一层凡士林,并将刀口向下放在取样处,将环刀垂直下压,并用切土刀沿环刀外侧切削土体,边压边削至土样高出环刀,用钢丝锯整平环刀两端土样,擦净环刀外壁,称量环刀和土的总质量。

(2) 计算试样湿密度 ρ_0

试样湿密度 ρ_0 按下式计算:

$$\rho_0 = \frac{m_0}{V} \tag{3-25}$$

式中:ρ_0——试样湿密度(g/cm³);

m_0——试样(天然土)质量(g);

V——试样体积(环刀的容积)(cm^3)。

(3)计算试样的干密度 ρ_d

试样的干密度 ρ_d 按下式计算：

$$\rho_d = \frac{\rho_0}{1+\omega_0} \tag{3-26}$$

式中：ρ_d——试样干密度(g/cm^3)；

ρ_0——试样湿密度(g/cm^3)；

ω_0——试样的含水量(%)。

环刀法对密度试样进行 2 次平行测定，2 次测定的差值不得大于 $0.03g/cm^3$，结果取 2 次测值的平均值。

2. 灌水法

(1)取样

表 3-11 灌水法取样的试抗尺寸

试样最大粒径/mm	试抗尺寸/mm	
	直径	深度
30~20	150	200
40	200	250
60	250	300

将选定的试坑地面整平，划出坑口轮廓线，在轮廓线内下挖至要求深度，然后将坑内挖出的试样和落于坑内的试样装入盛土容器内，称试样质量，精确到 5g，并测定含水量。试坑挖好后，将大试坑容积的塑料薄膜袋张开，且口朝上，袋底平铺于坑内。记录储水筒内初始水位高度，将水注入塑料薄膜袋中，直至袋内水面与坑口齐平时关闭注水管开关，并持续 3~5min，记录储水筒内水位高度。当袋内出现水面下降时，应另取塑料薄膜袋重做试验。

试坑的体积按下列公式计算：

$$V_p = (H_1 - H_2)A_w \tag{3-27}$$

式中：V_p——试坑体积(cm^3)；

H_1——储水筒内初始水位高度(cm)；

H_2——注水终了时储水筒内水位高度(cm)

A_w——储水筒断面面积(cm^2)。

(2)计算试样湿密度 ρ_0

试样湿密度 ρ_0 应按下列式子计算：

$$\rho_0 = \frac{m_p}{V_p} \tag{3-28}$$

式中：ρ_0——试样湿密度（g/cm³）
　　　m_p——取自试坑内的试样质量（g）；
　　　V_p——试坑体积（cm³）。

（3）计算试样干密度 ρ_d

试样干密度 ρ_d 应按下式计算

$$\rho_d = \frac{\rho_0}{1+\omega_0} \tag{3-29}$$

式中：ω_0——试样含水率（%）。

灌水法密度试验应进行2次平行测定，2次测定的差值不得大于0.03g/cm³，结果取2次测值的平均值。

3. 灌砂法

（1）取样

用洁净的粒径为0.25~0.50mm、密度为1.47~1.51g/cm³的标准砂。按灌水法取样的方法挖好试坑，将容砂瓶内注满标准砂，并称出密度测定器和砂的总质量。将密度测定器倒置（容砂瓶底向上）于挖好的坑口上，将标准砂注入试坑，当标准砂注满试坑时关闭阀门，称出密度测定器及余砂的总质量，并计算注满试坑所用的标准砂的质量。

（2）计算试样的湿密度 ρ_0

试样的湿密度 ρ_0 应按下式计算：

$$\rho_0 = \frac{m_p}{\dfrac{m_s}{\rho_s}} \tag{3-30}$$

式中：ρ_0——试样湿密度（g/cm³）
　　　m_p——注满试坑作用标准砂质量（g）；
　　　$\dfrac{m_s}{\rho_s}$——试坑体积（cm³），m_s为注满试坑时所用的干标准砂质量（g），ρ_s内为标准砂的颗粒表观密度（g/cm³）。

（3）计算试样干密度 ρ_d

试样的干密度 ρ_d 应按下列式子计算：

$$\rho_d = \frac{\dfrac{m_p}{1+\omega_0}}{\dfrac{m_s}{\rho_s}} \tag{3-31}$$

式中：ρ_d——试样干密度（g/cm³）

m_p——注满试抗作用标准砂质量(g);

w_0——试样的含水量(%);

$\dfrac{m_s}{\rho_s}$——试坑体积(cm^3)。

4. 蜡封法

(1)仪器设备

1)蜡封设备。

2)天平。

(2)蜡封法试验步骤

从原状土样中切取体积不小于 $30cm^3$ 的代表性试样,清除表面浮土及尖锐棱角,系上细线,称试样质量,精确至 0.01g。持线将试样缓缓浸入刚过熔点的蜡液中,浸没后应立即提出,并检查试样周围的蜡膜,当有气泡时应用针刺破,再用蜡液补平,冷却后称蜡封试样质量。将蜡封试样挂在天平的一端,浸没于盛有纯水的烧杯中,称蜡封试样在纯水中的质量,并测定纯水温度。取出试样,擦干蜡面上的水分,再称蜡封试样质量。当浸水后试样质量增加时,应另取试样重做试验。

(3)计算试样的湿密度 ρ_0

试样的湿密度 ρ_0 应按下式计算:

$$\rho_0 = \dfrac{m_0}{\dfrac{m_0 - m_{0v}}{\rho_{WT}} - \dfrac{m_0 - m_{0v}}{\rho_n}} \tag{3-32}$$

式中:m_0——蜡封试样质量(g)

m_{0v}——蜡封试样在纯水中的质量(g);

ρ_{WT}——纯水在 T℃时的密度(g/cm^3);

ρ_n——蜡的密度(g/cm^3)。

(4)试样的干密度 ρ_d

可按环刀法干密度的计算式计算。

(5)结果处理

本试验应进行 2 次平行测定,要求 2 次测定的差值不得大于 $0.03g/cm^3$,取两次测值的平均值。

三、土的击实试验

1. 试验仪器

(1)击实仪。轻型击实试验的单位体积击实功应为 $591.6kJ/m^3$,而重型击实试验的单位体积击实功应为 2682.7kJ/m³。

(2)击实筒。金属制成的圆柱形筒。轻型击实筒内径为 102mm,筒高为 116mm;而重型击实筒内径为 152mm,筒高为 116mm。护筒高度不小于 50mm。

(3)击锤。锤底直径为 51mm,轻型击锤质量为 2.5kg,落距为 305mm;重型击锤质量为 4.5kg,落距为 457mm。

(4)推土器。螺旋式千斤顶。

(5)天平。称量 20g,感量 0.01g。

(6)台秤。称量 5kg,感量 5g。

2.试样制作

击实试验的试样制作主要有干法与湿法两种。

(1)干法制作试样。取土样 20kg,风干碾碎,过 5mm 的筛,将筛下土样拌匀,并测定土样的风干含水量。根据土的塑限预估最优含水量,并选择 5 个含水量按前述制备土样一组。相邻 2 个含水量的差值宜为 2%

(2)湿法制作试样。将天然含水量的土样碾碎,过 5mm 的筛,将筛下土样拌匀,并测定土样的天然含水量。根据土的塑限预估最优含水量,并选择 5 个含水量,其中要求 2 个大于塑限含水量,2 个小于塑限含水量,1 个接近塑限含水量,相邻两个含水量差值宜为 2%。再分别将土样风干或加水制备一组试样,制备的试样中水分应均匀分布。

3.试验步骤

将击实筒固定在刚性底板上,装好护筒,在击实筒内壁涂一薄层润滑油。采用轻型击实时,分 3 层击实,每层 25 击;采用重型击实时,分 5 层击实,每层 56 击。击实后,要求超出击实筒顶的试样高度应小于 6mm。拆去护筒及底板,用刀削平试样。称出筒和试样的总质量,并精确到 1g,计算试样的湿密度。将试样从筒中推出,取 2 块代表性试样测定含水量,要求两个含水量差值不大于 1%。对不同含水量的试样依次进行击实试验。

四、土的剪切试验

1.仪器设备

(1)应变控制式直剪仪

(2)位移计(百分表):量程 5~10mm,分量值 0.01mm

(3)天平

(4)换刀、削土刀

(5)饱和器

(6)秒表

2. 试样制备

从原状土样中切取原状土试样或制备给定干密度及含水率的扰动土试样。按规范规定测定试样的密度及含水率。当扰动土样需要饱和时,按规范规定的方法进行抽气饱和。

3. 试验步骤

应对准上下盒,插入固定销,并在下盒内放湿滤纸和透水板。将装有试样的环刀平口向下,对准剪切盒口,在试样顶面放湿滤纸和透水板,然后将试样徐徐推入剪切盒内,移去环刀。再转动手轮,使上盒前端钢珠刚好与测力计接触,并调整测力计读数为零。依次加上加压盖板、钢珠、加压框架,安装垂直位移计,测记起始读数。然后施加垂直压力。一个垂直压力相当于现场预期的最大压力 P,一个垂直压力要大于 P,其他垂直压力均小于 P。垂直压力的各级差值应大致相等。在试样上施加规定的垂直压力 5min 后,测记垂直变形读数。当每小时垂直变形读数变化不超过 0.005mm 时,则认为已达到固结稳定。试样达到固结稳定后,应拔去固定销,开动秒表,并以 8～1.2mm/min 的速率剪切,使试样在 3～5min 剪损。剪切结束后,取出试样,测定剪切面附近的含水率。

4. 试验计算

按下式计算试样的剪应力:

$$\tau = \frac{CR}{A_0} \times 10 \qquad (3\text{-}33)$$

式中:τ——剪应力(N/mm^2);

C——测力计率定系数($N/0.01mm$);

R——测力计读数($0.01mm$);

A_0——试样断面面积(mm^2)。

五、土的含水率试验

1. 仪器设备

(1)烘箱。可采用电热烘箱或温度能保持 105～110℃ 的其他能源烘箱,也可用红外线烘箱。

(2)天平。感量 0.01g。

2. 试验步骤

细粒土 15～30g,砂性土、有机土约 56g,放入称量盒内称量。称量结果即为湿土质量。开盒盖,将试样和称量盒放入烘箱内,在 105～110℃ 恒温下烘干。

要求烘干时间对细粒土不得少于8h,对砂类土不得少于6h。对含有机质超过5%的土,应将温度控制在65~70℃的恒温下烘干。,烘干后的试样和称量盒取出,放入干燥器内冷却。冷却后盖好盒盖,称量,并准确至0.01g。用四分法切取200~500g试样,视冻土结构均匀程度而定。结构均匀少取,反之多取。放入搪瓷盘中称盘和试样质量,并准确至0.1g。待冻土试样融化后调成均匀糊状土。称土糊和盘质量,并准确至0.1g,从糊状土中取样测定含水率。

3. 试验计算

(1)含水率 ω_0 计算(精确至0.1%)

$$\omega_0 = \left(\frac{m_0}{m_d} - 1\right) \times 100\% \qquad (3-34)$$

式中:m_d——干土质量(g);

m_0——湿土质量(g)。

(2)层状和网状冻土的含水率 ω 计算(精确至0.1%)

$$\omega = \left[\frac{m_1}{m_2}(1 + 0.04\omega_h) - 1\right] \times 100\% \qquad (3-35)$$

式中:m_1——冻土试样质量(g);

m_2——糊状试样质量(g);

ω_h——糊状试样的含水率(%)。

第三节 混 凝 土

一、普通混凝土的检验规则和取样

1. 检验规则

(1)每拌制100盘且不超过100m³的同配合比的混凝土,要求其取样不得少于一次。

(2)每工作班拌制的同配合比的混凝土不足100盘时,要求其取样不得少于一次。

(3)每一现浇楼层同配合比的混凝土,要求其取样不得少于一次。

(4)同一单位工程每一验收项目中同配合比的混凝土,要求其取样不得少于一次。

(5)对预拌混凝土,当在一个分项工程中连续供应相同配合比的混凝土量大于1000m³时,要求其交货检验的试样,每200m³的混凝土取样不少于一次。

(6)冬期施工的混凝土试件的留置,应符合上述规定,并且还应增加不少于两组与结构同条件养护的试块。

(7)每次取样应至少留置一组标准试件,同条件养护试件的留置组数。

2．取样方法及数量

用于检查结构构件混凝土质量的试件,应在混凝土浇筑地点随机取样制作;每组试件所用的拌合物应从同一盘搅拌或同一车运送的混凝土中取出,另外对于预拌混凝土应在卸料至料量的 1/4、1/2、3/4 之间采取,并且每个试样采取量应满足混凝土质量检验项目所需用量的 1.5 倍,且不少于 $0.02m^3$。

二、普通混凝土拌合物性能试验

1．混凝土和易性试验(坍落度与坍落度扩展度法)

(1)仪器设备

1)坍落度筒

坍落度筒为薄钢板或其他金属制成的圆锥形筒(图 3-5),其底部直径 $200mm±2mm$,顶部内径 $100mm±2mm$,高度 $300mm±2mm$,筒壁厚度不小于 $1.5mm$。筒内壁应光滑、无凹凸,且底面与顶面应互相平行并与锥体的轴线垂直,侧面设有手把和踏板。

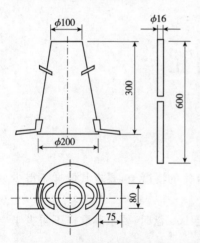

图 3-5 坍落度筒和捣棒(单位:mm)

2)捣棒

直径 16mm、长 600mm 的钢棒,端部应磨圆(图 3-5)。

(2)试验步骤

先湿润坍落度筒,并把它放在一块湿润的底板上,再用脚踩住两个踏板,使坍落度筒在装料时保持位置固定。将混凝土试样用小铲分 3 层均匀装入筒内,每层捣实后的高度大致为筒高的 1/3,且每层用捣棒沿螺旋方向由外向内均匀插捣 25 次。在插捣底层时,捣棒应贯穿整个深度。在插捣第二层和顶层时,捣棒应插透本层至下层表面。在浇灌顶层时,混凝土应灌到高出筒口。在顶层插捣过程中,若混凝土沉落到低于筒口,则应随时添加。在顶层插捣完后,刮去多余的混凝土,并用抹刀抹平。在清除筒边底板上的混凝土后,应垂直平稳地提起坍落度筒。坍落度筒的提离过程要求在 5～10s 内完成。从开始装料到提起坍落度筒的整个过程应不间断进行,要求在 150s 内完成。提起坍落度筒后,量测筒高与坍落后混凝土试体最高点之间的高度差,该差值即为该混凝土拌合物的坍落度值,以

"mm"为单位,精确至5mm)。

在坍落度筒提离后,若混凝土发生崩坍或一边剪坏时,则应重新取样另行测定。若第二次试验仍出现上述现象,则表示该混凝土和易性不好。

观察坍落后的混凝土试体的黏聚性及保水性。用捣棒在已坍落的混凝土锥体侧面轻轻敲打,若锥体逐渐下沉,则表示黏聚性良好;若锥体倒坍、部分崩裂或出现离析现象,则表示黏聚性不好。坍落度筒提起后,若有较多的稀浆从底部析出,锥体部分的混凝土因失浆而骨料外露,则表示该混凝土拌合物的保水性能不好。若坍落度筒提起后无稀浆或仅有少量稀浆自底部析出,则表示混凝土拌合物保水性良好。

当混凝土拌合物的坍落度大于220mm时,用钢尺测量混凝土扩展后最终的最大直径和最小直径,在这两个直径之差小于50mm的条件下,用算术平均值作为坍落度扩展值,测量精度1mm,结果修约至5mm。否则这次试验失败。如果发现粗骨料在中央集堆或边缘有水泥浆析出,表示此混凝土拌合物抗离析性不好。

(3)结果评定

表3-12 混凝土坍落度的分级

级别	名称	坍落度(mm)
T_1	低塑性混凝土	10～40
T_2	塑性混凝土	50～90
T_3	流动性混凝土	100～150
T_4	大流动性混凝土	≥160

2.混凝土和易性试验(维勃稠度法)

(1)适用范围

适用于骨料最大料径不大于40mm,维勃稠度在5～30s之间的混凝土拌合物稠度测定。坍落度不大于50mm或干硬性混凝土的稠度测定

(2)仪器设备

1)维勃稠度仪(图3-6)

2)捣棒

(3)试验步骤

维勃稠度仪应放置在坚实面上,用湿布把容器、坍落度筒、喂料斗内壁等湿润。将喂料斗、坍落度筒上方扣紧,校正容器位置,使其中心与喂料中心重合,然后拧紧固定螺钉。将取样混凝土拌合物分三层均匀装入筒内,每层按螺旋方向由外向内插捣25次。把喂料斗转离,垂直提起坍落度筒。注意不要使混凝土试

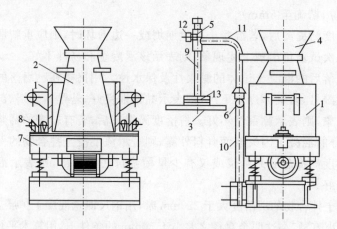

图3-6 维勃稠度仪

1-容器；2-坍落度筒；3-透明圆盘；4-喂料斗；5-套筒；6-定位螺钉；7-振动台；8-固定螺钉；
9-测杆；10-支柱；11-旋转架；12-测杆螺钉；13-荷重块

体产生横向的扭动。把透明圆盘转到混凝土圆台体顶面,测杆螺钉完全放松。降下圆盘,使其轻轻接触到混凝土顶面。拧紧定位螺钉,检查测杆螺钉是否已经完全放松。开启振动台的同时用秒表计时,当振动到透明圆盘的地面被水泥浆布满的瞬间停止计时,关闭振动台。由秒表读出时间即为该混凝土拌合物的维勃稠度值,精确至1s。

(4)结果评定

表3-13 混凝土按维勃稠度的分级

级 别	名 称	维勃稠度(s)
V_0	超干硬性混凝土	≥31
V_1	特干硬性混凝土	30～21
V_2	干硬性混凝土	20～11
V_3	半干硬性混凝土	10～5

3.凝结时间试验

(1)适用条件

适用于从混凝土拌合物中筛出的砂浆,用贯入阻力法来确定坍落度值不为零的混凝土拌合物凝结时间的测定。

(2)仪器设备

1)加荷装置:最大测量值应不小于1000N,精度为±10N;

2)测针:见表3-14。

表 3-14　测针选用规定表

贯入阻力(MPa)	0.2～3.5	3.5～20	20～28
测针面积(mm^2)	100	50	20

3)砂浆试样筒:上口径为 160mm,下口径为 150mm,净高为 150mm 刚性不透水的金属圆筒,并配有盖子;

4)标准筛:筛孔为 5mm 金属圆孔筛。

(3)试验步骤

1)试样制备

按标准制备或现场取样的混凝土拌合物试样中,用 5mm 标准筛筛出砂浆,每次应筛净,然后将其拌和均匀。将砂浆一次分别装入三个试样筒中,做三个试验。取样混凝土坍落度不大于 70mm 的混凝土宜用振动台振实砂浆,振动应持续到表面出浆为止;取样混凝土坍落度大于 70mm 的宜用捣棒人工捣实,应沿螺旋方向由外向中心均匀插捣 25 次,然后用橡皮锤轻轻敲打筒壁,直至插捣孔消失为止。振实或插捣后,砂浆表面应低于砂浆试样筒口约 10mm;砂浆试样筒应立即加盖。

2)砂浆试样制备完毕,编号后应置于温度为 20.0±2℃的环境中或现场同条件下待试,并在以后的整个测试过程中,环境温度应始终保持 20.0±2℃。现场同条件测试时,应与现场条件保持一致。在整个测试过程中,除在吸取泌水或进行贯入试验外,试样筒应始终加盖。

3)凝结时间测定从水泥与水接触瞬间开始计时。根据混凝土拌合物的性能,确定测针试验时间,以后每隔 0.5h 测试一次,在临近初、终凝时可增加测定次数。在每次测试前 2min,将一片 20mm 厚的垫块垫入筒底一侧使其倾斜,用吸管吸去表面的泌水,吸水后平稳地复原。

4)测试时将砂浆试样筒置于贯入阻力仪上,测针端部与砂浆表面接触,然后在 10±2s 内均匀地使测针贯入砂浆 25±2mm 深度,记录贯入压力,精确至 10N;记录测试时间,精确至 1min;记录环境温度,精确至 0.5℃。各测点的间距应大于测针直径的两倍且不小于 15mm。测点与试样筒壁的距离应不小于 25mm。贯入阻力测试在 0.2～28MPa 之间应至少进行 6 次,直至贯入阻力大于 28MPa 为止。

(4)结果计算

1)贯入阻力

$$f_{pr}=\frac{P}{A} \tag{3-36}$$

式中:f_{pr}——贯入阻力,MPa;

P——贯入压力,N;

A——测针面积,mm²。

计算应精确至 0.1MPa。

2)凝结时间

宜通过线性回归方法确定,是将贯入阻力和时间分别取自然对数 $\ln(f_{pr})$ 和 $\ln(t)$ 然后把 $\ln(f_{pr})$ 当作自变量,$\ln(t)$ 当作因变量作线性回归得到:

$$\ln(t) = A + B \ln(f_{pr}) \qquad (3\text{-}37)$$

式中:t——时间,min;

f_{pr}——贯入阻力,MPa;

A、B——线性回归系数。

当贯入阻力为 3.5MPa 时为初凝时间 t,贯入阻力为 28MPa 时为终凝时间 t。

3)用三个试验结果的初凝和终凝时间的算术平均值作为此次试验的初凝和终凝时间。如果三个测值的最大值或最小值中有一个与中间值之差超过中间值的 10%,则以中间值为试验结果;如果最大值和最小值与中间值之差均超过中间值的 10% 时,则此次试验无效。凝结时间用 min 表示,并修约至 5min。

4. 泌水试验

(1)试验仪器

1)试样筒:容积为 5L 的容量筒并配有盖子;

2)台秤:称量为 50kg,感量为 50g;

3)量筒:容量为 10mL、50mL、100mL 的量筒及吸管;

4)振动台。

(2)试验步骤

1)用湿布湿润试筒内壁后称量记录试筒质量,再将混凝土试样装入试样筒,装入和捣实方法如下:

①用振动台振实。将试样一次装入筒内,启动振动台振到出浆为止,使混凝土拌合物表面低于筒口 30±3mm,用抹刀抹平称量,计算总质量。

②用捣棒捣实。将混凝土拌合物分两层装入筒内,每层从外向内插捣 25 次,贯穿本层整个深度。每一层捣完后用橡皮锤轻敲筒外壁 5~10 次进行振实,至表面插捣孔消失为止,并使混凝土拌合物表面低于试筒 30±3mm 用抹刀抹平称量,计算总质量。

2)保持气温 20±2℃,试筒保持水平不振动,始终盖好盖子。从计时开始后 60min,每隔 10min 吸取一次试样表面泌出的水,后每隔 20min 吸一次水,直到不泌水为止。为便于吸水,每次吸水前 2min,将一片 35mm 厚的垫块垫入筒底一侧于倾斜,吸水后复原;吸出的水放入量筒中,记录每次吸水量,累计总水量,精确至1mL。

(3)结果计算

1)泌水量计算

$$B_a = \frac{V}{A} \tag{3-38}$$

式中:B_a——泌水量,mL/mm²;

V——最后一次吸水后累计的泌水量,mL。

A——容量筒截面积。

计算应精确至 0.01mL/mm²。泌水量取三个试样测值的平均值。三个测值中的最大值或最小值,如果有一个与中间值之差超过中间值的 15%,则以中间值为试验结果;如果最大值和最小值与中间值之差均超过中间值的 15%时,则此次试验无效。

2)泌水率计算

$$B = \frac{V_W}{(W/G)G_W} \times 100\% \tag{3-39}$$

$$G_W = G_1 - G_0 \tag{3-40}$$

式中:B——泌水率,%;

V_W——泌水总量,mL;

G_W——试样质量,g;

W——混凝土拌合物总用水量,mL。

G——混凝土拌合物总质量,g

G_1——试样筒及试样总质量,g

G_0——试样筒质量,g。

计算应精确至1%。泌水率取三个试样测值的平均值。三个测值中的最大值或最小值,如果有一个值与中间值之差超过中间值的 15%,则以中间值为试验结果;如果最大值和最小值与中间值之差均超过中间值的 15%时,则此次试验无效。

5.含气量试验

(1)适用范围

适于骨料最大粒径不大于 40mm 的混凝土拌合物含气量测定。

(2)试验仪器

1)含气量测定仪(图 3-7);

2)振动台;

3)台秤:称量 50kg,感量 50g。

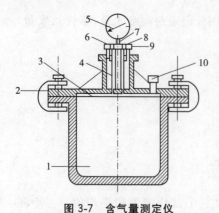

图 3-7 含气量测定仪
1-容器;2-盖体;3-水找平室;4-气室;
5-压力表;6-排气阀;7-操作阀;8-排水阀;
9-进气阀;10-加水阀

(3)拌合物所用骨料的含气量

1)计算每个试样中粗、细骨料的质量。

2)在容器中先注入 1/3 高度的水,然后把通过 40mm 网筛的质量为 m_g、m_s 的粗细骨料称好、拌匀,慢慢倒入容器。水面每升高 25mm 左右,轻轻插捣 10 次,并略予搅动,以排除夹杂进去的空气,加料过程中应始终保持水面高出骨料的顶面;骨料全部加入后,应浸泡约 5min,再用橡皮锤轻敲容器外壁,排净气泡,除去水面泡沫,加水至满,擦净容器上口边缘;装好密封圈,加盖拧紧螺栓。

3)关闭操作阀和排气阀,打开排水阀和加水阀,通过加水阀,向容器内注入水;当排水阀流出的水流不含气泡时,在注水的状态下,同时关闭加水阀和排水阀。

4)开启进气阀,用气泵向气室内注入空气,使气室内的压力略大于待压力表显示值稳定;微开排气阀,调整压力至 0.1MPa 然后关紧排气阀。

5)开启操作阀,使气室里的压缩空气进入容器,待压力表显示值稳定后记录示值,然后开启排气阀,压力仪表示值应回零。

(4)混凝土拌合物含气量试验步骤

1)用湿布擦净容器和盖的内表面,装入混凝土拌合物试样。

2)捣实可采用手工或机械方法。当拌合物坍落度大于 70mm 时,宜采用手工插捣,应将混凝土拌合物分 3 层装入,每层捣实后高度约为 1/3 容器高度;每层装料后由边缘向中心均匀地插捣 25 次,捣棒应插透本层高度,再用木锤沿容器外壁重击 10~15 次,使插捣留下的插孔填满。最后一层装料应避免过满,表面出浆即止,不得过度振捣。当拌合物坍落度不大于 70mm 时,宜采用机械振捣,如振动台或插入式振捣器等。应避免振动器触及容器内壁和底面;在施工现场测定混凝土拌合物含气量时,应采用与施工振动频率相同的机械方法捣实。

3)捣实完毕后立即用刮尺刮平,表面如有凹陷应予填平抹光;如需同时测定拌合物表观密度时,可在此时称量和计算;然后在正对操作阀孔的混凝土拌合物表面贴一小片塑料薄膜,擦净容器上口边缘,装好密封垫圈,加盖并拧紧螺栓。

4)关闭操作阀和排气阀,打开排水阀和加水阀,通过加水阀,向容器内注入水;当排水阀流出的水流不含气泡时,在注水的状态下,同时关闭加水阀和排水阀。

5)然后开启进气阀,用气泵注入空气至气室内压力略大于 0.1MPa,待压力仪示值稳定后,微微开启排气阀,调整压力至 0.1MPa,关闭排气阀。开启操作阀,待压力仪示值稳定后,测得压力值。

6)开启排气阀,压力仪示值回零;重复上述5)至6)的步骤,对容器内试样再测一次压力值。

7)若两次相对误差小于0.2%时,取两次记录的算术平均值,按压力与含气量关系曲线查得骨料的含气量(精确至0.1%)。若不满足要求,则进行第三次试得到压力值。当与其中一个值相对误差不大于0.2%时,则取此两值的算术平均值,按压力与含气量关系曲线查得骨料的含气量(精确至0.1%)。当仍大于0.2%时,则此次试验失败应重做。

(5)试验计算

混凝土含气量按下式计算：

$$A = A_0 - A_g \tag{3-41}$$

式中：A——混凝土拌合物含气量,%；

A_0——两次含气量测定的平均值,%；

A_g——骨料含气量,%。

计算精确至0.1%。

三、普通混凝土力学性能试验

1.试验设备

(1)试模

试模尺寸：100mm×100mm×100mm、150mm×150mm×150mm、200mm×200mm×200mm三种试模。应定期对试模进行自检,自检周期宜为三个月。

(2)振动台

(3)压力试验机

压力试验机除满足液压式压力试验机中的技术要求外,其测量精度为±1%,试件破坏荷载应大于压力机全量程的20%,且小于压力机全量程的80%。应具有加荷速度指示装置或加荷控制装置,并应能均匀、连续地加荷。

2.试件尺寸、形状

表3-15 试件尺寸、插到次数及抗压强度换算系数

试件尺寸	骨料最大粒径(mm)	每层插捣次数	抗压强度换算系数
100mm×100mm×100mm	≤31.5	12	0.95
150mm×150mm×150mm	≤40	25	1
200mm×200mm×200mm	≤63	50	1.05

特殊情况,可采用$\varphi 150 \times 300$mm圆柱体标准试件和$\varphi 100 \times 200$mm和

$\varphi 200\times 400$mm 圆柱体非标准试件。

轴心抗压强度和静力受压弹性模量试件规定：

(1)150mm×150mm×300mm 为棱柱体标准试件

(2)100mm×100mm×300mm 和 200mm×200mm×400mm 为棱柱体非标准试件。

抗折强度试件规定：

(1)150mm×150mm×600mm(或 550mm)为的棱柱体标准试件

(2)100mm×100mm×400mm 为的棱柱体非标准试件。

公差：试样承压面的平面度公差不得超过 0.0005d(边长)，相邻面夹角 90°公差不超过 0.5°，边长、直径和高度尺寸公差不超过 1mm。

3.试块制作

装配好试模，模内壁涂以脱模剂，取样之后立即制作试件。坍落度不大于 70mm 的宜用振动台振实；坍落度大于的混凝土宜用捣棒人工捣实。

(1)振动台成型：混凝土拌合物应一次装入试模，装料时用抹刀沿模内壁略加插捣并使拌合物溢出试模上口，振动时防止试模在振动台上自由跳动，振动要持续到混凝土表面出浆时为止，不得过振。刮去多余的混凝土并用抹刀抹平。振动台频率50±3Hz，空载时振幅约为 0.5mm。

(2)人工插捣成型：混凝土拌合物应分二次装入试模，插捣棒为钢制，长 600mm，直径为 16mm，端部应磨圆。插捣按螺旋方向从边缘向中心均匀进行。插捣底层时，捣棒应达到试模表面，插捣上层时，插棒应穿入下层深度为 20～30mm。每层插捣次数一般为每 10000m² 不应少于 12 次。捣完后，除去多余混凝土，用抹刀抹平。

(3)用插入式振捣棒成型：将混凝土拌合物一次装入试模，装料时应用抹刀沿内试模壁插捣，并使混凝土拌合物高出模口。宜用 $\varphi 25$ 插入式振捣棒插入试模振捣，棒距底板 10～20mm，振动至表面出浆为止。约 20s，应避免过振离析，振捣棒慢慢拔起不得留孔洞。刮除试模口外多余混凝土，待混凝土初凝时用抹刀抹平。

(4)强度试件的制作应在 15min 内完成。

(5)试件成型后应覆盖表面，在 20±5℃静置 1～2d，拆模、编号，然后立即放入 20±2℃，相对湿度为 95%以上的标准养护室内养护，试件一面应保持潮湿，标准养护 28 天。

4.力学性能试验

(1)立方体抗压强度试验

1)试验步骤

试件从养护地点取出后，应及时进行试验并将试件表面与上下承压板面擦干净。将试件安放在试验机的下压板或垫板上,试件的承压面应与成型时的顶面垂直。试件的中心应与试验机下压板中心对准,开动试验机,当上压板与试件或钢垫板接近时,调整球座,使接触均衡。

在试验过程中应连续均匀地加荷,混凝土强度等级<C30时,加荷速度取每秒钟0.3~0.5MPa;混凝土强度等级>C30且<C60时,取每秒钟0.5~0.8MPa;混凝土强度等级>C60时,取每秒钟0.8~1.0MPa。

当试件接近破坏开始急剧变形时,应停止调整试验机油门,直至破坏。记录破坏荷载。

2) 结果计算

① 混凝土立方体抗压强度按下式计算,精确至0.1MPa:

$$f = \frac{F}{A} \tag{3-42}$$

式中:f——混凝土立方体试件抗压强度,MPa;

F——试件破坏荷载,N;

A——试件承压面积,mm^2。

② 混凝土立方体抗压强度值的确定:

a. 取三个试块强度的算术平均值作为该组试件的抗压强度值。(精确至0.1MPa);

b. 当三个试块强度中最大或最小值之一与中间值之差超过中间值的15%时,取中间值;

c. 最大值和最小值均超过中间值15%时,该组试件无效。

3) 混凝土强度评定

① 统计方法评定

当混凝土的生产条件在较长时间内能保持一致,且同一品种混凝土的强度变异性能保持稳定时,样本容量应为连续的三组试件,其强度应同时满面足下列要求:

$$mf_{cu} \geqslant f_{cu,k} + 0.7\sigma_0 \tag{3-43}$$

$$f_{cu,min} \geqslant f_{cu,k} - 0.7\sigma_0 \tag{3-44}$$

当混凝土强度等级不高于C20时,其强度的最小值尚应满足下式要求:

$$f_{cu,min} \geqslant 0.85 f_{cu,k} \tag{3-45}$$

当混凝土强度等级高于C20时,其强度下式要求:

$$f_{cu,min} \geqslant 0.90 f_{cu,k} \tag{3-46}$$

式中:mf_{cu}——同一验收批混凝土立方体抗强度的平均值;

$f_{cu,k}$——混凝土立方体抗压强度标准(N/mm^2);

σ_0——验收批混凝土立方体抗压强度的标准差(N/mm^2);

$f_{cu,min}$——同一验收批混凝土立方体抗压强度的最小值(N/mm^2)。

验收批混凝土立方体抗压强度的标准的最小值尚应满足差,应根据前一个检验期内同一品种混凝土试件的强度数据,按下列公式确定:

$$\sigma_0 = \frac{0.59}{m}\sum_{i=1}^{m}\Delta f_{cu,i} \tag{3-47}$$

式中:$\Delta f_{cu,k}$——第i批试件立方体抗压强度之差;

m——用以确定验收批混凝土立方体抗压强度标准差的数据总批数。

对大批量连续生产的混凝土,样本容量应不少于10组混凝土试件,其强度应同时满足下列公式的要求:

$$m_{f,cu} - \lambda_1 S_{f_{cu}} \geq f_{cu,k} \tag{3-48}$$

$$f_{cu,min} \geq \lambda_2 f_{cu,k} \tag{3-49}$$

式中:$S_{f_{cu}}$——同一验收批混凝土样本立方体抗压强度的标准差(N/mm^2)。

λ_1、λ_2——合格判定系数,见表3-16。

表3-16 混凝土强度的合格判定系数

试件组数	10~14	15~19	≥20
λ_1	1.00	0.95	0.90
λ_2	0.90		0.85

混凝土样本立方体抗压强度的标准差 S_{fcu} 可按下式计算:

$$Sf_{cu} = \sqrt{\frac{\sum_{i=1}^{n}f_{cu,i}^2 - nm^2 f_{cu}}{n-1}} \tag{3-50}$$

式中:$f_{cu,i}$——第i组混凝土样本试件的立方体抗压强度值(N/mm^2);

n——混凝土试件的样本组数。

②非统计方法评定

当用于评定的样本采用非统计方法评定本试件组数不足10组且不少于3组时,可采用非统计方法评定混凝土强度。

按非统计方法评定混凝土强度时,其强度应同时满足下列要求:

$$mf_{cu} \geq \lambda_3 f_{cu,k} \tag{3-51}$$

$$f_{cu,min} \geq \lambda_4 f_{cu,k} \tag{3-52}$$

式中:λ_3——合格判定系数,按表3-17取用。

表 3-17　混凝土强度的合格判定系数

混凝土强度等级	<C50	≥C50
λ_3	1.15	1.10
λ_4	0.95	0.90

(2) 轴心抗压强度试验

1) 试验器具

试模尺寸为 150mm×150mm×300mm 卧式棱柱体试模，其他所需设备与抗压强度试验相同。

2) 试验方法

按规定方法制作 150mm×150mm×300mm 棱柱体试件 3 根，在标准养护条件下，养护至规定龄期。取出试件，清除表面污垢，擦干表面水分，仔细检查后，在其中部量出试件宽度（精确至 1mm），计算试件受压面积。在准备过程中，要求保持试件湿度无变化。在压力机下压板上放好棱柱体试件，几何对中；球座最好放在试件顶面并凸面朝上。以立方体抗压强度试验相同的加荷速度，均匀而连续地加荷，当试件接近破坏而开始迅速变形时，应停止调整试验机油门，直至试件破坏，记录最大荷载。

3) 结果计算

① 混凝土轴心抗压强度按下式计算，精确至 0.1MPa

$$f=\frac{F}{A} \tag{3-53}$$

式中：f——混凝土轴心抗压强度，MPa

F——试件破坏荷载，N；

A——试件承压面积，mm^2。

② 取 3 根试件试验结果的算术平均值作为该组混凝土轴心抗压强度。如任一个测定值中间值的差值超过中间值的 15% 时，则取中间值为测值；如有 2 个测定值与中间值的差值均超过上述规定时，则该组试验结果无效，结果计算至 0.1MPa。

(3) 静力受压弹性模量试验

1) 试件

混凝土棱柱体试件测定混凝土静力受压弹性模量，每次试验需 6 个试件。

2) 试验方法

试件从标准养护室内取出，表面擦拭干净。取 3 个试件按规定测定混凝土轴心抗压强度，另 3 个试件测定静力受压弹性一量。在测量静力受压弹性模量时，测量仪应对中试件。开动压力试验机，均匀下压加荷，恒载 60s，并在 30s 内记录每测点变形读数。当以上变形值之差与它们的平均值之比大于20%时,应重新对中试件重复试验。如果无法使其减少到低于20%时,则此次试验失效。

3)结果计算

按3个试件的测值的算术平均值作为该组试验值。如其中有一个试件的轴心抗压强度值与用以确定检验控制荷载的轴心抗压强度值相差20%时,则弹性模量值按两个试件的算术平均值计。如有两个试件超过规定则试验失效。

(4)劈裂抗拉强度试验

1)试件制备

采用边长150mm立方块作为标准试件,其最大集料粒径应为40mm。本试件同龄期者为一组,每组为3个同条件制作和养护的混凝土试块。

2)仪器设备

劈裂钢垫条和三合板垫层,钢垫条顶面为直径150mm弧形,长度不短于试件边长。木质三合板或硬质纤维板垫层的宽度为15~20mm,厚为3~4mm,垫层不得重复使用。

3)试验步骤

①试件从标准养护室内取出,表面擦拭干净。将试件放在试验机的中心位置,劈一承压面和劈裂面应与试件成型的顶面垂直,在上下压板与试件之间垫圆弧形垫块及垫条各一,并对准中心,安装在定位架上。

②开动试验机均衡下压加荷。当混凝土强度等级<C30时,加荷速度0.02~0.05MPa/s;当混凝土强度等级C30~C60时,取加荷速度0.05~0.08MPa/s;当混凝土强度等级>C60时,加荷速度0.08~0.10MPa/s,至试件破坏,记破坏荷载。准备至0.01kN。

4)结果计算

①混凝土劈裂抗拉强度 R_t 按下式计算:

$$R_t = \frac{2P}{\pi A} \tag{3-54}$$

式中:R_t——混凝土劈裂抗拉强度,MPa;

P——极限荷载,N;

A——试件劈裂面面积,mm^2。

②强度值确定

a.取三个试件的测值作为该组试验的强度值;(精确至0.1MPa)

b.当三个试块强度中最大或最小值与中间值之差超过中间值的15%时,取中间值;

c.最大值和最小值均超过中间值15%时,该组试件无效。

③采用 100mm×100mm×100mm 非标一试件测得的劈裂抗拉强度值,应乘以尺寸换算系数 0.85。

④当混凝土强度等级≥C60 时,宜采用棒准试件。使用非标准试件时,尺寸换算系数应通过试验确定。

(5)抗折强度试验

1)试件制作

试件在长度中部 1/3 区段内不得有表面直径超过 5mm,深度超过 2mm 的孔洞。

2)混凝土抗折强度试验步骤:

①试件从标准养护室内取出,表面擦拭干净。试件的承压面应为试件成型时的侧面,支座及承压面与圆柱的接触面应平稳、均匀、垫平。

②加荷速率。

当混凝土强度等级<C30 时,加荷速度 0.02~0.05MPa/s;

当混凝土强度等级 C30~C60 时,取加荷速度 0.05~0.08MPa/s;

当混凝土强度等级>C60 时,加荷速度 0.08~0.10MPa/s 至试件破坏,记录破坏荷载。

3)试验结果

①若试件下边缘断裂位置处于二个集中荷载作用线之间,计算抗折强度值。三个试件中有一个折断面位于两个集中荷载之外,则混凝土抗折强度值按另两个试件的试验结果计算。若这两个测值之差不大于这两个测值的较小值的 15% 时,则报这两个测值的算术平均值计算为该组试件的抗折强度值。否则该组试件的试验失效。若有两个试件的下边缘断裂位置位于两个集全荷载作用线之外,则该组试件试验失效。

②当试件尺寸为 100mm×100mm×400mm 的非标准试件,应乘以尺寸换算系数 0.85。

③当混凝土强一等级≥C60 时,宜采用标准试件。使用非标准试件时,尺寸换算系数应通过试验确定。

四、普通混凝土长期性能和耐久性能试验

1.耐久性试验的检验批及试验组数

(1)同一检验批混凝土的强度等级、龄期、生产工艺和配合比应相同。

(2)同一工程、同一配合比的混凝土,检验批不应少于 1 个。

(3)同一检验批,设计要求的各检验项目应至少完成一组试验。

2. 试件尺寸及制作养护

(1) 试件的横截面尺寸

表 3-18　试件的最小横截面尺寸

骨料最大公称粒径 (mm)	试件最小横截面尺寸 (mm)	骨料最大公称粒径 (mm)	试件最小横截面尺寸 (mm)
31.5	100×100 或 ϕ100	63.0	200×200 或 ϕ200
40.0	150×150 或 ϕ150		

(2) 试件的公差

1) 所有试件的承压面的平面度公差不得超过试件的边长或直径的 0.0005。

2) 除抗水渗透试件外，其他所有试件的相邻面间的夹角应为 90°，公差不得超过 0.5°。

3) 除特别指明试件的尺寸公差以外，所有试件各边长、直径或高度的公差不得超过 1m。

(3) 试件的制作和养护

1) 试件的制作和养护应符合现行国家标准《普通混凝土力学性能试验方法标准》(GB/T50081—2002)中的规定。

2) 在制作混凝土长期性能和耐久性能试验用试件时，不应采用憎水性脱模剂。

3) 在制作混凝土长期性能和耐久性能试验用试件时，宜同时制作与相应耐久性能试验龄期对应的混凝土立方体抗压强度用试件。

3. 抗冻试验

(1) 慢冻法

1) 适用范围

适用于测定混凝土试件在气冻水融条件下，以经受的冻融循环次数来表示的混凝土抗冻性能。

2) 试件制备

① 试验应采用尺寸为 100mm×100mm×100mm 的立方体试件。

② 慢冻法试验所需试件组数见表 3-19，每组试件应为 3 块。

表 3-19　慢冻法试验所需的试件组数

设计抗冻标号	D25	D50	D100	D150	D200	D250	D300	D300 以上
检查强度所需冻融次数	25	50	50 及 100	100 及 150	150 及 200	200 及 250	250 及 300	300 及设计次数

（续）

设计抗冻标号	D25	D50	D100	D150	D200	D250	D300	D300 以上
鉴定 28d 强度所需试件组数	1	1	1	1	1	1	1	1
冻融试件组数	1	1	2	2	2	2	2	2
对比试件组数	1	1	2	2	2	2	2	2
总计试件组数	3	3	5	5	5	5	5	5

3）试验要求

①冻融试验箱应能使试件静止不动，并应通过气冻水融进行冻融循环。在满载运转的条件下，冷冻期间冻融试验箱内空气的温度应能保持在－20～－18℃范围内；融化期间冻融试验箱内浸泡混凝土试件的水温应能保持在18～20℃范围内；满载时箱内各点温度极差不应超过2℃。

②采用自动冻融设备时，控制系统还应具有自动控制、数据曲线实时动态显示、断电记忆和试验数据自动存储等功能。

③试件架应采用不锈钢或者其他耐腐蚀的材料制作，其尺寸应与冻融试验箱和所装的试件相适应。

④称量设备的最大量程应为20kg，感量不应超过5g。

⑤压力试验机应符合现行国家标准《普通混凝土力学性能试验方法标准》(GB/T50081—2002)的相关要求。

⑥温度传感器的温度检测范围不应小于－20～20℃，测量精度应为±0.5℃。

4）试验步骤

①在标准养护室内或同条件养护的冻融试验的试件应在养护龄期为24d时提前将试件从养护地点取出，随后应将试件放在(20±2)℃水中浸泡，浸泡时水面应高出试件顶面20～30mm，在水中浸泡的时间应为4d，试件应在28d龄期时开始进行冻融试验。始终在水中养护的冻融试验的试件，当试件养护龄期达到28d时，可直接进行后续试验，对此种情况，应在试验报告中予以说明。

②当试件养护龄期达到28d时应及时取出冻融试验的试件，用湿布擦除表面水分后应对外观尺寸进行测量，并应分别编号、称重，然后按编号置入试件架内，且试件架与试件的接触面积不宜超过试件底面的1/5。试件与箱体内壁之间应至少留有20mm的空隙。试件架中各试件之间应至少保持30mm的空隙。

③冷冻时间应在冻融箱内温度降至－18℃时开始计算。每次从装完试件到温度降至－18℃所需的时间应在1.5～2.0h内。冻融箱内温度在冷冻时应保持

在$-20\sim-18$℃。

④每次冻融循环中试件的冷冻时间不应小于4h。冷冻结束后,应立即加入温度为18~20℃的水,使试件转入融化状态,加水时间不应超过10min。控制系统应确保在30min内,水温不低于10℃,且在30min后水温能保持18~20℃。冻融箱内的水面应至少高出试件表面20mm。融化时间不应小于4h。融化完毕视为该次冻融循环结束,可进入下一次冻融循环。

⑤每25次循环宜对冻融试件进行一次外观检查。当出现严重破坏时,应立即进行称重。当一组试件的平均质量损失率超过5%,可停止其冻融循环试验。

⑥试件在达到规定的冻融循环次数后,试件应称重并进行外观检查,应详细记录试件表面破损、裂缝及边角缺损情况。当试件表面破损严重时,应先用高强石膏找平,然后应进行抗压强度试验。抗压强度试验应符合现行国家标准《普通混凝土力学性能试验方法标准》(GB/T50081—2002)的相关规定。

⑦当冻融循环因故中断且试件处于冷冻状态时,试件应继续保持冷冻状态,直至恢复冻融试验为止,并应将故障原因及暂停时间在试验结果中注明。当试件处在融化状态下因故中断时,中断时间不应超过两个冻融循环的时间。在整个试验过程中,超过两个冻融循环时间的中断故障次数不得超过两次。

⑧当部分试件由于失效破坏或者停止试验被取出时,应用空白试件填充空位。

⑨对比试件应继续保持原有的养护条件,直到完成冻融循环后,与冻融试验的试件同时进行抗压强度试验。

⑩当冻融循环出现下列三种情况之一时,可停止试验:

a.已达到规定的循环次数;

b.抗压强度损失率已达到25%;

c.质量损失率已达到5%。

5)结果计算

①强度损失率应按下式进行计算:

$$\Delta f_c = \frac{f_{c0} - f_{cn}}{f_{c0}} \times 100 \tag{3-55}$$

式中:Δf_c——N次冻融循环后的混凝土抗压强度损失率(%),精确至0.1;

f_{c0}——对比用的一组混凝土试件的抗压强度测定值(MPa),精确至0.1MPa;

f_{cn}——经N次冻融循环后的一组混凝土试件抗压强度测定值(MPa),精确至0.1MPa。

②f_{c0}和f_{cn}应以三个试件抗压强度试验结果的算术平均值作为测定值。当三个试件抗压强度最大值或最小值与中间值之差超过中间值的15%时,应剔除

此值,再取其余两值的算术平均值作为测定值;当最大值和最小值均超过中间值的 15% 时,应取中间值作为测定值。

③单个试件的质量损失率应按下式计算:

$$\Delta W_{ni} = \frac{W_{0i} - W_{ni}}{W_{0i}} \times 100 \qquad (3\text{-}56)$$

式中:ΔW_{ni}——N 次冻融循环后第 i 个混凝土试件的质量损失率(%),精确至 0.01;

W_{0i}——冻融循环试验前第 i 个混凝土试件的质量(g);

W_{ni}——N 次冻融循环后第 i 个混凝土试件的质量(g)。

④一组试件的平均质量损失率应按下式计算:

$$\Delta W_n = \frac{\sum_{i=1}^{3} \Delta W_{ni}}{3} \times 100 \qquad (3\text{-}57)$$

式中:ΔW_n——N 次冻融循环后一组混凝土试件的平均质量损失率(%),精确至 0.1。

⑤每组试件的平均质量损失率应以三个试件的质量损失率试验结果的算术平均值作为测定值。当某个试验结果出现负值,应取 0,再取三个试件的算术平均值。当三个值中的最大值或最小值与中间值之差超过 1% 时,应剔除此值,再取其余两值的算术平均值作为测定值;当最大值和最小值与中间值之差均超过 1% 时,应取中间值作为测定值。

⑥抗冻标号应以抗压强度损失率不超过 25% 或者质量损失率不超过 5% 时的最大冻融循环次数,按表 3-19 确定。

(2)快冻法

1)适用范围

适用于测定混凝土试件在水冻水融条件下,以经受的快速冻融循环次数来表示的混凝土抗冻性能。

2)试验设备

①试件盒(图 3-8)宜采用具有弹性的橡胶材料制作,其内表面底部应有半径为 3mm 橡胶突起部分。盒内加水后水面应至少高出试件顶面 5mm。试件盒横截面尺寸宜为 115mm×115mm,试件盒长度宜为 500mm。

②快速冻融装置应符合现行行业

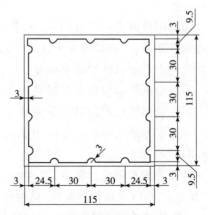

图 3-8 橡胶试件盒横截面示意图(mm)

标准《混凝土抗冻试验设备》(JG/T243—2009)的规定。除应在测温试件中埋设温度传感器外,尚应在冻融箱内防冻液中心、中心与任何一个对角线的两端分别设有温度传感器。运转时冻融箱内防冻液各点温度的极差不得超过2℃。

③称量设备的最大量程应为20kg,感量不应超过5g。

④混凝土动弹性模量测定仪应符合规范的规定。

⑤温度传感器(包括热电偶、电位差计等)应在−20~20℃范围内测定试件中心温度,且测量精度应为±0.5℃。

3)试件制备

①快冻法抗冻试验应采用尺寸为100mm×100mm×400mm的棱柱体试件,每组试件应为3块。

②成型试件时,不得采用憎水性脱模剂。

③除制作冻融试验的试件外,还应制作同样形状、尺寸,且中心埋有温度传感器的测温试件,测温试件应采用防冻液作为冻融介质。测温试件所用混凝土的抗冻性能应高于冻融试件。测温试件的温度传感器应埋设在试件中心。温度传感器不应采用钻孔后插入的方式埋设。

4)试验步骤

①在标准养护室内或同条件养护的试件应在养护龄期为24d时提前将冻融试验的试件从养护地点取出,随后应将冻融试件放在20±2℃水中浸泡,浸泡时水面应高出试件顶面20~30mm。在水中浸泡时间应为4d,试件应在28d龄期时开始进行冻融试验。始终在水中养护的试件,当试件养护龄期达到28d时,可直接进行后续试验。对此种情况,应在试验报告中予以说明。

②当试件养护龄期达到28d时应及时取出试件,用湿布擦除表面水分后应对外观尺寸进行测量,并应编号、称量试件初始质量W_{0i}。然后测定其横向基频的初始值f_{0i}。

③将试件放入试件盒内,试件应位于试件盒中心,然后将试件盒放入冻融箱内的试件架中,并向试件盒中注入清水。在整个试验过程中,盒内水位高度应始终保持至少高出试件顶面5mm。

④测温试件盒应放在冻融箱的中心位置。

⑤冻融循环过程应符合下列规定:

a.每次冻融循环应在2~4h内完成,且用于融化的时间不得少于整个冻融循环时间的1/4;

b.在冷冻和融化过程中,试件中心最低和最高温度应一分别控制在−18±2℃和5±2℃内。在任意时刻,试件中心温度不得高于7℃,且不得低于−20℃;

c.每块试件从3℃降至−16℃所用的时间不得少于冷冻时间的1/2;每块试

件从-16℃升至3℃所用时间不得少于整个融化时间的1/2,试件内外的温差不宜超过28℃;

  d.冷冻和融化之间的转换时间不宜超过10min。

 ⑥每隔25次冻融循环宜测量试件的横向基频f_{ni}。测量前应先将试件表面浮渣清洗干净并擦干表面水分,然后应检查其外部损伤并称量试件的质量W_{ni}。随后测量横向基频。测完后,应迅速将试件调头重新装入试件盒内并加入清水,继续试验。试件的测量、称量及外观检查应迅速,待测试件应用湿布覆盖。

 ⑦当有试件停止试验被取出时,应另用其他试件填充空位。当试件在冷冻状态下因故中断时,试件应保持在冷冻状态,直至恢复冻融试验为止,并应将故障原因及暂停时间在试验结果中注明。试件在非冷冻状态下发生故障的时间不宜超过两个冻融循环的时间。在整个试验过程中,超过两个冻融循环时间的中断故障次数不得超过两次。

 ⑧当冻融循环出现下列情况之一时,可停止试验:

 a.达到规定的冻融循环次数;

 b.试件的相对动弹性模量下降到60%;

 c.试件的质量损失率达5%。

 5)结果计算

 ①相对动弹性模量应按下式计算:

$$P_i = \frac{f_{ni}^2}{f_{oi}^2} \times 100 \tag{3-58}$$

式中:P_i——经N次冻融循环后第i个混凝土试件的相对动弹性模量(%),精确至0.1;

  f_{ni}——经N次冻融循环后第i个混凝土试件的横向基频(Hz);

  f_{oi}——冻融循环试验前第i个混凝土试件横向基频初始值(Hz);

$$P = \frac{1}{3}\sum_{i=1}^{3} P_i \tag{3-59}$$

式中:P——经N次冻融循环后一组混凝土试件的相对动弹性模量(%),精确至0.1。相对动弹性模量P应以三个试件试验结果的算术平均值作为测定值。当最大值或最小值与中间值之差超过中间值的15%时,应剔除此值,并应取其余两值的算术平均值作为测定值;当最大值和最小值与中间值之差均超过中间值的15%时,应取中间值作为测定值。

 ②单个试件的质量损失率同慢冻法。

 ③一组试件的平均质量损失率同慢冻法。

④每组试件的平均质量损失率应以三个试件的质量损失率试验结果的算术平均值作为测定值。当某个试验结果出现负值,应取0,再取三个试件的平均值。当三个值中的最大值或最小与中间值之差超过1%时,应剔除此值,并应取其余两值的算术平均值作为测定值;当最大值和最小值与中间值之差均超过1%时,应取中间值作为测定值。

⑤混凝土抗冻等级应以相对动弹性模量下降至不低于60%或者质量损失率不超过5%时的最大冻融循环次数来确定,并用符号F表示。

(3)单面冻融法

1)使用范围

适用于测定混凝土试件在大气环境中且与盐接触的条件下,以能够经受的冻融循环次数或者表面剥落质量或超声波相对动弹性模量来表示的混凝土抗冻性能。

2)试验环境条件

①温度20±2℃;

②相对湿度65±5%。

3)试验设备

①顶部有盖的试件盒(图3-9)应采用不锈钢制成,容器内的长度应为250±1mm,宽度应为200±1mm,高度应为120±1mm。容器底部应安置高5±0.1mm不吸水、浸水不变形且在试验过程中不得影响溶液组分的非金属三角垫条或支撑。

②液面调整装置(图3-10)应由一支吸水管和使液面与试件盒底部间的距离保持在一定范围内的液面自动定位控制装置组成,在使用时,液面调整装置应使液面高度保持在10±1mm。

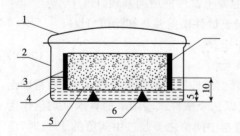 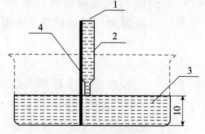

图3-9 试件盒示意图(mm)　　　　图3-10 液面调整装置示意图(mm)
1-盖子;2-盒体;3-侧向封闭;4-试验液体;　　1-吸水装置;2-毛细吸管;
5-试验表面;6-垫条;7-试件　　　　　　　3-试验液体;4-定位控制装置

③单面冻融试验箱(图3-11)应符合现行行业标准《混凝土抗冻试验设备》(JG/T243—2009)的规定,试件盒应固定在单面冻融试验箱内,并应自动地按规

定的冻融循环制度进行冻融循环。冻融循环制度(图 3-12)的温度应从 20℃开始,并应以 10±1℃/h 的速度均匀地降至－20±1℃,且应维持 3h;然后应从－20℃开始,并应以 10±1℃/h 的速度均匀地升至 20±1℃,且应维持 1h。

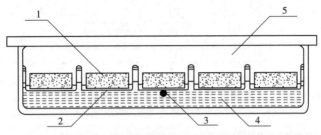

图 3-11 单面冻融循环试验箱示意图
1-试件;2-试件盒;3-测温度点(参考点);4-制冷液体;5-空气隔热层

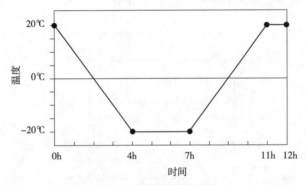

图 3-12 动容循序制度

④试件盒的底部浸入冷冻液中的深度应为 15±2mm。单面冻融试验箱内应装有可将冷冻液和试件盒上部空间隔开的装置和固定的温度传感器,温度传感器应装在 50mm×6mm×6mm 的矩形容器内。温度传感器在 0℃时的测量精度不应低于±0.05℃,在冷冻液中测温的时间间隔应为 6.3±0.8s。单面冻融试验箱内温度控制精度应为±0.5℃,当满载运转时,单面冻融试验箱内各点之间的最大温差不得超过 1℃。单面冻融试验箱连续工作时间不应少于 28d。

⑤超声浴槽中超声发生器的功率应为 250W,双半波运行下高频峰值功率应为 450W,频率应为 35kHz。超声浴槽的尺寸应使试件盒与超声浴槽之间无机械接触地置于其中,试件盒在超声浴槽的位置应符合图 3-13 的规定,且试件盒和超声浴槽底部的距离不应小于 15mm。

⑥超声波测试仪的频率范围应在 50~150kHz 之间。

⑦不锈钢盘(或称剥落物收集器)应由厚 1mm、面积不小于 110mm×150mm,边缘翘起为 10±2mm 的不锈钢制成的带把手钢盘。

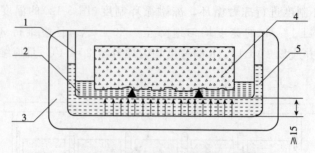

图 3-13　试件盒在超声浴槽中的位置示意图(mm)
1-试件盒；2-试验液体；3-超声浴槽；4-试件；5-水

⑧超声传播时间测量装置(图 3-14)应由长和宽均为 160±1mm、高为 80±1mm 的有机玻璃制成。超声传感器应安置在该装置两侧相对的位置上，且超声传感器轴线距试件的测试面的距离应为 35mm。

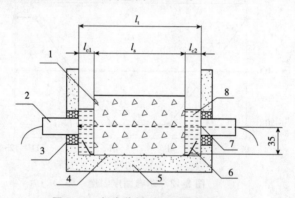

图 3-14　超声传播时间测量装置(mm)
1-试件；2-超声传感器(或称探头)；3-密封层；4-测试面；5-超声容器；6-不锈钢盘；
7-超声传播轴；8-试验溶液

⑨试验溶液应采用质量比为 97% 蒸馏水和 3% NaCl 配制而成的盐溶液。
⑩烘箱温度应为 110±5℃。
⑪称量设备应采用最大量程分别为 10kg 和 5kg，感量分别为 0.1g 和 0.01g 各一台。
⑫游标卡尺的量程不应小于 300mm，精度应为 ±0.1mm。
⑬成型混凝土试件应采用 150mm×150mm×150mm 的立方体试模，并附加尺寸应为 150mm×150mm×2mm 聚四氟乙烯片。
⑭密封材料应为涂异丁橡胶的铝箔或环氧树脂。密封材料应采用在 −20℃ 和盐侵蚀条件下仍保持原有性能，且在达到最低温度时不得表现为脆性的材料。

4) 试件制作

①在制作试件时,应采用 150mm×150mm×150mm 的立方体试模,应在模具中间垂直插入一片聚四氟乙烯片,使试模均分为两部分,聚四氟乙烯片不得涂抹任何脱模剂。当骨料尺寸较大时,应在试模的两内侧各放一片聚四氟乙烯片,但骨料的最大粒径不得大于超声波最小传播距离的 1/3。应将接触聚四氟乙烯片的面作为测试面。

②试件成型后,应先在空气中带模养护 24±2h,然后将试件脱模并放在 20±2℃ 的水中养护至 7d 龄期。当试件的强度较低命,带模养护的时间可延长,在 20±2℃ 的水中的养护时间应相应缩短。

③当试件在水中养护至 7d 龄期后,应对试件进行切割。首先应将试件的成型面切去,试件的高度应为 110mm。然后将试件从中间的聚四氟乙烯片分开成两个试件,每个试件的尺寸应为 150mm×110mm×70mm,偏差应为±2mm。切割完成后,应将试件放置在空气中养护。对于切割后的试件与标准试件的尺寸有偏差的,应在报告中注明。非标准试件的测试表面边长不应小于 90mm;对于形状不规则的试件,其测试表面大小应能保证内切一个直径 90mm 的圆,试件的长高比不应大于 3。

④每组试件的数量不应少于 5 个,且总的测试面积不得少于 $0.08m^2$。

5) 试验步骤

①到达规定养护龄期的试件应放在温度为 (20±2)℃、相对湿度为 65±5% 的实验室中干燥至 28d 龄期。干燥时试件应侧立并应相互间隔 50mm。

②在试件干燥至 28d 龄期前的 2~4d,除测试面和与测试面相平行的顶面外,其他侧面应采用环氧树脂进行密封。密封前应对试件侧面进行清洁处理。在密封过程中,试件应保持清洁和干燥,并应测量和记录试件密封前后的质量 w_0 和 w_1,精确至 0.1g。

③密封好的试件应放置在试件盒中,并应使测试面向下接触垫条,试件与试件盒侧壁之间的空隙应为 30±2mm。向试件盒中加入试验液体并不得溅湿试件顶面。试验液体的液面高度应由液面调整装置调整为 10±1mm。加入试验液体后,应盖上试件盒的盖子,并应记录加入试验液体的时间。试件预吸水时间应持续 7d,试验温度应保持为 20±2℃。预吸水期间应定期检查试验液体高度,并应始终保持试验液体高度满足 10±1 的要求。试件预吸水过程中应每隔 2~3d 测量试件的质量,精确至 0.1g。

④当试件预吸水结束之后,应采用超声波测试仪测定试件的超声传播时间初始值 t_0,精确至 0.1μs 在每个试件测试开始前,应对超声波测试仪器进行校正。超声传播时间初始值的测量应符合以下规定:

a.首先应迅速将试件从试件盒中取出,并以测试面向下的方向将试件放置在不锈钢盘上,然后将试件连同不锈钢盘一起放入超声传播时间测量装置中.10超声传感器的探头中心与试件测试面之间的距离应为35mm。应向超声传播时间测量装置中加入试验溶液作为耦合剂,且液面应高于超声传感器探头10mm,但不应超过试件上表面。

b.每个试件的超声传播时间应通过测量离测试面35mm的两条相互垂直的传播轴得到。可通过细微调整试件位置,使测量的传播时间最小,以此确定试件的最终测量位置,并应标记这些位置作为后续试验中定位时采用。

c.试验过程中,应始终保持试件和耦合剂的温度为20±2℃,防止试件的上表面被湿润。排除超声传感器表面和试件两侧的气泡,并应保护试件的密封材料不受损伤。

⑤将完成超声传播时间初始值测量的试件重新装入试件盒中,试验溶液的高度应为10±1mm。在整个试验过程中应随时检查试件盒中的液面高度,并对液面进行及时调整。将装有试件的试件盒放置在单面冻融试验箱的托架上,当全部试件盒放入单面冻融试验箱中后,应确保试件盒浸泡在冷冻液中的深度为15±2mm,且试件盒在单面冻融试验箱的位置符合图3-15的规定。在冻融循环试验前,应采用超声浴方法将试件表面的疏松颗粒和物质清除,清除之物应作为废弃物处理。

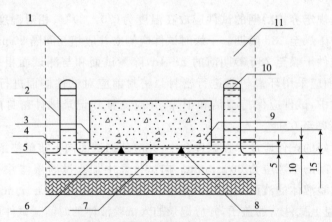

图3-15 试件盒在单面冻融试验箱中的位置示意图(mm)

1-试验机盖;2-相邻试件盒;3-侧向密封层;4-试验液体;5-制冷液体;6-测试面;
7-测温度点(参考点);8-垫条;9-试件;10-托架;11-隔热空气层

⑥在进行单面冻融试验时,应去掉试件盒的盖子。冻融循环过程宜连续不断地进行。当冻融循环过程被打断时,应将试件保存在试件盒中,并应保持试验液体的高度。

⑦每4个冻融循环应对试件的剥落物、吸水率、超声波相对传播时间和超声波相对动弹性模量进行一次测量。上述参数测量应在(20±2)℃的恒温室中进行。当测量过程被打断时,应将试件保存在盛有试验液体的试验容器中。

⑧试件的剥落物、吸水率、超声波相对传播时间和超声波相对动弹性模量的测量应按下列步骤进行:

a. 先将试件盒从单面冻融试验箱中取出,并放置到超声浴槽中,应使试件的测试面朝下,并应对浸泡在试验液体中的试件进行超声浴3min。

b. 用超声浴方法处理完试件剥落物后,应立即将试件从试件盒中拿起,并垂直放置在一吸水物表面上。待测试面液体流尽后,应将试件放置在不锈钢盘中,且应使测试面向下。用干毛巾将试件侧面和上表面的水擦干净后,应将试件从钢盘中拿开,并将钢盘放置在天平上归零,再将试件放回到不锈钢盘中进行称量。应记录此时试件的质量 w_n,精确至0.1g。

c. 称量后应将试件与不锈钢盘一起放置在超声传播时间测量装置中,并应按测量超声传播时间初始值相同的方法测定此时试件的超声传播时间 t_n,精确至 $0.1\mu s$。

d. 测量完试件的超声传播时间后,应重新将试件放入另一个试件盒中,并应按上述要求进行下一个冻融,循环。

e. 将试件重新放入试件盒以后,应及时将超声波测试过程中掉落到不锈钢盘中的剥落物收集到试件盒中,并用滤纸过滤留在试件盒中的剥落物。过滤前应先称量滤纸的质量 μ_f,然后将过滤后含有全部剥落物的滤纸置在110±5℃的烘箱中烘干24h,并在温度为20±2℃、相对湿度为60±5%的实验室中冷却60±5min。冷却后应称量烘干后滤纸和剥落物的总质量,精确至0.01g。

⑨当冻融循环出现下列情况之一时,可停止试验,并应以经受的冻融循环次数或者单位表面面积剥落物总质量或超声波相对动弹性模量来表示混凝土抗冻性能:

a. 达到28次冻融循环时;

b. 试件单位表面面积剥落物总质量大于 $1500g/m^2$ 时;

c. 试件的超声波相对动弹性模量降低到80%时。

6)结果计算

①试件表面剥落物的质量 μ_s 应按下式计算:

$$\mu_s = \mu_b - \mu_f \tag{3-60}$$

式中:μ_s——试件表面剥落物的质量(g),精确至0.01g;

μ_f——滤纸的质量(g),精确至0.01g;

μ_b——干燥后滤纸与试件剥落物的总质量(g),精确至0.01g。

②N次冻融循环之后,单个试件单位测试表面面积剥落物总质量应按下式进行计算:

$$m_n = \frac{\sum \mu_s}{A} \times 10^6 \tag{3-61}$$

式中:m_n——N次冻融循环后,单个试件单位测试表面面积剥落物总质量(g/m²);

μ_s——每次测试间隙得到的试件剥落物质量(g),精确至0.01g;

A——单个试件测试表面的表面积(mm²)。

③每组应取5个试件单位测试表面面积上剥落物总质量计算值的算术平均值作为该组试件单位测试表面面积上剥落物总质量测定值。

④经N次冻融循环后试件相对质量增长$\Delta \omega_n$(或吸水率)应按下式计算:

$$\Delta \omega_n = (\omega_n - \omega_1 + \sum \mu_s)/\omega_0 \times 100 \tag{3-62}$$

式中:$\Delta \omega_n$——经N次冻融循环后,每个试件的吸水率(%),精确至0.1;

μ_s——每次测试间隙得到的试件剥落物质量(g),精确至0.01g;

ω_0——试件密封前干燥状态的净质量(不包括侧面密封物的质量)(g),精确至0.1g;

ω_n——经N次冻融循环后,试件的质量(包括侧面密封物)(g),精确至0.1g;

ω_1——密封后饱和水之前试件的质量(包括侧面密封物)(g),精确至0.1g。

⑤每组应取5个试件吸水率计算值的算术平均值作为该组试件的吸水率测定值。

⑥超声波相对传播时间和相对动弹性模量应按下列方法计算:

a.超声波在耦合剂中的传播时间t_c应按下式计算:

$$t_c = l_c/v_c \tag{3-63}$$

式中:t_c——超声波在耦合剂中的传播时间(μs),精确至0.1μs;

l_c——超声波在耦合剂中传播的长度($l_{c1} + l_{c2}$)mm。l_c应由超声探头之间的距离和测试试件的长度的差值决定;

v_c——超声波在耦合剂中传播的速度 km/s。v_c可利用超声波在水中的传播速度来假定,在温度为20±5℃时,超声波在耦合剂中传播的速度为1440m/s(或1.440km/s)。

b.经N次冻融循环之后,每个试件传播轴线上传播时间的相对变化τ_n应按下式计算:

$$\tau_n = \frac{t_0 - t_c}{t_n - t_c} \times 100 \tag{3-64}$$

式中：τ_n——试件的超声波相对传播时间(%)，精确至 0.1；

  t_0——在预吸水后第一次冻融之前，超声波在试件和耦合剂中的总传播时间，即超声波传播时间初始值(μs)；

  t_n——经 N 次冻融循环之后超声波在试件和耦合剂中的总传播时间(μs)。

c. 在计算每个试件的超声波相对传播时间时，应以两个轴的超声波相对传播时间的算术平均值作为该试件的超声波相对传播时间测定值。每组应取 5 个试件超声波相对传播时间计算值的算术平均值作为该组试件超声波相对传播时间的测定值。

d. 经 N 次冻融循环之后，试件的超声波相对动弹性模量 $R_{u,n}$ 应按下式计算：

$$R_{u,n} = \tau_n^2 \times 100 \tag{3-65}$$

式中：$R_{u,n}$——试件的超声波相对动弹性模量(%)，精确至 0.1。

e. 在计算每个试件的超声波相对动弹性模量时，应先分别计算两个相互垂直的传播轴上的超声波相对动弹性模量，并应取两个轴的超声波相对动弹性模量的算术平均值作为该试件的超声波相对动弹性模量测定值。每组应取 5 个试件超声波相对动弹性模量计算值的算术平均值作为该组试件的超声波相对动弹性模量值测定值。

4. 动弹性模量试验

(1) 试件制备

尺寸为 100mm×100mm×400mm 的棱柱体试件。

(2) 试验设备

1) 共振法混凝土动弹性模量测定仪(又称共振仪)的输出频率可调范围应为 100~20000Hz，输出功率应能使试件产生受迫振动。

2) 试件支承体应采用厚度约为 20mm 的泡沫塑料垫，宜采用表观密度为 16~18kg/m³ 的聚苯板。

3) 称量设备的最大量程应为 20kg，感量不应超过 5g。

(3) 试验步骤

1) 首先应测定试件的质量和尺寸。试件质量应精确至 0.01kg，尺寸的测量应精确至 1mm。

2) 测定完试件的质量和尺寸后，应将试件放置在支撑体中心位置，成型面应向上，并应将激振换能器的测杆轻轻地压在试件长边侧面中线的 1/2 处，接收换能器的测杆轻轻地压在试件长边侧面中线距端面 5mm 处。在测杆接触试件前，宜在测杆与试件接触面涂一薄层黄油或凡士林作为耦合介质,测杆压力的大小应以不出现噪声为准。采用的动弹性模量测定仪各部件连接和相对位置应符合图 3-16 的规定。

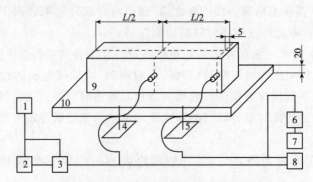

图 3-16 各部件连接和相对位置示意图

1-振荡器;2-频率计;3-放大器;4-激振换能器;5-接收换能器;6-放大器;
7-电表;8-示波器;9-试件;10-试件支承体

3)放置好测杆后,应先调整共振仪的激振功率和接收增益旋钮至适当位置,然后变换激振频率,并应注意观察指示电表的指针偏转。当指针偏转为最大时,表示试件达到共振状态,应以这时所显示的共振频率作为试件的基频振动频率。每一测量应重复测读两次以上,当两次连续测值之差不超过两个测值的算术平均值的 0.5% 时,应取这两个测值的算术平均值作为该试件的基频振动频率。

4)当用示波器作显示的仪器时,示波器的图形调成一个正圆时的频率应为共振频率。在测试过程中,当发现两个以上峰值时,应将接收换能器移至距试件端部 0.224 倍试件长处,当指示电表示值为零时,应将其作为真实的共振峰值。

5)试验结果计算及处理应符合下列规定:

①动弹性模量应按下式计算:

$$E_d = 13.244 \times 10^{-4} \times WL^3 f^2 / a^4 \qquad (3-66)$$

式中:E_d——混凝土动弹性模量(MPa);

a——正方形截面试件的边长(mm);

L——试件的长度(mm);

W——试件的质量(kg),精确到 0.01kg;

f——试件横向振动时的基频振动频率(Hz)。

②每组应以 3 个试件动弹性模量的试验结果的算术平均值作为测定值,计算应精确至 100MPa。

5.抗水渗透试验

(1)渗水高度法

1)适用范围

适用于以测定硬化混凝土在恒定水压力下的平均渗水高度来表示的混凝土抗水渗透性能。

2)试验设备

①混凝土抗渗仪应符合现行行业标准《混凝土抗渗仪》(JG/T249—2009)的规定,并应能使水压按规定的制度稳定地作用在试件上。抗渗仪施加水压力范围应为0.1~2.0MPa。

②试模应采用上口内部直径为175mm、下口内部直径为185mm和高度为150mm的圆台体。

③密封材料宜用石蜡加松香或水泥加黄油等材料,也可采用橡胶套等其他有效密封材料。

④梯形板(图3-17)应采用尺寸为200mm×200mm透明材料制成,并应画有十条等间距、垂直于梯形底线的直线。

⑤钢尺的分度值应为1mm。

⑥钟表的分度值应为1min。

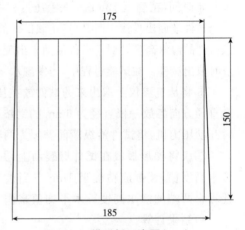

图3-17 梯形板示意图(mm)

⑦辅助设备应包括螺旋加压器、烘箱、电炉、浅盘、铁锅和钢丝刷等。

⑧安装试件的加压设备可为螺旋加压或其他加压形式,其压力应能保证将试件压入试件套内。

3)试验步骤

①抗水渗透试验应以6个试件为一组。

②试件拆模后,应用钢丝刷刷去两端面的水泥浆膜,并应立即将试件送入标准养护室进行养护。

③抗水渗透试验的龄期宜为28d。应在到达试验龄期的前一天,从养护室取出试件,并擦拭干净。待试件表面晾干后,应按下列方法进行试件密封:

a.当用石蜡密封时,应在试件侧面裹涂一层熔化的内加少量松香的石蜡。然后应用螺旋加压器将试件压入经过烘箱或电炉预热过的试模中,使试件与试模底平齐,并应在试模变冷后解除压力。试模的预热温度,应以石蜡接触试模,即缓慢熔化,但不流淌为准。

b.用水泥加黄油密封时,其质量比应为2.5∶1～3∶1。应用三角刀将密封材料均匀地刮涂在试件侧面上,厚度应为1～2mm。应套上试模并将试件压入,应使试件与试模底齐平。

c.试件密封也可以采用其他更可靠的密封方式。

④试件准备好之后,启动抗渗仪,并开通6个试位下的阀门,使水从6个孔中渗出,水应充满试位坑,在关闭6个试位下的阀门后应将密封好的试件安装在抗渗仪上。

⑤试件安装好以后,应立即开通6个试位下的阀门,使压在24h内恒定控制在1.2±0.05MPa,且加压过程不应大于5min,应以达到稳定压力的时间作为试验记录起始时间(精确至1min)。在稳压过程中随时观察试件端面的渗水情况,当有某一个试件端面出现渗水时,应停止该试件的试验并应记录时间,并以试件的高度作为该试件的渗水高度。对于试件端面未出现渗水的情况,应在试验24h后停止试验,并及时取出试件。在试验过程中,当发现水从试件周边渗出时,应重新进行密封。

⑥将从抗渗仪上取出来的试件放在压力机上,并应在试件上下两端面中心处沿直径方向各放一根直径为6mm的钢垫条,并应确保它们在同一竖直平面内。然后开动压力机,将试件沿纵断面劈裂为两半。试件劈开后,应用防水笔描出水痕。

⑦应将梯形板放在试件劈裂面上,并用钢尺沿水痕等间距量测10个测点的渗水高度值,读数应精确至1mm。当读数时若遇到某测点被骨料阻挡,可以靠近骨料两端的渗水高度算术平均值来作为该测点的渗水高度。

4)结果计算

①试件渗水高度应按下式进行计算:

$$\overline{h_i} = \frac{1}{10}\sum_{j=1}^{10} h_j \tag{3-67}$$

式中:h_j——第i个试件第j个测点处的渗水高度(mm);

$\overline{h_j}$——第i个试件的平均渗水高度(mm)。应以10个测点渗水高度的平均值作为该试件渗水高度的测定值。

②一组试件的平均渗水高度应按下式进行计算:

$$\overline{h} = \frac{1}{6}\sum_{i=1}^{6} \overline{h_j} \tag{3-68}$$

式中:$\overline{h}$——组6个试件的平均渗水高度(mm)。应以一组6个试件渗水高度的算术平均值作为该组试件渗水高度的测定值。

(2)逐级加压法

1)适应范围

适用于通过逐级施加水压力来测定以抗渗等级来表示的混凝土的抗水渗透

性能。

2)仪器设备

同渗水高度法的仪器设备。

3)试验步骤

①按渗水高度法的规定进行试件的密封盒安装

②试验时,水压应从 0.1MPa 开始,以后应每隔 8h 增加 0.1MPa 水压,并应随时观察试件端面渗水情况。当 6 个试件中有 3 个试件表面出现渗水时,或加至规定压力(设计抗渗等级)在 8h 内 6 个试件中表面渗水试件少于 3 个时,可停止试验,并记下此时的水压力。

4)结果计算

混凝土的抗渗等级应以每组 6 个试件中有 4 个试件未出现渗水时的最大水压力乘以 10 来确定。混凝土的抗渗等级应按下式计算:

$$P = 10H - 1 \tag{3-69}$$

式中:P——混凝土抗渗等级;

H——6 个试件中有 3 个试件渗水时的水压力(MPa)。

6. 抗氯离子渗透试验

(1)RCM 法

1)适用范围

适用于以测定氯离子在混凝土中非稳态迁移的迁移系数来确定混凝土抗氯离子渗透性能。

2)试剂规定

①溶剂应采用蒸馏水或去离子水。

②氢氧化钠应为化学纯。

③氯化钠应为化学纯。

④硝酸银应为化学纯。

⑤氢氧化钙应为化学纯。

3)仪器设备

①切割试件的设备应采用水冷式金刚石锯或碳化硅锯。

②真空容器应至少能够容纳 3 个试件。

③真空泵应能保持容器内的气压处于 1~5kPa。

④RCM 试验装置(图 3-18)采用的有机硅橡胶套的内径和外径应分别为 100mm 和 115mm,长度应为 150mm。夹具应采用不锈钢环箍,其直径范围应为 105~115mm、宽度应为 20mm。阴极试验槽可采用尺寸为 370mm×270mm×280mm 的塑料箱。阴极板应采用厚度为 0.5±0.1mm、直径不小于 100mm 的

不锈钢板。阳极板应采用厚度为 0.5mm、直径为 98±1mm 的不锈钢网或带孔的不锈钢板。支架应由硬塑料板制成。处于试件和阴极板之间的支架高度应为 15~20mm。RCM 试验装置还应符合现行行业标准《混凝土氯离子扩散系数测定仪》JG/T262 的有关规定。

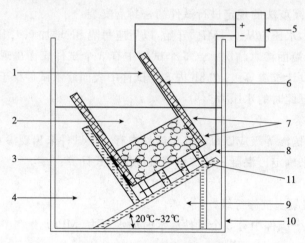

图 3-18　RCM 试验装置示意图

1-阳极板；2-阳极溶液；3-试件；4-阴极溶液；5-直流稳压电源；6-有机硅橡胶套；
7-环箍；8-阴极板；9-支架；10-阴极试验槽；11-支撑头

⑤电源应能稳定提供 0~60V 的可调直流电，精度应为 ±0.1V，电流应为 0~10A。

⑥电表的精度应为 ±0.1mA。

⑦温度计或热电偶的精度应为 ±0.2℃。

⑧喷雾器应适合喷洒硝酸银溶液。

⑨游标卡尺的精度应为 ±0.1mm。

⑩尺子的最小刻度应为 1mm。

⑪水砂纸的规格应为 200~600 号。

⑫细锉刀可为备用工具。

⑬扭矩扳手的扭矩范围应为 20~100N·m，测量允许误差为 ±5%

⑭电吹风的功率应为 1000~2000W。

⑮黄铜刷可为备用工具。

⑯真空表或压力计的精度应为 ±665Pa(5mmHg 柱)，量程应为 0~13300Pa(0~100mmHg 柱)。

⑰抽真空设备可由体积在 1000mL 以上的烧杯、真空干燥器、真空泵、分液装置、真空表等组合而成。

4)溶液和指示剂

①阴极溶液应为10%质量浓度的NaCl溶液,阳极溶液应为0.3mol/L的NaOH溶液。溶液应至少提前24h配制,并应密封保存在温度为20～25℃的环境中。

②显色指示剂应为0.1mol/L的$AgNO_3$溶液。

5)试验条件

RCM试验所处的试验室温度应控制在20～25℃。

6)试件制作

①RCM试验用试件应采用直径为100±1mm,高度为50±2mm的圆柱体试件。

②在试验室制作试件时,宜使用φ100mm×100mm或多φ100mm×200mm试模。骨料最大公称粒径不宜大于25mm。试件成型后应立即用塑料薄膜覆盖并移至标准养护室。试件应在24±2h内拆模,然后应浸没于标准养护室的水池中。

③试件的养护龄期宜为28d。也可根据设计要求选用56d或84d养护龄期。

④应在抗氯离子渗透试验前7d加工成标准尺寸的试件。当使用φ100mm×100mm试件时,应从试件中部切取高度为50±2mm的圆柱体作为试验用试件,并应将靠近浇筑面的试件端面作为暴露于氯离子溶液中的测试面。当使用对φ100mm×200mm试件时,应先将试件从正中间切成相同尺寸的两部分(φ100mm×100mm),然后应从两部分中各切取一个高度为50±2mm的试件,并应将第一次的切口面作为暴露于氯离子溶液中的测试面。

⑤试件加工后应采用水砂纸和细锉刀打磨光滑。

⑥加工好的试件应继续浸没于水中养护至试验龄期。

7)RMC法试验步骤

①首先应将试件从养护池中取出来,并将试件表面的碎屑刷洗干净,擦干试件表面多余的水分。然后应采用游标卡尺测量试件的直径和高度,测量应精确到0.1mm。应将试件在饱和面干状态下置于真空容器中进行真空处理。应在5min内将真空容器中的气压减少至1～5kPa,并应保持该真空度3h,然后在真空泵仍然运转的情况下,将用蒸馏水配制的饱和氢氧化钙溶液注入容器,溶液高度应保证将试件浸没。在试件浸没1h后恢复常压,并应继续浸泡18±2h。

②试件安装在RCM试验装置前应采用电吹风冷风档吹干,表面应干净,无油污、灰砂和水珠。

③RCM试验装置的试验槽在试验前应用室温凉开水冲洗干净。

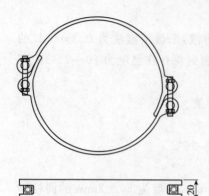

图 3-19　不锈钢环箍(mm)

④试件和 RCM 试验装置准备好以后,应将试件装入橡胶套内的底部,应在与试件齐高的橡胶套外侧安装两个不锈钢环箍(图 3-19),每个箍高度应为 20mm,并应拧紧环箍上的螺栓至扭矩 30±2N·m,使试件的圆柱侧面处于密封状态。当试件的圆柱曲面可能有造成液体渗漏的缺陷时,应以密封剂保持其密封性。

⑤应将装有试件的橡胶套安装到试验槽中,并安装好阳极板。然后应在橡胶套中注入约 300mL 浓度为 0.3md/L 的 NaOH 溶液,并应使阳极板和试件表面均浸没于溶液中。应在阴极试验槽中注入 12L 质量浓度为 10% 的 NaCl 溶液,并应使其液面与橡胶套中的 NaOH 溶液的液面齐平。

⑥试件安装完成后,应将电源的阳极(又称正极)用导线连至橡胶筒中阳极板,并将阴极(又称负极)用导线连至试验槽中的阴极板。

8)氯离子渗透深度测定应按下列步骤进行:

①试验结束后,应及时断开电源。

②断开电源后,应将试件从橡胶套中取出,并应立即用自来水将试件表面冲洗干净,然后应擦去试件表面多余水分。

③试件表面冲洗干净后,应在压力试验机上沿轴向劈成两个半圆柱体,并应在劈开的试件断面立即喷涂浓度为 0.1mol/L 的 $AgNO_3$ 溶液显色指示剂。

④指示剂喷洒约 15min 后,应沿试件直径断面将其分成 10 等份,并应用防水笔描出渗透轮廓线。

⑤然后应根据观察到的明显的颜色变化,测量显色分界线(图 3-20)离试件底面的距离,精确至 0.1mm。

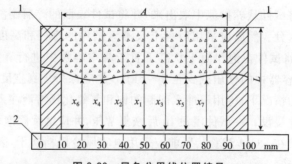

图 3-20　显色分界线位置编号

1-试件边缘部分;2-尺子;A-测量范围;L-试件高度

⑥当某一测点被骨料阻挡,可将此测点位置移动到最近未被骨料阻挡的位置进行测量,当某测点数据不能得到,只要总测点数多于5个,可忽略此测点。

⑦当某测点位置有一个明显的缺陷,使该点测量值远大于各测点的平均值,可忽略此测点数据,但应将这种情况在试验记录和报告中注明。

9)结果计算

①混凝土的非稳态氯离子迁移系数应按下式进行计算:

$$D_{RCM} = \frac{0.0239 \times (273+T)L}{(U-2)t} \left(X_d - 0.0238\sqrt{\frac{(273+T)LX_d}{U-2}} \right) \quad (3-70)$$

式中:D_{RCM}——混凝土的非稳态氯离子迁移系数,精确到$0.1 \times 10^{-12} m^2/s$;

  U——所用电压的绝对值(V);

  T——阳极溶液的初始温度和结束温度的平均值(℃);

  L——试件厚度(mm),精确到0.1mm;

  X_d——氯离子渗透深度的平均值(mm),精确到0.1mm;

  t——试验持续时间(h)。

②每组应以3个试样的氯离子迁移系数的算术平均值作为该组试件的氯离子迁移系数测定值。当最大值或最小值与中间值之差超过中间值的15%时,应剔除此值,再取其余两值的平均值作为测定值;当最大值和最小值均超过中间值的15%时,应取中间值作为测定值。

(2)电通量法

1)适用范围

适用于测定以通过混凝土试件的电通量为指标来混凝土抗氯离子渗透性能。本方法不适用于掺有亚硝酸盐和钢纤维等良导电材料的混凝土抗氯离子渗透试验。

2)试验设备

①电通量试验装置应符合图3-21的要求,并应满足现行行业标准《混凝土氯离子电通量测定仪》(JG/T261—2009)的有关规定。

②直流稳压电源的电压范围应为0～80V,电流范围应为0～10A。并应能稳定输出60V直流电压,精度应为±0.1V。

③耐热塑料或耐热有机玻璃试验槽(图3-22)的边长应为150mm,总厚度不应小于51mm。试验槽中心的两个槽的直径应分别为89mm和112mm。两个槽的深度应分别为41mm和6.4mm。在试验槽的一边应开有直径为10mm的注液孔。

④紫铜垫板宽度应为12±2mm,厚度应为0.50±0.05mm。铜网孔径应为0.95mm(64孔/cm²)或者20目。

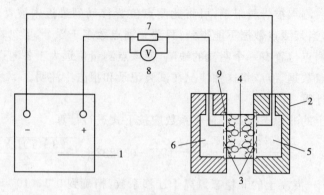

图 3-21　电通量试验装置示意图

1-直流稳压电源；2-试验槽；3-铜电极；4-混凝土试件；5-3.0%NaCl 溶液；6-0.3mol/L NaOH 溶液；
7-标准电阻；8-直流数字式电压表；9-试件垫圈（硫化橡胶垫或硅橡胶垫）

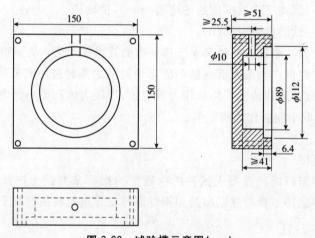

图 3-22　试验槽示意图(mm)

⑤标准电阻精度应为±0.1%；直流数字电流表量程应为 0～20A，精度应为±0.1%。

⑥真空泵和真空表

⑦真空容器的内径不应小于 250mm，并应能至少容纳 3 个试件。

⑧阴极溶液应用化学纯试剂配制的质量浓度为 3.0% 的 NaCl 溶液。

⑨阳极溶液应用化学纯试剂配制的摩尔浓度为 0.3mol/L 的 NaOH 溶液。

⑩密封材料应采用硅胶或树脂等密封材料。

⑪硫化橡胶垫或硅橡胶垫的外径应为 100mm、内径应为 75mm、厚度应为 6mm。

⑫切割试件的设备应采用水冷式金刚锯或碳化硅锯。

⑬抽真空设备可由烧杯(体积在 1000mL 以上)、真空干燥器、真空泵、分液装置、真空表等组合而成。

⑭温度计的量程应为 0~120℃,精度应为±0.1℃。

⑮电吹风的功率应为 1000~2000W。

3)电通量试验步骤

①电通量试验应采用直径 100±1mm,高度 50±2mm 的圆柱体试件。试件的制作、养护应符合要求。当试件表面有涂料等附加材料时,应预先去除,且试样内不得含有钢筋等良导电材料。在试件移送试验室前,应避免冻伤或其他物理伤害。

②电通量试验宜在试件养护到 28d 龄期进行。对于掺有大掺量矿物掺合料的混凝土,可在 56d 龄期进行试验。应先将养护到规定龄期的试件暴露于空气中至表面干燥,并应以硅胶或树脂密封材料涂刷试件圆柱侧面,还应填补涂层中的孔洞。

③电通量试验前应将试件进行真空饱水。应先将试件放入真空容器中,然后启动真空泵,并应在 5min 内将真空容器中的绝对压强减少至 1~5kPa,应保持该真空度 3h,然后在真空泵仍然运转的情况下,注入足够的蒸馏水或者去离子水,直至淹没试件,应在试件浸没 1h 后恢复常压,并继续浸泡 18±2h。

④在真空饱水结束后,应从水中取出试件,并抹掉多余水分,且应保持试件所处环境的相对湿度在 95% 以上。应将试件安装于试验槽内,并应采用螺杆将两试验槽和端面装有硫化橡胶垫的试件夹紧。试件安装好以后,应采用蒸馏水或者其他有效方式检查试件和试验槽之间的密封性能。

⑤检查试件和试件槽之间的密封性后,应将质量浓度为 3.0% 的 NaCl 溶液和摩尔浓度为 0.3mol/L 的 NaOH 溶液分别注入试件两侧的试验槽中,注入 NaCl 溶液的试验槽内的铜网应,连接电源负极,注入 NaOH 溶液的试验槽中的铜网应连接电源正极。

⑥在正确连接电源线后,应在保持试验槽中充满溶液的情况下接通电源,并应对上述两铜网施加 60±0.1V 直流恒电压,且应记录电流初始读数 I_0。开始时应每隔 5min 记录一次电流值,当电流值变化不大时,可每隔 10min 记录一次电流值;当电流变化很小时,应每隔 30min 记录一次电流值,直至通电 6h。

⑦当采用自动采集数据的测试装置时,记录电流的时间间隔可设定为 5~10min。电流测量值应精确至±0.5mA。试验过程中宜同时监测试验槽中溶液的温度。

⑧试验结束后,应及时排出试验溶液,并应用凉开水和洗涤剂冲洗试验槽 60s 以上,然后用蒸馏水洗净并用电吹风冷风档吹干。

⑨试验应在 20~25℃ 的室内进行。

4)结果计算

①试验过程中或试验结束后,应绘制电流与时间的关系图。应通过将各点数据以光滑曲线连接起来,对曲线作面积积分,或按梯形法进行面积积分,得到试验 6h 通过的电通量(C)。

②每个试件的总电通量可采用下列简化公式计算:

$$Q = 900(I_0 + 2I_{30} + 2I_{60} + \cdots + 2I_t \cdots + 2I_{300} + 2I_{330} + I_{360}) \qquad (3-71)$$

式中:Q——通过试件的总电通量(C);

I_0——初始电流(A),精确到 0.001A;

I_t——在时间 t(min)的电流(A),精确到 0.001A。

③计算得到的通过试件的总电通量应换算成直径为 95mm 试件的电通量值。应通过将计算的总电通量乘以一个直径为 95mm 的试件和实际试件横截面积的比值来换算,换算可按下式进行:

$$Q_s = Q_x \times (95/x)^2 \qquad (3-72)$$

式中:Q_s——通过直径为 95mm 的试件的电通量(C);

Q_x——通过直径为 x(mm)的试件的电通量(C);

x——试件的实际直径(mm)。

④每组应取 3 个试件电通量的算术平均值作为该试件的电通量测定值。当某一个电通量值与中值的差值超过中值的 15% 时,应取其余两个试件的电通量的算术平均值作为该组试件的试验结果测定值。当有两个测值与中值的差值都超过中值的 15% 时,应取中值作为该组试件的电通量试验结果测定值。

7.收缩试验

(1)非接触法

1)适用范围

适用于测定早龄期混凝土的自由收缩变形,也可用于无约束状态下混凝土自收缩变形的测定。

2)试件尺寸

用尺寸为 100mm×100mm×515mm 的棱柱体试件。每组应为 3 个试件。

3)试验设备

①非接触法混凝土收缩变形测定仪(图 3-23)应设计成整机一体化装置,并应具备自动采集和处理数据、能设定采样时间间隔等功能。整个测试装置(含试件、传感器等)应固定于具有避振功能的固定式实验台面上。

②应有可靠方式将反射靶固定于试模上,使反射靶在试件成型浇筑振动过程中不会移位偏斜,且在成型完成后应能保证反射靶与试模之间的摩擦力尽可

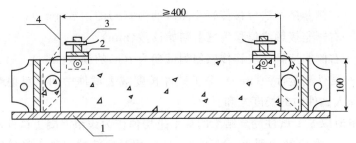

图 3-23 非接触法混凝土收缩变形测定仪原理示意图(mm)
1-试模;2-固定架;3-传感器探头;4-反射靶

能小。试模应采用具有足够刚度的钢模,且本身的收缩变形应小。试模的长度应能保证混凝土试件的测量标距不小于 400mm。

③传感器的测试量程不应小于试件测量标距长度的 0.5% 或量程不应小于 1mm,测试精度不应低于 0.002mm。且应采用可靠方式将传感器测头固定,并应能使测头在测量整个过程中与试模相对位置保持固定不变。试验过程中应能保证反射靶能够随着混凝土收缩而同步移动。

4) 试验步骤

①试验应在温度为 20±2℃、相对湿度为 60±5% 的恒温恒湿条件下进行。非接触法收缩试验应带模进行测试。

②试模准备好后,应在试模内涂刷润滑油,然后应在试模内铺设两层塑料薄膜或者放置一片聚四氟乙烯(PTFE)片,且应在薄膜或者聚四氟乙烯片与试模接触的面上均匀涂抹一层润滑油。应将反射靶固定在试模两端。

③将混凝土拌合物浇筑入试模后,应振动成型并抹平,然后应立即带模移入恒温恒湿室。成型试件的同时,应测定混凝土的初凝时间。混凝土初凝试验和早龄期收缩试验的环境应相同。当混凝土初凝时,应开始测读试件左右两侧的初始读数,此后应至少每隔 1h 或按设定的时间间隔测定试件两侧的变形读数。

④在整个测试过程中,试件在变形测定仪上放置的位置、方向均应始终保持固定不变。

⑤需要测定混凝土自收缩值的试件,应在浇筑振捣后立即采用塑料薄膜作密封处理。

5) 结果计算

①混凝土收缩率应按照下式计算:

$$\varepsilon_{st}=\frac{(L_{10}-L_{1t})+(L_{20}+L_{2t})}{L_0} \tag{3-73}$$

式中:ε_{st}——测试期为 $t(h)$ 的混凝土收缩率,t 从初始读数时算起;

L_{10}——左侧非接触法位移传感器初始读数(mm);

L_{1t}——左侧非接触法位移传感器测试期为$t(h)$的读数(mm);

L_{20}——右侧非接触法位移传感器初始读数(mm);

L_{2t}——右侧非接触法位移传感器测试期为$t(h)$的读数(mm);

L_0——试件测量标距(mm),等于试件长度减去试件中两个反射靶沿试件长度方向埋入试件中的长度之和。

②每组应取3个试件测试结果的算术平均值作为该组混凝土试件的早龄期收缩测定值,计算应精确到1.0×10^{-6}。作为相对比较的混凝土早龄期收缩值应以3d龄期测试得到的混凝土收缩值为准。

(2)接触法

1)使用范围

适用于测定在无约束和规定的温湿度条件下硬化混凝土试件的收缩变形性能。

2)试件和测头

①本方法应采用尺寸为100mm×100mm×515mm的棱柱体试件。每组应为3个试件。

②采用卧式混凝土收缩仪时,试件两端应预埋测头或留有埋设测头的凹槽。卧式收缩试验用测头(图3-24)应由不锈钢或其他不锈的材料制成。

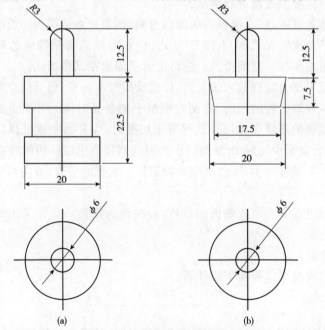

图3-24 卧式收缩试验用测头(mm)

(a)预埋测头;(b)后埋测头

③采用立式混凝土收缩仪时,试件一端中心应预埋测头(图 3-25)。立式收缩试验用测头的另外一端宜采用 M20mm×35mm 的螺栓(螺纹通长),并应与立式混凝土收缩仪底座固定。螺栓和测头都应预埋进去。

④采用接触法引伸仪时,所用试件的长度应至少比仪器的测量标距长出一个截面边长。测头应粘贴在试件两侧面的轴线上。

⑤使用混凝土收缩仪时,制作试件的试模应具有能固定测头或预留凹槽的端板。使用接触法引伸仪时,可用一般棱柱体试模制作试件。

⑥收缩试件成型时不得使用机油等憎水性脱模剂。试件成型后应带模养护 1～2d,并保证拆模时不损伤试件。对于事先没

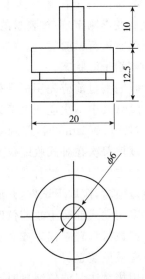

图 3-25 立式收缩试验用测头(mm)

有埋设测头的试件,拆模后应立即粘贴或埋设测头。试件拆模后,应立即送至温度为 20±2℃、相对湿度为 95%以上的标准养护室养护。

3)试验设备

①测量混凝土收缩变形的装置应具有硬钢或石英玻璃制作的标准杆,并应在测量前及测量过程中及时校核仪表的读数。

②收缩测量装置可采用下列形式之一:

a. 卧式混凝土收缩仪的测量标距应为 540mm,并应装有精度为±0.001mm 的千分表或测微器。

b. 立式混凝土收缩仪的测量标距和测微器同卧式混凝土收缩仪。

c. 其他形式的变形测量仪表的测量标距不应小于 100mm 及骨料最大粒径的 3 倍。并至少能达到±0.001mm 的测量精度。

4)试验步骤

①收缩试验应在恒温恒湿环境中进行,室温应保持在 20±2℃,相对湿度应保持在 60±5%。试件应放置在不吸水的搁架上,底面应架空,每个试件之间的间隙应大于 30mm。

②测定代表某一混凝土收缩性能的特征值时,试件应在 3d 龄期时(从混凝土搅拌加水时算起)从标准养护室取出,并应立即移入恒温恒湿室测定其初始长度,此后应至少按下列规定的时间间隔测量其变形读数:1d、3d、7d、14d、28d、45d、60d、90d、120d、150d、180d、360d(从移入恒温恒湿室内计时)。

③测定混凝土在某一具体条件下的相对收缩值时(包括在徐变试验时的混凝土收缩变形测定)应按要求的条件进行试验。对非标准养护试件,当需要移入恒温恒湿室进行试验时,应先在该室内预置4h,再测其初始值。测量时应记下试件的初始干湿状态。

④收缩测量前应先用标准杆校正仪表的零点,并应在测定过程中至少再复核1~2次,其中一次应在全部试件测读完后进行。当复核时发现零点与原值的偏差超过±0.001mm时,应调零后重新测量。

⑤试件每次在卧式收缩仪上放置的位置和方向均应保持一致。试件上应标明相应的方向记号。试件在放置及取出时应轻稳仔细,不得碰撞表架及表杆。当发生碰撞时,应取下试件,并应重新以标准杆复核零点。

⑥采用立式混凝土收缩仪时,整套测试装置应放在不易受外部振动影响的地方。读数时宜轻敲仪表或者上下轻轻滑动测头。安装立式混凝土收缩仪的测试台应有减振装置。

⑦用接触法引伸仪测量时,应使每次测量时试件与仪表保持相对固定的位置和方向。每次读数应重复3次。

5)结果计算

①混凝土收缩率应按下式计算:

$$\varepsilon_{st} = \frac{L_0 - L_t}{L_b} \tag{3-74}$$

式中:ε_{st}——试验期为$t(d)$的混凝土收缩率,t从测定初始长度时算起;

L_b——试件的测量标距,用混凝土收缩仪测量时应等于两测头内侧的距离,即等于混凝土试件长度(不计测头凸出部分)减去两个测头埋入深度之和(mm)。采用接触法引伸仪时,即为仪器的测量标距;

L_0——试件长度的初始读数(mm);

L_t——试件在试验期为$t(d)$时测得的长度读数(mm)。

②每组应取3个试件收缩率的算术平均值作为该组混凝土试件的收缩率测定值,计算精确至1.0×10^{-6}。

③作为相互比较的混凝土收缩率值应为不密封试件于180d所测得的收缩率值。可将不密封试件于360d所测得的收缩率值作为该混凝土的终极收缩率值。

8. 早期抗裂试验

(1)试件尺寸

用尺寸为800mm×600mm×100mm的平面薄板型试件,每组应至少2个试件。混凝土骨料最大公称粒径不应超过31.5mm。

(2)试验设备

1)混凝土早期抗裂试验装置(图3-26)应采用钢制模具,模具的四边(包括长侧板和短侧板)宜采用槽钢或者角钢焊接而成,侧板厚度不应小于5mm,模具四边与底板宜通过螺栓固定在一起。模具内应设有7根裂缝诱导器,裂缝诱导器可分别用50mm×50mm、40mm×40mm角钢与5mm×50mm钢板焊接组成,并应平行于模具短边。底板应采用不小于5mm厚的钢板,并应在底板表面铺设聚乙烯薄膜或者聚四氟乙烯片做隔离层。模具应作为测试装置的一个部分,测试时应与试件连在一起。

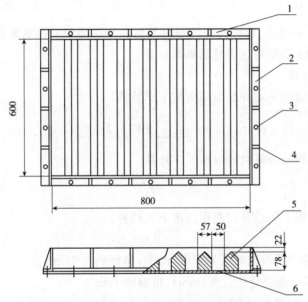

图3-26 混凝土早期抗裂试验装置示意图(mm)

1-长侧板;2-短侧板;3-螺栓;4-加强肋;5-裂缝诱导器;6-底板

2)风扇的风速应可调,并且应能够保证试件表面中心处的风速不小于5m/s。

3)温度计精度不应低于±0.5℃。相对湿度计精度不应低于±1%。风速计精度不应低于±0.5m/s。

4)刻度放大镜的放大倍数不应小于40倍,分度值不应大于0.01mm。

5)照明装置可采用手电筒或者其他简易照明装置。

6)钢直尺的最小刻度应为1mm。

(3)试验步骤

1)试验宜在温度为20±2℃,相对湿度为60±5%的恒温恒湿室中进行。

2)将混凝土浇筑至模具内以后,应立即将混凝土摊平,且表面应比模具边框略高。可使用平板表面式振捣器或者采用振捣棒插捣,应控制好振捣时间,并应防止过振和欠振。

3)在振捣后,应用抹子整平表面,并应使骨料不外露,且应使表面平实。

4)应在试件成型30min后,立即调节风扇位置和风速,使试件表面中心正上方100mm处风速为5±0.5m/s,并应使风向平行于试件表面和裂缝诱导器。

5)试验时间应从混凝土搅拌加水开始计算,应在24±0.5h测读裂缝。裂缝长度应用钢直尺测量,并应取裂缝两端直线距离为裂缝长度。当一个刀口上有两条裂缝时,可将两条裂缝的长度相加,折算成一条裂缝。

6)裂缝宽度应采用放大倍数至少40倍的读数显微镜进行测量,并应测量每条裂缝的最大宽度。

7)平均开裂面积、单位面积的裂缝数目和单位面积上的总开裂面积应根据混凝土浇筑24h测量得到裂缝数据来计算。

(4)结果计算

1)每条裂缝的平均开裂面积应按下式计算:

$$a = \frac{1}{2N}\sum_{i=1}^{N}(W_i \times L_i) \tag{3-75}$$

2)单位面积的裂缝数目应按下式计算:

$$b = \frac{N}{A} \tag{3-76}$$

3)单位面积上的总开裂面积应按下式计算:

$$c = a \cdot b \tag{3-77}$$

式中:W_i——第i条裂缝的最大宽度(mm),精确到0.01mm;

L_i——第i条裂缝的长度(mm),精确到1mm;

N——总裂缝数目(条);

A——平板的面积(m^2),精确到小数点后两位;

a——每条裂缝的平均开裂面积(mm^2/条),精确到$1mm^2$/条;

b——单位面积的裂缝数目(条/m^2),精确到0.1条/m^2;

c——单位面积上的总开裂面积(mm^2/m^2),精确到。

4)每组应分别以2个或多个试件的平均开裂面积(单位面积上的裂缝数目或单位面积上的总开裂面积)的算术平均值作为该组试件平均开裂面积(单位面积上的裂缝数目或单位面积上的总开裂面积)的测定值。

9.受压徐变试验

(1)仪器设备

1)徐变仪应符合下列规定:

①徐变仪应在要求时间范围内(至少1年)把所要求的压缩荷载加到试件上

并应能保持该荷载不变。

②常用徐变仪可选用弹簧式或液压式,其工作荷载范围应为180~500kN。

③弹簧式压缩徐变仪(图3-27)应包括上下压板、球座或球铰及其配套垫板、弹簧持荷装置以及2~3根承力丝杆。压板与垫板应具有足够的刚度。压板的受压面的平整度偏差不应大于0.1mm/100mm,并应能保证对试件均匀加荷。弹簧及丝杆的尺寸应按徐变仪所要求的试验吨位而定。在试验荷载下,丝杆的拉应力不应大于材料屈服点的30%,弹簧的工作压力不应超过允许极限荷载的80%,且工作时弹簧的压缩变形不得小于20mm。

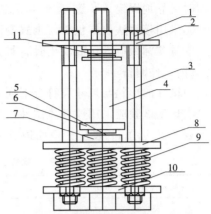

图3-27 弹簧式压缩徐变仪示意图
1-螺母;2-上压板;3-丝杆;4-试件;5-球铰;
6-垫板;7-定心;8-下压板;9-弹簧;
10-底盘;11-球铰

④当使用液压式持荷部件时,可通过一套中央液压调节单元同时加荷几个徐变架,该单元应由储液器、调节器、显示仪表和一个高压源(如高压氮气瓶或高压泵)等组成。

⑤有条件时可采用几个试件串叠受荷,上下压板之间的总距离不得超过1600mm。

2)加荷装置应符合下列规定:

①加荷架应由接长杆及顶板组成。加荷时加荷架应与徐变仪丝杆顶部相连。

②油压千斤顶可采用一般的起重千斤顶,其吨位应大于所要求的试验荷载。

③测力装置可采用钢环测力计、荷载传感器或其他形式的压力测定装置。其测量精度应达到所加荷载的±2%,试件破坏荷载不应小于测力装置全量程的20%且不应大于测力装置全量程的80%。

3)变形量测装置应符合下列规定:

①变形量测装置可采用外装式、内埋式或便携式,其测量的应变值精度不应低于0.001mm/m。

②采用外装式变形量测装置时,应至少测量不少于两个均匀地布置在试件周边的基线的应变。测点应精确地布置在试件的纵向表面的纵轴上,且应与试件端头等距,与相邻试件端头的距离不应小于一个截面边长。

③采用差动式应变计或钢弦式应变计等内埋式变形测量装置时,应在试件

成型时可靠地固定该装置,应使其量测基线位于试件中部并应与试件纵轴重合。

④采用接触法引伸仪等便携式变形量测装置时,测头应牢固附置在试件上。

⑤量测标距应大于混凝土骨料最大粒径的3倍,且不少于100mm。

(2)试件制备

1)试件的形状与尺寸应符合下列规定:

①徐变试验应采用棱柱体试件。试件的尺寸应根据混凝土中骨料的最大粒径按表3-20选用,长度应为截面边长尺寸的3~4倍。

表3-20 徐变试验试件尺寸选用表

骨料最大公称粒径(mm)	试件最小边长(mm)	试件长度(mm)
31.5	100	400
40	150	≥450

②当试件叠放时,应在每件端头的试件和压板之间加装一个未安装应变量测仪表的辅助性混凝土垫块,其截面边长尺寸应与被测试件的相同,且长度应至少等于其截面尺寸的一半。

2)试件数量应符合下列规定:

①制作徐变试件时,应同时制作相应的棱柱体抗压试件及收缩试件。

②收缩试件应与徐变试件相同,并应装有与徐变试件相同的变形测量装置。

③每组抗压、收缩和徐变试件的数量宜各为3个,其中每个加荷龄期的每组徐变试件应至少为2个。

3)试件制备应符合下列规定:

①当要叠放试件时,宜磨平其端头。

②徐变试件的受压面与相邻的纵向表面之间的角度与直角的偏差不应超过1mm/100mm。

③采用外装式应变量测装置时,徐变试件两侧面应有安装量测装置的测头,测头宜采用埋入式,试模的侧壁应具有能在成型时使测头定位的装置。在对黏结的工艺及材料确有把握时,可采用胶粘。

4)试件的养护与存放方式应符合下列规定:

①抗压试件及收缩试件应随徐变试件一并同条件养护。

②对于标准环境中的徐变,试件应在成型后不少于24h且不多于48h时拆模,且在拆模之前,应覆盖试件表面。随后应立即将试件送入标准养护室养护到7d龄期(自混凝土搅拌加水开始计时),其中3d加载的徐变试验应养护3d。养护期间试件不应浸泡于水中试件养护完成后应移入温度为20±2℃、相对湿度为60±5%的恒温恒湿室进行徐变试验,直至试验完成。

③对于适用于大体积混凝土内部情况的绝湿徐变,试件在制作或脱模后应密封在保湿外套中(包括橡皮套、金属套筒等),且在整个试件存放和测试期间也应保持密封。

④对于需要考虑温度对混凝土弹性和非弹性性质的影响等特定温度下的徐变,应控制好试件存放的试验环境温度,应使其符合希望的温度历史。

⑤对于需确定在具体使用条件下的混凝土徐变值等其他存放条件,应根据具体情况确定试件的养护及试验制度。

(3)试验步骤

1)对比或检验混凝土的徐变性能时,试件应在 28d 龄期时加荷。当研究某一混凝土的徐变特性时,应至少制备 5 组徐变试件并应分别在龄期为 3d、7d、14d、28d 和 90d 时加荷。

2)徐变试验应按下列步骤进行:

①测头或测点应在试验前 1d 粘好,仪表安装好后应仔细检查,不得有任何松动或异常现象。加荷装置、测力计等也应予以检查。

②在即将加荷徐变试件前,应测试同条件养护试件的棱柱体抗压强度。

③测头和仪表准备好以后,应将徐变试件放在徐变仪的下压板后,应使试件、加荷装置、测力计及徐变仪的轴线重合。并应再次检查变形测量仪表的调零情况,且应记下初始读数。当采用未密封的徐变试件时,应在将其放在徐变仪上的同时,覆盖参比用收缩试件的端部。

④试件放好后,应及时开始加荷。当无特殊要求时,应取徐变应力为所测得的棱柱体抗压强度的 40%。当采用外装仪表或者接触法引伸仪时,应用千斤顶先加压至徐变应力的 20% 进行对中。两侧的变形相差应小于其平均值的 10%,当超出此值,应松开千斤顶卸荷,进行重新调整后,应再加荷到徐变应力的 20%,并再次检查对中的情况。对中完毕后,应立即继续加荷直到徐变应力,应及时读出两边的变形值,并将此时两边变形的平均值作为在徐变荷载下的初始变形值。从对中完毕到测初始变形值之间的加荷及测量时间不得超过 1min。随后应拧紧承力丝杆上端的螺母,并应松开千斤顶卸荷,且应观察两边变形值的变化情况。此时,试件两侧的读数相差不应超过平均值的 10%,否则应予以调整,调整应在试件持荷的情况下进行,调整过程中所产生的变形增值应计入徐变变形之中。然后应再加荷到徐变应力,并应检查两侧变形读数,其总和与加荷前读数相比,误差不应超过 2%,否则应予以补足。

⑤应在加荷后的 1d、3d、7d、14d、28d、45d、60d、90d、120d、150d、180d、270d 和 360d 测读试件的变形值。

⑥在测读徐变试件的变形读数的同时,应测量同条件放置参比用收缩试件

的收缩值。

⑦试件加荷后应定期检查荷载的保持情况,应在加荷后7d、28d、60d、90d各校核一次,如荷载变化大于2%,应予以补足。在使用弹簧式加载架时,可通过施加正确的荷载并拧紧丝杆上的螺母,来进行调整。

(4)结果计算

1)徐变应变应按下式计算:

$$\varepsilon_{ct} = \frac{\Delta L_t - \Delta L_0}{L_b} - \varepsilon_t \quad (3-78)$$

式中:ε_{ct}——加荷t(d)后的徐变应变(mm/m),精确至0.001mm/m;

ΔL_t——加荷t(d)后的总变形值(mm),精确至0.001mm;

ΔL_0——加荷时测得的初始变形值(mm),精确至0.001mm;

L_b——测量标距(mm),精确到1mm;

ε_t——龄期的收缩值(mm/m),精确至0.001mm/m。

2)徐变度应按下式计算:

$$C_t = \frac{\varepsilon_{ct}}{\delta} \quad (3-79)$$

式中:C_t——加荷 t(d)的混凝土徐变度(1/MPa),计算精确至 1.0×10^{-6}/(MPa);

δ——徐变应力(MPa)。

3)徐变系数应按下列公式计算:

$$\phi_t = \frac{\varepsilon_{ct}}{\varepsilon_0} \quad (3-80)$$

$$\varepsilon_0 = \frac{\Delta L_0}{L_b} \quad (3-81)$$

式中:ϕ_t——加荷 t(d)的徐变系数;

ε_0——在加荷时测得的初始应变值(mm/m),精确至0.001mm/m。

4)每组应分别以3个试件徐变应变(徐变度或徐变系数)试验结果的算术平均值作为该组混凝土试件徐变应变(徐变度或徐变系数)的测定值。

5)作为供对比用的混凝土徐变值,应采用经过标准养护的混凝土试件,在28d龄期时经受0.4倍棱柱体抗压强度恒定荷载持续作用360d的徐变值。可用测得的3年徐变值作为终极徐变值。

10. 碳化试验

(1)试件制备

1)本方法宜采用棱柱体混凝土试件,应以3块为一组。棱柱体的长宽比不宜小于3。

2)无棱柱体试件时,也可用立方体试件,其数量应相应增加。

3)试件宜在 28d 龄期进行碳化试验,掺有掺合料的混凝土可以根据其特性决定碳化前的养护龄期。碳化试验的试件宜采用标准养护,试件应在试验前 2d 从标准养护室取出,然后应在 60℃下烘 48h。

4)经烘干处理后的试件,除应留下一个或相对的两个侧面外,其余表面应采用加热的石蜡予以密封。然后应在暴露侧面上沿长度方向用铅笔以 10mm 间距画出平行线,作为预定碳化深度的测量点。

(2)试验设备

1)碳化箱应符合现行行业标准《混凝土碳化试验箱》JG/T247 的规定,并应采用带有密封盖的密闭容器,容器的容积应至少为预定进行试验的试件体积的两倍。碳化箱内应有架空试件的支架、二氧化碳引入口、分析取样用的气体导出口、箱内气体对流循环装置、为保持箱内恒温恒湿所需的设施以及温湿度监测装置。宜在碳化箱上设玻璃观察口对箱内的温度进行读数。

2)气体分析仪应能分析箱内二氧化碳浓度,并应精确至±1%。

3)二氧化碳供气装置应包括气瓶、压力表和流量计。

(3)试验步骤

1)首先应将经过处理的试件放入碳化箱内的支架上。各试件之间的间距不应小于 50mm。

2)试件放入碳化箱后,应将碳化箱密封。密封可采用机械办法或油封,但不得采用水封。应开动箱内气体对流装置,徐徐充入二氧化碳,并测定箱内的二氧化碳浓度。应逐步调节二氧化碳的流量,使箱内的二氧化碳浓度保持在 $20\pm3\%$。在整个试验期间应采取去湿措施,使箱内的相对湿度控制在 $70\pm5\%$,温度应控制在 $20\pm2℃$ 的范围内。

3)碳化试验开始后应每隔一定时期对箱内的二氧化碳浓度、温度及湿度作一次测定。宜在前 2d 每隔 2h 测定一次,以后每隔 4h 测定一次。试验中应根据所测得的二氧化碳浓度、温度及湿度随时调节这些参数,去湿用的硅胶应经常更换。也可采用其他更有效的去湿方法。

4)应在碳化到了 3d、7d、14d 和 28d 时,分别取出试件,破型测定碳化深度。棱柱体试件应通过在压力试验机上的劈裂法或者用干锯法从一端开始破型。每次切除的厚度应为试件宽度的一半,切后应用石蜡将破型后试件的切断面封好,再放入箱内继续碳化,直到下一个试验期。当采用立方体试件时,应在试件中部劈开,立方体试件应只作一次检验,劈开测试碳化深度后不得再重复使用。

5)随后应将切除所得的试件部分刷去断面上残存的粉末,然后应喷上(或滴上)浓度为 1%的酚酞酒精溶液(酒精溶液含 20%的蒸馏水)。约经 30s 后,应按原先标划的每10mm一个测量点用钢板尺测出各点碳化深度。当测点处的碳化分界线上刚好嵌有粗骨料颗粒,可取该颗粒两侧处碳化深度的算术平均值作为该点的深度值。碳化深度测量应精确至0.5mm。

(4)结果计算

1)混凝土在各试验龄期时的平均碳化深度应按下式计算:

$$\overline{d_t} = \frac{1}{n}\sum_{i=1}^{n} d_i \tag{3-82}$$

式中:$\overline{d_t}$——试件碳化 $t(d)$ 后的平均碳化深度(mm),精确至0.1mm;

d_i——各测点的碳化深度(mm);

n——测点总数。

2)每组应以在二氧化碳浓度为20±3%,温度为20±2℃,湿度为70±5%的条件下3个试件碳化28d的碳化深度算术平均值作为该组混凝土试件碳化测定值。

3)碳化结果处理时宜绘制碳化时间与碳化深度的关系曲线。

11.混凝土中钢筋锈蚀试验

(1)适用范围

适用于测定在给定条件下混凝土中钢筋的锈蚀程度。本方法不适用于在侵蚀性介质中混凝土内的钢筋锈蚀试验。

(2)试件制备

1)本方法应采用尺寸为100mm×100mm×300mm的棱柱体试件,每组应为3块。

2)试件中埋置的钢筋应采用直径为6.5mm的Q235普通低碳钢热轧盘条调直截断制成,其表面不得有锈坑及其他严重缺陷。每根钢筋长应为299±1mm,应用砂轮将其一端磨出长约30mm的平面,并用钢字打上标记。钢筋应采用12%盐酸溶液进行酸洗,并经清水漂净后,用石灰水中和,再用清水冲洗干净,擦干后应在干燥器中至少存放4h,然后应用天平称取每根钢筋的初重(精确至0.001g)。钢筋应存放在干燥器中备用。

3)试件成型前应将套有定位板的钢筋放入试模,定位板应紧贴试模的两个端板,安放完毕后应使用丙酮擦净钢筋表面。

4)试件成型后,应在20±2℃的温度下盖湿布养护24h后编号拆模,并应拆除定位板。然后应用钢丝刷将试件两端部混凝土刷毛,并应用水灰比小于试件用混凝土水灰比、水泥和砂子比例为1:2的水泥砂浆抹上不小于20mm厚的保护层,并应确保钢筋端部密封质量。试件应在就地潮湿养护(或用塑料薄膜盖好)24h后,移入标准养护室养护至28d。

(3)试验设备

1)混凝土碳化试验设备应包括碳化箱、供气装置及气体分析仪。

2)钢筋定位板(图 3-28)宜采用木质五合板或薄木板等材料制作,尺寸应为 100mm×100mm,板上应钻有穿插钢筋的圆孔。

3)称量设备的最大量程应为 1kg,感量应为 0.001g。

(4)试验步骤

1)钢筋诱蚀试验的试件应先进行碳化,碳化应在 28d 龄期时开始。碳化应在二氧化碳浓度为 20±3%、相对湿度为 70±5% 和温度为 20±2℃ 的条件下进行,碳化时间应为 28d。对于有特殊要求的混凝土中钢筋锈蚀试验,碳化时间可再延长 14d 或者 28d。

2)试件碳化处理后应立即移入标准养护室放置。在养护室中,相

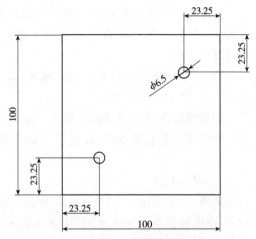

图 3-28 钢筋定位板示意图(mm)

邻试件间的距离不应小于 50mm,并应避免试件直接淋水。应在潮湿条件下存放 56d 后将试件取出,然后破型,破型时不得损伤钢筋。应先测出碳化深度,然后进行钢筋锈蚀程度的测定。

3)试件破型后,应取出试件中的钢筋,并刮去钢筋上粘附的混凝土。应用 12% 盐酸溶液对钢筋进行酸洗,经清水漂净后,再用石灰水中和,最后应以清水冲洗干净。应将钢筋擦干后在干燥器中至少存放 4h,然后应对每根钢筋称重(精确至 0.001g),并应计算钢筋锈蚀失重率。酸洗钢筋时,应在洗液中放入两根尺寸相同的同类无锈钢筋作为基准校正。

(5)结果计算

1)钢筋锈蚀失重率应按下式计算:

$$L_w = \frac{w_0 - w - \dfrac{(w_{01} - w_1) + (w_{02} - w_2)}{2}}{w_0} \times 100 \qquad (3\text{-}83)$$

式中:L_w——钢筋锈蚀失重率(%),精确至 0.01;

w_0——钢筋未锈前质量(g);

w——锈蚀钢筋经过酸洗处理后的质量(g);

w_{01}、w_{02}——分别为基准校正用的两根钢筋的初始质量(g);

w_1、w_2——分别为基准校正用的两根钢筋酸洗后的质量(g)。

2)每组应取3个混凝土试件中钢筋锈蚀失重率的平均值作为该组混凝土试件中钢筋锈蚀失重率测定值。

12. 抗压疲劳变形试验

(1) 试验设备

1) 疲劳试验机的吨位应能使试件预期的疲劳破坏荷载不小于试验机全量程的20%,也不应大于试验机全量程的80%。准确度应为Ⅰ级,加载频率应在4~8Hz之间。

2) 上、下钢垫板应具有足够的刚度,其尺寸应大于100mm×100mm,平面度要求为每100mm不应超过0.02mm。

3) 微变形测量装置的标距应为150mm,可在试件两侧相对的位置上同时测量。承受等幅重复荷载时,在连续测量情况下,微变形测量装置的精度不得低于0.001mm。

(2) 试件制备

用尺寸为100mm×100mm×300mm的棱柱体试件。试件应在振动台上成型,每组试件应至少为6个,其中3个用于测量试件的轴心抗压强度f_c,其余3个用于抗压疲劳变形性能试验

(3) 试验步骤

1) 全部试件应在标准养护室养护至28d龄期后取出,并应在室温20±5℃存放至3个月龄期。

2) 试件应在龄期达3个月时从存放地点取出,应先将其中3块试件按照现行国家标准《普通混凝土力学性能试验方法标准》GB/T50081测定其轴心抗压强度f_c。

3) 然后应对剩下的3块试件进行抗压疲劳变形试验。每一试件进行抗压疲劳变形试验前,应先在疲劳试验机上进行静压变形对中,对中时应采用两次对中的方式。首次对中的应力宜取轴心抗压强度f_c的20%(荷载可近似取整数,kN),第二次对中应力宜取轴心抗压强度f_c的40%。对中时,试件两侧变形值之差应小于平均值的5%,否则应调整试件位置,直至符合对中要求。

4) 抗压疲劳变形试验采用的脉冲频率宜为4Hz。试验荷载(图3-29)的上限应力σ_{max}宜取$0.66f_c$,下限应力σ_{min}宜取$0.1f_c$有特殊要求时,上限应力和下限应力可根据要求选定。

5) 抗压疲劳变形试验中,应于每1×10^5次重复加载后,停机测量混凝土棱柱体试件的累积变形。测量宜在疲劳试验机停机后15s内完成。应在对测试结果进行记录之后,继续加载进行抗压疲劳变形试验,直到试件破坏为止。若加载至2×10^6次,试件仍未破坏,可停止试验。

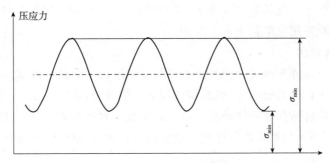

图 3-29　试验荷载示意图

(4)结果评定

每组应取 3 个试件在相同加载次数时累积变形的算术平均值作为该组混凝土试件在等幅重复荷载下的抗压疲劳变形测定值,精确至 0.001mm/m。

13.抗硫酸盐侵蚀试验

(1)试件制备

1)本方法应采用尺寸为 100mm×100mm×100mm 的立方体试件,每组应为 3 块。

2)试件组数应符合表 3-21 的要求。

表 3-21　抗硫酸盐侵蚀试验所需的试件组数

设计抗硫酸盐等级	KS15	KS30	KS60	KS90	KS120	KS150	KS150 以上
检查强度所需干湿循环次数	15	15 及 30	30 及 60	60 及 90	90 及 120	120 及 150	150 及设计次数
鉴定 28d 强度所需试件组数	1	1	1	1	1	1	1
干湿循环试件组数	1	2	2	2	2	2	2
对比试件组数	1	2	2	2	2	2	2
总计试件组数	3	5	5	5	5	5	5

(2)试验设备和试剂

1)干湿循环试验装置宜采用能使试件静止不动,浸泡、烘干及冷却等过程应能自动进行的装置。设备应具有数据实时显示、断电记忆及试验数据自动存储的功能。

2)也可采用符合下列规定的设备进行干湿循环试验。

①烘箱应能使温度稳定在 80±5℃。

②容器应至少能够装27L溶液,并应带盖,且应由耐盐腐蚀材料制成。

3)试剂应采用化学纯无水硫酸钠。

(3)试验步骤

1)试件应在养护至28d龄期的前2d,将需进行干湿循环的试件从标准养护室取出。擦干试件表面水分,然后将试件放入烘箱中,并应在80±5℃下烘48h。烘干结束后应将试件在干燥环境中冷却到室温。对于掺入掺合料比较多的混凝土,也可采用56d龄期或者设计规定的龄期进行试验,这种情况应在试验报告中说明。

2)试件烘干并冷却后,应立即将试件放入试件盒(架)中,相邻试件之间应保持20mm间距,试件与试件盒侧壁的间距不应小于20mm。

3)试件放入试件盒以后,应将配制好的5‰ Na_2SO_4 溶液放入试件盒,溶液应至少超过最上层试件表面20mm,然后开始浸泡。从试件开始放入溶液,到浸泡过程结束的时间应为15±0.5h。注入溶液的时间不应超过30min。浸泡龄期应从将混凝土试件移入5‰ Na_2SO_4 溶液中起计时。试验过程中宜定期检查和调整溶液的pH值,可每隔15个循环测试一次溶液pH值,应始终维持溶液的pH值在6~8之间。溶液的温度应控制在25~30℃。也可不检测其pH值,但应每月更换一次试验用溶液。

4)浸泡过程结束后,应立即排液,并应在30min内将溶液排空。溶液排空后应将试件风干30min,从溶液开始排出到试件风干的时间应为1h。

5)风干过程结束后应立即升温,应将试件盒内的温度升80℃,开始烘干过程。升温过程应在30min内完成。温度升到80℃后,应将温度维持在80±5℃。从升温开始到开始冷却的时间应为6h。

6)烘干过程结束后,应立即对试件进行冷却,从开始冷却到将试件盒内的试件表面温度冷却到25~30℃的时间应为2h。

7)每个干湿循环的总时间应为24±2h。然后应再次放入溶液,按照上述3~6的步骤进行下一个干湿循环。

8)在达到本标准3-21规定的干湿循环次数后,应及时进行抗压强度试验。同时应观察经过干湿循环后混凝土表面的破损情况并进行外观描述。当试件有严重剥落、掉角等缺陷时,应先用高强石膏补平后再进行抗压强度试验。

9)当干湿循环试验出现下列三种情况之一时,可停止试验:

①当抗压强度耐蚀系数达到75%;

②干湿循环次数达到150次;

③达到设计抗硫酸盐等级相应的干湿循环次数。

10)对比试件应继续保持原有的养护条件,直到完成干湿循环后,与进行干湿循环试验的试件同时进行抗压强度试验。

(4)结果计算

1)混凝土抗压强度耐蚀系数应按下式进行计算：

$$K_f = \frac{f_{cn}}{f_{c0}} \times 100 \tag{3-84}$$

式中：K_f——抗压强度耐蚀系数(%)；

f_{cn}——为 N 次干湿循环后受硫酸盐腐蚀的一组混凝土试件的抗压强度测定值(MPa)，精确至 0.1MPa；

f_{c0}——与受硫酸盐腐蚀试件同龄期的标准养护的一组对比混凝土试件的抗压强度测定值(MPa)，精确至 0.1MPa。

2)f_{cn} 和 f_{c0} 应以 3 个试件抗压强度试验结果的算术平均值作为测定值。当最大值或最小值，与中间值之差超过中间值的 15% 时，应剔除此值，并应取其余两值的算术平均值作为测定值；当最大值和最小值，均超过中间值的 15% 时，应取中间值作为测定值。

3)抗硫酸盐等级应以混凝土抗压强度耐蚀系数下降到不低于 75% 时的最大干湿循环次数来确定，并应以符号 KS 表示。

14.碱－骨料反应试验

(1)应用范围

用于检验混凝土试件在温度 38℃ 及潮湿条件养护下，混凝土中的碱与骨料反应所引起的膨胀是否具有潜在危害。适用于碱－硅酸反应和碱－碳酸盐反应。

(2)试验仪器

1)本方法应采用与公称直径分别为 20mm、16mm、10mm、5mm 的圆孔筛对应的方孔筛。

2)称量设备的最大量程应分别为 50kg 和 10kg，感量应分别不超过 50g 和 5g，各一台。

3)试模的内测尺寸应为 75mm×75mm×275mm，试模两个端板应预留安装测头的圆孔，孔的直径应与测头直径相匹配。

4)测头(埋钉)的直径应为 5～7mm，长度应为 25mm。应采用不锈金属制成，测头均应位于试模两端的中心部位。

5)测长仪的测量范围应为 275～300mm，精度应为 ±0.001mm。

6)养护盒应由耐腐蚀材料制成，不应漏水，且应能密封。盒底部应装有 20±5mm 深的水，盒内应有试件架，且应能使试件垂直立在盒中。试件底部不应与水接触。一个养护盒宜同时容纳 3 个试件。

(3)试验步骤

1)原材料和设计配合比应按照下列规定准备:

①应使用硅酸盐水泥,水泥含碱量宜为 $0.9\pm0.1\%$(以 Na_2O 当量计,即 $Na_2O+0.658K_2O$)。可通过外加浓度为 10% 的 NaOH 溶液,使试验用水泥含碱量达到 1.25%。

②当试验用来评价细骨料的活性,应采用非活性的粗骨料,粗骨料的非活性也应通过试验确定,试验用细骨料细度模数宜为(2.7 ± 0.2)。当试验用来评价粗骨料的活性,应用非活性的细骨料,细骨料的非活性也应通过试验确定。当工程用的骨料为同一品种的材料,应用该粗、细骨料评价活性。试验用粗骨料应由三种级配:20~16mm、16~10mm 和 10~5mm,各取 1/3 等量混合。

③每立方米混凝土水泥用量应为 420 ± 10kg。水灰比应为 0.42~0.45。粗骨料与细骨料的质量比应为 6:4。试验中除可外加 NaOH 外,不得再使用其他的外加剂。

2)试件应按下列规定制作:

①成型前 24h,应将试验所用所有原材料放入 20 ± 5℃的成型室。

②混凝土搅拌宜采用机械拌合。

③混凝土应一次装入试模,应用捣棒和抹刀捣实,然后应在振动台上振动 30s 或直至表面泛浆为止。

④试件成型后应带模一起送入 20 ± 2℃、相对湿度在 95% 以上的标准养护室中,应在混凝土初凝前 1~2h,对试件沿模口抹平并应编号。

3)试件养护及测量应符合下列要求:

①试件应在标准养护室中养护 24 ± 4h 后脱模,脱模时应特别小心不要损伤测头,并应尽快测量试件的基准长度。待测试件应用湿布盖好。

②试件的基准长度测量应在 20 ± 2℃的恒温室中进行。每个试件应至少重复测试两次,应取两次测值的算术平均值作为该试件的基准长度值。

③测量基准长度后应将试件放入养护盒中,并盖严盒盖。然后应将养护盒放入 38 ± 2℃的养护室或养护箱里养护

④试件的测量龄期应从测定基准长度后算起,测量龄期应为 1 周、2 周、4 周、8 周、13 周、18 周、26 周、39 周和 52 周,以后可每半年测一次。每次测量的前一天,应将养护盒从 38 ± 2℃的养护室中取出,并放入 20 ± 2℃的恒温室中,恒温时间应为 24 ± 4h。试件各龄期的测量应与测量基准长度的方法相同,测量完毕后,应将试件调头放入养护盒中,并盖严盒盖。然后应将养护盒重新放回 38 ± 2℃的养护室或者养护箱中继续养护至下一测试龄期。

⑤每次测量时,应观察试件有无裂缝、变形、渗出物及反应产物等,并应作详

细记录。必要时可在长度测试周期全部结束后,辅以岩相分析等手段,综合判断试件内部结构和可能的反应产物。

4)当碱-骨料反应试验出现以下两种情况之一时,可结束试验:

①在 52 周的测试龄期内的膨胀率超过 0.04%;

②膨胀率虽小于 0.04%,但试验周期已经达 52 周(或一年)。

(4)结果计算

1)试件的膨胀率应按下式计算:

$$\varepsilon_t = \frac{L_t - L_0}{L_0 - 2\Delta} \times 100 \qquad (3-85)$$

式中:ε_t——试件在 t(d)龄期的膨胀率(%),精确至 0.001;

L_t——试件在 t(d)龄期的长度(mm);

L_0——试件的基准长度(mm);

Δ——测头的长度(mm)。

2)每组应以 3 个试件测值的算术平均值作为某一龄期膨胀率的测定值。

3)当每组平均膨胀率小于 0.020%时,同一组试件中单个试件之间的膨胀率的差值(最高值与最低值之差)不应超过 0.008%;当每组平均膨胀率大于 0.020%时,同一组试件中单个试件的膨胀率的差值(最高值与最低值之差)不应超过平均值的 40%。

第四节 砂 浆

一、建筑砂浆取样规则

(1)建筑砂浆试验用料应从同一盘砂浆或同一车砂浆中取样。取样量不应少于试验所需量的 4 倍。

(2)当施工过程中进行砂浆试验时,砂浆取样方法应按相应的施工验收规范执行,并宜在现场搅拌点或预拌砂浆卸料点的至少 3 个不同部位及时取样。对于现场取得的试样,试验前应人工搅拌均匀。

(3)从取样完毕到开始进行各项性能试验,不宜超过 15min。

二、建筑砂浆试样制备

(1)在试验室制备砂浆试样时,所用材料应提前 24h 运入室内。拌合时,试验室的温度应保持在 20±5℃。当需要模拟施工条件下所用的砂浆时,所用原材料的温度宜与施工现场保持一致。

(2)试验所用原材料应与现场使用材料一致。砂应通过 4.75mm 筛。

(3)试验室拌制砂浆时,材料用量应以质量计。水泥、外加剂、掺合料等的称量精度应为±0.5%,细骨料的称量精度应为±1%。

(4)在试验室搅拌砂浆时应采用机械搅拌,搅拌机应符合现行行业标准《试验用砂浆搅拌机》(JG/T3033—1996)的规定,搅拌的用量宜为搅拌机容量的30%~70%,搅拌时间不应少于120s。掺有掺合料和外加剂的砂浆,其搅拌时间不应少于180s。

三、建筑砂浆基本性能试验

1.稠度试验

(1)试验仪器

1)砂浆稠度仪:应由试锥、容器和支座三部分组成。试锥应由钢材或铜材制成,试锥高度应为145mm,锥底直径应为75mm,试锥连同滑杆的质量应为300±2g;盛浆容器应由钢板制成,筒高应为180mm,锥底内径应为150mm;支座应包括底座、支架及刻度显示三个部分,应由铸铁、钢或其他金属制成(图3-30);

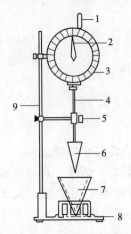

图 3-30 砂浆稠度测定仪
1-齿条测杆;2-指针;3-刻度盘;
4-滑杆;5-制动螺丝;6-试锥;
7-盛浆容器;8-底座;9-支架

2)钢制捣棒:直径为10mm,长度为350mm,端部磨圆;

3)秒表。

(2)试验步骤

1)应先采用少量润滑油轻擦滑杆,再将滑杆上多余的油用吸油纸擦净,使滑杆能自由滑动;

2)应先采用湿布擦净盛浆容器和试锥表面,再将砂浆拌合物一次装入容器;砂浆表面宜低于容器口10mm,用捣棒自容器中心向边缘均匀地插捣25次,然后轻轻地将容器摇动或敲击5~6下,使砂浆表面平整,随后将容器置于稠度测定仪的底座上;

3)拧开制动螺丝,向下移动滑杆,当试锥尖端与砂浆表面刚接触时,应紧制动螺丝,使齿条测杆下端刚接触滑杆上端并将指针对准零点上;

4)拧开制动螺丝,同时计时间,10s时立即拧紧螺丝,将齿条测杆下端接触滑杆上端,从刻度盘上读出下沉深度(精确至1mm),即为砂浆的稠度值;

5)盛浆容器内的砂浆,只允许测定一次稠度,重复测定时,应重新取样测定。

(3)试验结果

1)同盘砂浆应取两次试验结果的算术平均值作为测定值,并应精确至 1mm；

2）当两次试验值之差大于 10mm 时,应重新取样测定。

2.表观密度试验

(1)试验仪器

1）容量筒：应由金属制成，内径应为 108mm，净高应为 109mm，筒壁厚应为 2～5mm，容积应为 1L；

2）天平：称量应为 5kg，感量应为 5g；

3）钢制捣棒：直径为 10mm，长度为 350mm，端部磨圆；

4）砂浆密度测定仪（图 3-31）；

5）振动台：振幅应为 0.5±0.05mm，频率应为 50±3Hz；

6）秒表

(2)试验步骤

1）测定砂浆拌合物的稠度；

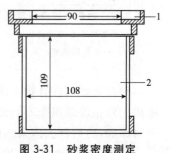

图 3-31　砂浆密度测定
1-漏斗；2-容量筒

2）应先采用湿布擦净容量筒的内表面，再称量容量筒质量 m_1，精确至 5g；

3）捣实可采用手工或机械方法。当砂浆稠度大于 50mm 时，宜采用人工插捣法，当砂浆稠度不大于 50mm 时，宜采用机械振动法；采用人工插捣时，将砂浆拌合物一次装满容量筒，使稍有富余，用捣棒由边缘向中心均匀地插捣 25 次。当插捣过程中砂浆沉落到低于筒口时，应随时添加砂浆，再用木锤沿容器外壁敲击 5～6 下采用振动法时，将砂浆拌合物一次装满容量筒连同漏斗在振动台上振 10s，当振动过程中砂浆沉入到低于筒口时，应随时添加砂浆；

4）捣实或振动后，应将筒口多余的砂浆拌合物刮去，使砂浆表面平整，然后将容量筒外壁擦净，称出砂浆与容量筒总质量 m_2，精确至 5g。

(3)结果计算

砂浆拌合物的表观密度应按下式计算：

$$\rho=\frac{m_2-m_1}{V}\times 1000 \qquad (3-86)$$

式中：ρ——砂浆拌合物的表观密度（kg/m³）；

m_1——容量筒质量（kg）；

m_2——容量筒及试样质量（kg）；

V——容量筒容积（L）。

取两次试验结果的算术平均值作为测定值，精确至 10kg/m³。

3. 分层度试验

(1) 试验仪器

1) 砂浆分层度筒(图 3-32):应由钢板制成,内径应为 150mm,上节高度应为 200mm,下节带底净高应为 100mm,两节的连接处应加宽 3～5mm,并应设有橡胶垫圈;

2) 振动台:振幅应为 0.5±0.05mm,频率应为 50±3Hz;

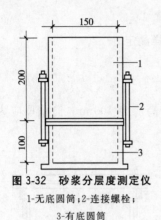

图 3-32 砂浆分层度测定仪
1-无底圆筒;2-连接螺栓;
3-有底圆筒

3) 砂浆稠度仪、木锤等。

(2) 标准法试验步骤

1) 测定砂浆拌合物的稠度;

2) 应将砂浆拌合物一次装入分层度筒内,待装满后,用木锤在分层度筒周围距离大致相等的四个不同部位轻轻敲击 1～2 下;当砂浆沉落到低于筒口时,应随时添加,然后刮去多余的砂浆并用抹刀抹平;

3) 静置 30min 后,去掉上节 200mm 砂浆,然后将剩余的 100mm 砂浆倒在拌合锅内拌 2min,测其稠度。前后测得的稠度之差即为该砂浆的分层度值

(3) 快速法

1) 测定砂浆拌合物的稠度;

2) 应将分层度筒预先固定在振动台上,砂浆一次装入分层度筒内,振动 20s;

3) 去掉上节 200mm 砂浆,剩余 100mm 砂浆倒出放在拌合锅内拌 2min,测其稠度,前后测得的稠度之差即为该砂浆的分层度值。

分层度的测定可采用标准法和快速法。当发生争议时,应以标准法的测定结果为准。

(4) 结果评定

1) 应取两次试验结果的算术平均值作为该砂浆的分层度值,精确至 1mm;

2) 当两次分层度试验值之差大于 10mm 时,应重新取样测定。

4. 保水性试验

(1) 试验仪器

1) 金属或硬塑料圆环试模:内径应为 100mm,内部高度应为 25mm;

2) 可密封的取样容器:应清洁、干燥;

3) 2kg 的重物;

4) 金属滤网:网格尺寸 45μm,圆形,直径为 110±1mm;

5) 超白滤纸:应采用现行国家标准《化学分析滤纸》GB/T1914 规定的中速

定性滤纸,直径应为110mm,单位面积质量应为200g/m²;

6)2片金属或玻璃的方形或圆形不透水片,边长或直径应大于110mm;

7)天平:量程为200g,感量应为0.1g;量程为2000g,感量应为1g;

8)烘箱。

(2)试验步骤

1)称量底部不透水片与干燥试模质量 m_1 和15片中速定性滤纸质量 m_2;

2)将砂浆拌合物一次性装入试模,并用抹刀插捣数次,当装入的砂浆略高于试模边缘时,用抹刀以45°角一次性将试模表面多余的砂浆刮去,然后再用抹刀以较平的角度在试模表面反方向将砂浆刮平;

3)抹掉试模边的砂浆,称量试模、底部不透水片与砂浆总质量 m_3;

4)用金属滤网覆盖在砂浆表面,再在滤网表面放上15片滤纸,用上部不透水片盖在滤纸表面,以2kg的重物把上部不透水片压住;

5)静置2min后移走重物及上部不透水片,取出滤纸(不包括滤网),迅速称量滤纸质量 m_4;

6)按照砂浆的配比及加水量计算砂浆的含水率。

(3)砂浆保水率计算

$$W = \left[1 - \frac{m_4 - m_2}{a \times (m_3 - m_1)}\right] \times 100 \tag{3-87}$$

式中:W——砂浆保水率(%);

m_1——底部不透水片与干燥试模质量(g),精确至1g;

m_2——15片滤纸吸水前的质量(g),精确至0.1g;

m_3——试模、底部不透水片与砂浆总质量(g),精确至1g;

m_4——15片滤纸吸水后的质量(g),精确至0.1g;

a——砂浆含水率(%)。

取两次试验结果的算术平均值作为砂浆的保水率,精确至0.1%,且第二次试验应重新取样测定。当两个测定值之差超过2%时,此组试验结果应为无效。

(4)砂浆含水率计算

应称取100±10g砂浆拌合物试样,置于一干燥并已称重的盘中,在105±5℃的烘箱中烘干至恒重。

砂浆含水率应按下式计算:

$$a = \frac{m_6 - m_5}{m_6} \times 100 \tag{3-88}$$

式中:a——砂浆含水率(%);

m_5——烘干后砂浆样本的质量(g),精确至1g;

m_6——砂浆样本的总质量(g),精确至1g。

取两次试验结果的算术平均值作为砂浆的含水率,精确至0.1%。当两个测定值之差超过2%时,此组试验结果应为无效。

5.凝结时间试验

(1)试验仪器

1)砂浆凝结时间测定仪:应由试针、容器、压力表和支座四部分组成,并应符合下列规定(图3-33):

①试针:应由不锈钢制成,截面积应为$30mm^2$;

②盛浆容器:应由钢制成,内径应为140mm,高度应为75mm;

③压力表:测量精度应为0.5N;

④支座:应分底座、支架及操作杆三部分,应由铸铁或钢制成。

2)定时钟。

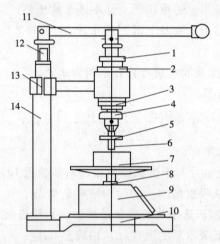

图3-33 砂浆凝结时间测定仪
1-调节螺母;2-调节螺母;3-调节螺母;4-夹头;5-垫片;6-试针;7-盛浆容器;
8-调节螺母;9-压力表座;10-底座;11-操作杆;12-调节杆;13-立架;14-立柱

(2)试验步骤

1)将制备好的砂浆拌合物装入盛浆容器内,砂浆应低于容器上口10mm,轻轻敲击容器,并予以抹平,盖上盖子,放在20±2℃的试验条件下保存。

2)砂浆表面的泌水不得清除,将容器放到压力表座上,然后通过下列步骤来调节测定仪:

①调节螺母3,使贯入试针与砂浆表面接触;

②拧开调节螺母2,再调节螺母1,以确定压入砂浆内部的深度为25mm后再拧紧螺母2;

③旋动调节螺母8,使压力表指针调到零位。

3)测定贯入阻力值,用截面为30mm²的贯入试针与砂浆表面接触,在10s内缓慢而均匀地垂直压入砂浆内部25mm深,每次贯入时记录仪表读数N_p,贯入杆离开容器边缘或已贯入部位应至少12mm。

4)在20±2℃的试验条件下,实际贯入阻力值应在成型后2h开始测定,并应每隔30min测定一次,当贯入阻力值达到0.3MPa时,应改为每15min测定一次,直至贯入阻力值达到7MPa为止。

(3)在施工现场测定凝结时间应符合下列规定:

1)当在施工现场测定砂浆的凝结时间时,砂浆的稠度、养护和测定的温度应与现场相同;

2)在测定湿拌砂浆的凝结时间时,时间间隔可根据实际情况定为受检砂浆预测凝结时间的1/4、1/2、3/4等来测定,当接近凝结时间时可每15min测定一次。

(4)砂浆贯入阻力值计算

$$f_p = \frac{N_p}{A_p} \tag{3-89}$$

式中:f_p——贯入阻力值(MPa),精确至0.01MPa;

N_p——贯入深度至25mm时的静压力(N);

A_p——贯入试针的截面积,即30mm²。

(5)凝结时间确定

1)凝结时间的确定可采用图示法或内插法,有争议时应以图示法为准。从加水搅拌开始计时,分别记录时间和相应的贯入阻力值,根据试验所得各阶段的贯入阻力与时间的关系绘图,由图求出贯入阻力值达到0.5MPa的所需时间t_s(min),此时的t_s值即为砂浆的凝结时间测定值。

2)测定砂浆凝结时间时,应在同盘内取两个试样,以两个试验结果的算术平均值作为该砂浆的凝结时间值,两次试验结果的误差不应大于30min,否则应重新测定。

6. 立方体抗压强度

(1)仪器设备

1)试模:应为70.7mm×70.7mm×70.7mm的带底试模,应符合现行行业标准《混凝土试模》JG237的规定选择,应具有足够的刚度并拆装方便。试模的内表面应机械加工,其不平度应为每100mm不超过0.05mm,组装后各相邻面的不垂直度不应超过±0.5°;

2)钢制捣棒:直径为10mm,长度为350mm,端部磨圆;

3)压力试验机:精度应为1%,试件破坏荷载应不小于压力机量程的20%,

且不应大于全量程的 80%；

4)垫板：试验机上、下压板及试件之间可垫以钢垫板，垫板的尺寸应大于试件的承压面，其不平度应为每 100mm 不超过 0.02mm；

5)振动台：空载中台面的垂直振幅应为 0.5 ± 0.05mm，空载频率应为 50 ± 3Hz，空载台面振幅均匀度不应大于 10%，一次试验应至少能固定 3 个试模。

(2)试块制备

1)应采用立方体试件，每组试件应为 3 个；

2)应采用黄油等密封材料涂抹试模的外接缝，试模内应涂刷薄层机油或隔离剂。应将拌制好的砂浆一次性装满砂浆试模，成型方法应根据稠度而确定。当稠度大于 50mm 时，宜采用人工插捣成型，当稠度不大于 50mm 时，宜采用振动台振实成型；

①人工插捣：应采用捣棒均匀地由边缘向中心按螺旋方式插捣 25 次，插捣过程中当砂浆沉落低于试模口时，应随时添加砂浆，可用油灰刀插捣数次，并用手将试模一边抬高 5~10mm 各振动 5 次，砂浆应高出试模顶面 6~8mm；

②机械振动：将砂浆一次装满试模，放置到振动台上，振动时试模不得跳动，振动 5~10s 或持续到表面泛浆为止，不得过振；

3)应待表面水分稍干后，再将高出试模部分的砂浆沿试模顶面刮去并抹平；

4)试件制作后应在温度为 20 ± 5℃的环境下静置 24 ± 2h，对试件进行编号、拆模。当气温较低时，或者凝结时间大于 24h 的砂浆，可适当延长时间，但不应超过 2d。试件拆模后应立即放入温度为 20 ± 2℃，相对湿度为 90% 以上的标准养护室中养护。养护期间，试件彼此间隔不得小于 10mm，混合砂浆、湿拌砂浆试件上面应覆盖，防止有水滴在试件上；

5)从搅拌加水开始计时，标准养护龄期应为 28d，也可根据相关标准要求增加 7d 或 14d。

(3)试验步骤

1)试件从养护地点取出后应及时进行试验。试验前应将试件表面擦拭干净，测量尺寸，并检查其外观，并应计算试件的承压面积。当实测尺寸与公称尺寸之差不超过 1mm 时，可按照公称尺寸进行计算；

2)将试件安放在试验机的下压板或下垫板上，试件的承压面应与成型时的顶面垂直，试件中心应与试验机下压板或下垫板中心对准。开动试验机，当上压板与试件或上垫板接近时，调整球座，使接触面均衡受压。承压试验应连续而均匀地加荷，加荷速度应为 0.25~1.5kN/s；砂浆强度不大于 2.5MPa 时，宜取下限。当试件接近破坏而开始迅速变形时，停止调整试验机油门，直至试件破坏，然后记录破坏荷载。

(4)砂浆立方体抗压强度应按下式计算

$$f_{m,cu} = K\frac{N_u}{A} \tag{3-90}$$

式中：$f_{m,cu}$——砂浆立方体试件抗压强度(MPa)，应精确至 0.1MPa；

N_u——试件破坏荷载(N)；

A——试件承压面积(mm^2)；

K——换算系数，取 1.35。

(5)结果评定

1)应以三个试件测值的算术平均值作为该组试件的砂浆立方体抗压强度平均值(f_2)，精确至 0.1MPa；

2)当三个测值的最大值或最小值中有一个与中间值的差值超过中间值的 15％时，应把最大值及最小值一并舍去，取中间值作为该组试件的抗压强度值；

3)当两个测值与中间值的差值均超过中间值的 15％时，该组试验结果应为无效。

7. 拉伸黏结强度试验

(1)试验条件

1)温度应为 20±5℃；

2)相对湿度应为 45％～75％。

(2)试验仪器

1)拉力试验机：破坏荷载应在其量程的 20％～80％范围内，精度应为 1％，最小示值应为 1N；

2)拉伸专用夹具(图 3-34、图 3-35)；

3)成型框：外框尺寸应为 70mm×70mm，内框尺寸应为 40mm×40mm，厚度应为 6mm，材料应为硬聚氯乙烯或金属；

4)钢制垫板：外框尺寸应为 70mm×70mm，内框尺寸应为 43mm×43mm，厚度应为 3mm。

(3)基体水泥砂浆块的制备

1)原材料：水泥应采用符合现行国家标准《通用硅酸盐水泥》(GB175—2007)规定的 42.5 级水泥；砂应采用符合现行行业标准《普通混凝土用砂、石质量及检验方法标准》(JGJ52—2006)规定的中砂；水应采用符合现行行业标准《混凝土用水标准》(JGJ63—2006)规定的用水；

2)配合比：水泥：砂：水＝1：3：0.5(质量比)；

3)成型：将制成的水泥砂浆倒入 70mm×70mm×20mm 的硬聚氯乙烯或金

属模具中,振动成型或用抹灰刀均匀插捣15次,人工颠实5次,转90°,再颠实5次,然后用刮刀以45°方向抹平砂架表面;试模内壁事先宜涂刷水性隔离剂,待干、备用;

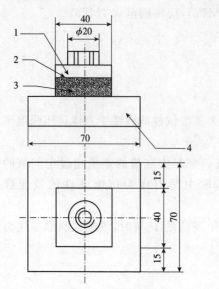

图 3-34　拉伸黏结强度用钢制上夹具
1-拉伸用钢制上夹具;2-胶粘剂;
3-检验砂浆;4-水泥砂浆块

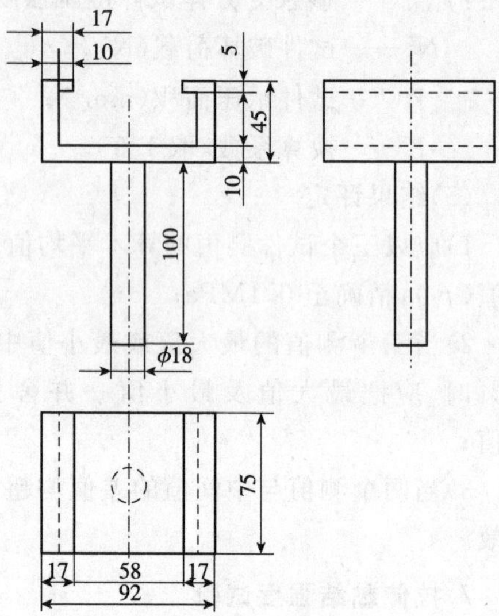

图 3-35　拉伸黏结强度用钢制下夹具
(单位:mm)

4)应在成型24h后脱模,并放入20±2℃水中养护6d,再在试验条件下放置21d以上。试验前,应用200号砂纸或磨石将水泥砂浆试件的成型面磨平,备用。

(4)砂浆料浆的制备

1)干混砂浆料浆的制备

①待检样品应在试验条件下放置24h以上;

②应称取不少于10kg的待检样品,并按产品制造商提供比例进行水的称量;当产品制造商提供比例是一个值域范围时,应采用平均值;

③应先将待检样品放入砂浆搅拌机中,再启动机器,然后徐徐加入规定量的水,搅拌3~5min。搅拌好的料应在2h内用完。

2)现拌砂浆料浆的制备

①待检样品应在试验条件下放置24h以上;

②应按设计要求的配合比进行物料的称量,且干物料总量不得少于10kg;

③应先将称好的物料放入砂浆搅拌机中,再启动机器,然后徐徐加入规定量的水,搅拌3~5min。搅拌好的料应在2h内用完。

(5)拉伸黏结强度试件的制备

1)将制备好的基底水泥砂浆块在水中浸泡24h,并提前5～10min取出,用湿布擦拭其表面;

2)将成型框放在基底水泥砂浆块的成型面上,再将制备好的砂浆料浆或直接从现场取来的砂浆试样倒入成型框中,用抹灰刀均匀插捣15次,人工颠实5次,转90°,再颠实5次,然后用刮刀以45°方向抹平砂浆表面,24h内脱模,在温度20±2℃、相对湿度60%～80%的环境中养护至规定龄期;

3)每组砂浆试样应制备10个试件。

(6)试验步骤

1)应先将试件在标准试验条件下养护13d,再在试件表面以及上夹具表面涂上环氧树脂等高强度胶粘剂,然后将上夹具对正位置放在胶粘剂上,并确保上夹具不歪斜,除去周围溢出的胶粘剂,继续养护24h;

2)测定拉伸黏结强度时,应先将钢制垫板套入基底砂浆块上,再将拉伸黏结强度夹具安装到试验机上,然后将试件置于拉伸夹具中,夹具与试验机的连接宜采用球铰活动连接,以5±1mm/min速度加荷至试件破坏;

3)当破坏形式为拉伸夹具与胶粘剂破坏时,试验结果应无效。

(7)拉伸黏结强度计算

$$f_{at}=\frac{F}{A_z} \tag{3-91}$$

式中:f_{at}——砂浆拉伸黏结强度(MPa);

F——试件破坏时的荷载(N);

A_z——黏结面积(mm^2)。

(8)结果评定

1)应以10个试件测值的算术平均值作为拉伸黏结强度的试验结果;

2)当单个试件的强度值与平均值之差大于20%时,应逐次舍弃偏差最大的试验值,直至各试验值与平均值之差不超过20%,当10个试件中有效数据不少于6个时,取有效数据的平均值为试验结果,结果精确至0.01MPa;

3)当10个试件中有效数据不足6个时,此组试验结果应为无效,并应重新制备试件进行试验。

8.抗冻性能试验

(1)适用范围

可用于检验强度等级大于M2.5的砂浆的抗冻性能。

(2)试件制备

砂浆抗冻试件应采用70.7mm×70.7mm×70.7mm的立方体试件,并应制备两组、每组 3 块,分别作为抗冻和与抗冻试件同龄期的对比抗压强度检验试件。

(3)试验仪器

1)冷冻箱(室):装入试件后,箱(室)内的温度应能保持在-20~-15℃;

2)篮框:应采用钢筋焊成,其尺寸应与所装试件的尺寸相适应;

3)天平或案秤:称量应为 2kg,感量应为 1g;

4)融解水槽:装入试件后,水温应能保持在 15~20℃;

5)压力试验机:精度应为 1%,量程应不小于压力机量程的 20%,且不应大于全量程的 80%。

(4)试验步骤

1)当无特殊要求时,试件应在 28d 龄期进行冻融试验。试验前两天,应把冻融试件和对比试件从养护室取出,进行外观检查并记录其原始状况,随后放入 15~20℃的水中浸泡,浸泡的水面应至少高出试件顶面 20mm。冻融试件应在浸泡两天后取出,并用拧干的湿毛巾轻轻擦去表面水分,然后对冻融试件进行编号,称其质量,然后置入篮筐进行冻融试验。对比试件则放回标准养护室中继续养护,直到完成冻融循环后,与冻融试件同时试压;

2)冻或融时,篮筐与容器底面或地面应架高 20mm,篮框内各试件之间应至少保持 50mm 的间隙;

3)冷冻箱(室)内的温度均应以其中心温度为准。试件冻结温度应控制在-20~-15℃。当冷冻箱(室)内温度低于-15℃时,试件方可放入。当试件放入之后,温度高于-15℃时,应以温度重新降至-15℃时计算试件的冻结时间。从装完试件至温度重新降至-15℃的时间不应超过 2h;

4)每次冻结时间应为 4h,冻结完成后应立即取出试件,并应立即放入能使水温保持在 15~20℃的水槽中进行融化。槽中水面应至少高出试件表面 20mm,试件在水中融化的时间不应小于 4h。融化完毕即为一次冻融循环。取出试件,并应用拧干的湿毛巾轻轻擦去表面水分,送入冷冻箱(室)进行下一次循环试验,依此连续进行直至设计规定次数或试件破坏为止;

5)每五次循环,应进行一次外观检查,并记录试件的破坏情况;当该组试件中有 2 块出现明显分层、裂开、贯通缝等破坏时,该组试件的抗冻性能试验应终止;

6)冻融试验结束后,将冻融试件从水槽取出,用拧干的湿布轻轻擦去试件表面水分,然后称其质量。对比试件应提前两天浸水;

7)应将冻融试件与对比试件同时进行抗压强度试验。

(5)砂浆冻融试验后应分别按下列公式计算其强度损失率和质量损失率。

1)砂浆试件冻融后的强度损失率应按下式计算:

$$\Delta f_m = \frac{f_{m1} - f_{m2}}{f_{m1}} \times 100 \qquad (3-92)$$

式中:Δf_m——n 次冻融循环后砂浆试件的砂浆强度损失率(%),精确至 1%;
  f_{m1}——对比试件的抗压强度平均值(MPa);
  f_{m2}——经 n 次冻融循环后的 3 块试件抗压强度的算术平均值(MPa)。

2)砂浆试件冻融后的质量损失率应按下式计算:

$$\Delta m_m = \frac{m_0 - m_n}{m_0} \times 100 \qquad (3-93)$$

式中:Δm_m——n 次冻融循环后砂浆试件的质量损失率,以 3 块试件的算术平均值计算(%),精确至 1%;
  m_0——冻融循环试验前的试件质量(g);
  m_n——n 次冻融循环后的试件质量(g)。

当冻融试件的抗压强度损失率不大于 25%,且质量损失率不大于 5%时,则该组砂浆试块在相应标准要求的冻融循环次数下,抗冻性能可判为合格,否则应判为不合格。

9.收缩试验

(1)仪器设备

1)立式砂浆收缩仪:标准杆长度应为 176±1mm,测量精度应为 0.01mm(图 3-36);

2)收缩头:应由黄铜或不锈钢加工而成(图 3-37);

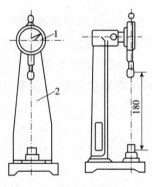

图 3-36 收缩仪(单位:mm)
1-千分表;2-支架

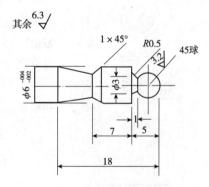

图 3-37 收缩头(单位:mm)

3)试模:应采用 40mm×40mm×160mm 棱柱体,且在试模的两个端面中心,应各开一个 φ6.5mm 的孔洞。

(2)试验步骤

1)应将收缩头固定在试模两端面的孔洞中,收缩头应露出试件端面 8 ± 1 mm;

2)应将拌合好的砂浆装入试模中,再用水泥胶砂振动台振动密实,然后置于 20 ± 5℃的室内,4h 之后将砂浆表面抹平。砂浆应带模在标准养护条件(温度为 20 ± 2℃,相对湿度为 90% 以上)下养护 7d 后,方可拆模,并编号、标明测试方向;

3)应将试件移入温度 20 ± 2℃、相对湿度 (60 ± 5)% 的试验室中预置 4h,方可按标明的测试方向立即测定试件的初始长度。测定前,应先采用标准杆调整收缩仪的百分表的原点;

4)测定初始长度后,应将砂浆试件置于温度 20 ± 2℃、相对湿度为 (60 ± 5)% 的室内,然后第 7d、14d、21d、28d、56d、90d 分别测定试件的长度,即为自然干燥后长度。

(3)砂浆自然干燥收缩值应按下式计算

$$\varepsilon_{at}=\frac{L_0-L_t}{L-L_d} \tag{3-94}$$

式中:ε_{at}——相应为 t 天(7d、14d、21d、28d、56d、90d)时的砂浆试件自然干燥收缩值;

L_0——试件成型后 7d 的长度即初始长度(mm);

L——试件的长度 160mm;

L_d——两个收缩头埋入砂浆中长度之和,即 20 ± 2 mm;

L_t——相应为 t 天(7d、14d、21d、28d、56d、90d)时试件的实测长度(mm)。

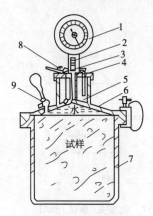

图 3-38 砂浆含气量测定仪
1-压力表;2-出气阀;3-阀门杆;
4-打气筒;5-气室;6-钵盖;
7-量钵;8-微调阀;9-小龙头

(4)结果评定

1)应取三个试件测值的算术平均值作为干燥收缩值。当一个值与平均值偏差大于 20% 时,应剔除;当有两个值超过 20% 时,该组试件结果应无效;

2)每块试件的干燥收缩值应取二位有效数字,并精确至 10×10^{-6}。

10.含气量试验

(1)仪器法

1)试验仪器

含气量测定仪,见图 3-38。

2)试验步骤

①量钵应水平放置,并将搅拌好的砂浆分三次均匀地装入量钵内。每层应由内向外插捣 25 次,并

应用木锤在周围敲数下。插捣上层时,捣棒应插入下层 10~20mm;

②捣实后,应刮去多余砂浆,并用抹刀抹平表面,表面应平整、无气泡;

③盖上测定仪钵盖部分,卡扣应卡紧,不得漏气;

④打开两侧阀门,并松开上部微调阀,再用注水器通过注水阀门注水,直至水从排水阀流出。水从排水阀流出时,应立即关紧两侧阀门;

⑤应关紧所有阀门,并用气筒打气加压,再用微调阀调整指针为零;

⑥按下按钮,刻度盘读数稳定后读数;

⑦开启通气阀,压力仪示值回零;

⑧应重复⑤~⑦的步骤,对容器内试样再测一次压力值。

3)结果评定

①当两次测值的绝对误差不大于 0.2% 时,应取两次试验结果的算术平均值作为砂浆的含气量;当两次测值的绝对误差大于 0.2% 时,试验结果应为无效;

②当所测含气量数值小于 5% 时,测试结果应精确到 0.1%;当所测含气量数值大于或等于 5% 时,测试结果应精确到 0.5%。

(2)密度法

1)适用范围

用于根据一定组成的砂浆的理论表观密度与实际表观密度的差值确定砂浆中的含气量。

2)砂浆含气量应按下列公式计算

$$A_c = \left(1 - \frac{\rho}{\rho_t}\right) \times 100 \tag{3-95}$$

$$\rho_t = \frac{1 + x + y + W_c}{\frac{1}{\rho_c} + \frac{x}{\rho_s} + \frac{y}{\rho_p} + W_c} \tag{3-96}$$

式中:A_c——砂浆含气量的体积百分数(%),应精确至 0.1%;

ρ——砂浆拌合物的实测表观密度(kg/m³);

ρ_t——砂浆理论表观密度(kg/m³),应精确至 10kg/m³;

ρ_c——水泥实测表观密度(g/cm³);

ρ_s——砂的实测表观密度(g/cm³);

W_c——砂浆达到指定稠度时的水灰比;

ρ_p——外加剂的实测表观密度(g/cm³);

x——砂子与水泥的重量比;

y——外加剂与水泥用量之比,当 y 小于 1% 时,可忽略不计。

11. 吸水率试验

(1)仪器设备

1)天平:称量应为1000g,感量应为1g;

2)烘箱:0~150℃,精度±2℃;

3)水槽:装入试件后,水温应能保持在20±2℃的范围内。

(2)试验步骤

1)按规定成型及养护试件,并应在第28d取出试件,然后在105±5℃温度下烘干48±0.5h,称其质量;

2)应将试件成型面朝下放入水槽,用两根φ10的钢筋垫起。试件应完全浸入水中,且上表面距离水面的高度应不小于20mm。浸水48±0.5h取出,用拧干的湿布擦去表面水,称其质量m_1。

(3)砂浆吸水率应按下式计算

$$W_x = \frac{m_1 - m_0}{m_0} \times 100 \tag{3-97}$$

式中:W_x——砂浆吸水率(%);

m_1——吸水后试件质量(g);

m_0——干燥试件的质量(g)。

应取3块试件测值的算术平均值作为砂浆的吸水率,并应精确至1%。

12. 抗渗性能试验

(1)试验仪器

1)金属试模:应采用截头圆锥形带底金属试模,上口直径应为70mm,下口直径应为80mm,高度应为30mm;

2)砂浆渗透仪。

(2)试验步骤

1)应将拌合好的砂浆一次装入试模中,并用抹灰刀均匀插捣15次,再颠实5次,当填充砂浆略高于试模边缘时,应用抹刀以45°角一次性将试模表面多余的砂浆刮去,然后再用抹刀以较平的角度在试模表面反方向将砂浆刮平。应成型6个试件;

2)试件成型后,应在室温20±5℃的环境下,静置24±2h后再脱模。试件脱模后,应放入温度20±2℃、湿度90%以上的养护室养护至规定龄期。试件取出待表面干燥后,应采用密封材料密封装入砂浆渗透仪中进行抗渗试验;

3)抗渗试验时,应从0.2MPa开始加压,恒压2h后增至0.3MPa,以后每隔1h增加0.11MPa。当6个试件中有3个试件表面出现渗水现象时,应停止试验,记下当时水压。在试验过程中,当发现水从试件周边渗出时,应停止试验,重新密封后再继续试验。

(3)试验计算

砂浆抗渗压力值应以每组6个试件中4个试件未出现渗水时的最大压力计,并应按下式计算：

$$P = H - 0.1 \tag{3-98}$$

式中：P——砂浆抗渗压力值(MPa),精确至0.1MPa；

H——6个试件中3个试件出现渗水时的水压力(MPa)。

13.静力受压弹性模量试验

(1)使用范围

适用于测定各类砂浆静力受压时的弹性模量(简称弹性模量)。本方法测定的砂浆弹性模量是指应力为40%轴心抗压强度时的加荷割线模量。

(2)试样制备

砂浆弹性模量的标准试件应为棱柱体,其截面尺寸应为70.7mm×70.7mm,高宜为210~230mm,底模采用钢底模。每次试验应制备6个试件。

(3)试验仪器

1)试验机:精度应为1%,试件破坏荷载应不小于压力机量程的20%,且不应大于全量程的80%；

2)变形测量仪表:精度不应低于0.001mm；镜式引伸仪精度不应低于0.002mm。

(4)试验步骤

1)试件从养护地点取出后,应及时进行试验。试验前,应先将试件擦拭干净,测量尺寸,并检查外观。试件尺寸测量应精确至1mm,并计算试件的承压面积。当实测尺寸与公称尺寸之差不超过1mm时,可按公称尺寸计算。

2)取3个试件,按下列步骤测定砂浆的轴心抗压强度：

①应将试件直立放置于试验机的下压板上,且试件中心应与压力机下压板中心对准。开动试验机,当上压板与试件接近时,应调整球座,使接触均衡；轴心抗压试验应连续、均匀地加荷,其加荷速度应为0.25~1.5kN/s。当试件破坏且开始迅速变形时,应停止调整试验机油门,直至试件破坏,然后记录破坏荷载；

②砂浆轴心抗压强度应按下式计算：

$$f_{mc} = \frac{N'_u}{A} \tag{3-99}$$

式中：f_{mc}——砂浆轴心抗压强度(MPa),应精确至0.1MPa；

N'_u——棱柱体破坏压力(N)；

A——试件承压面积(mm^2)。

应取 3 个试件测值的算术平均值作为该组试件的轴心抗压强度值。当 3 个试件测值的最大值和最小值中有一个与中间值的差值超过中间值的 20% 时,应把最大及最小值一并舍去,取中间值作为该组试件的轴心抗压强度值。当两个测值与中间值的差值超过 20% 时,该组试验结果应为无效。

3)将测量变形的仪表安装在用于测定弹性模量的试件上,仪表应安装在试件成型时两侧面的中线上,并应对称于试件两端。试件的测量标距应为 100mm。

4)测量仪表安装完毕后,应调整试件在试验机上的位置。砂浆弹性模量试验应物理对中(对中的方法是将荷载加压至轴心抗压强度的 35%,两侧仪表变形值之差,不得超过两侧变形平均值的 ±10%)。试件对中合格后,应按 0.25~1.5kN/s 的加荷速度连续、均匀地加荷至轴心抗压强度的 40%,即达到弹性模量试验的控制荷载值,然后以同样的速度卸荷至零,如此反复预压 3 次(图 3-39)。在预压过程中,应观察试验机及仪表运转是否正常。不正常时,应予以调整。

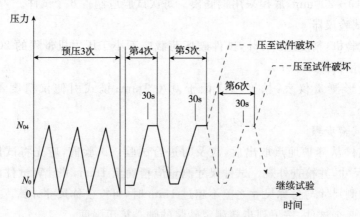

图 3-39 弹性模量试验加荷制度示意图

5)预压 3 次后,按上述速度进行第 4 次加荷。先加荷到应力为 0.3MPa 的初始荷载,恒荷 30s 后,读取并记录两侧仪表的测值,然后再加荷到控制荷载($0.4f_{mc}$),恒荷 30s 后,读取并记录两侧仪表的测值,两侧测值的平均值,即为该次试验的变形值。按上述速度卸荷至初始荷载,恒荷 30s 后,再读取并记录两侧仪表上的初始测值,再按上述方法进行第 5 次加荷、恒荷、读数,并计算出该次试验的变形值。当前后两次试验的变形值差,不大于测量标距的 0.2‰ 时,试验方可结束,否则应重复上述过程,直到两次相邻加荷的变形值相差不大于测量标距的 0.2‰ 为止。然后卸除仪表,以同样速度加荷至破坏,测得试件的棱柱体抗压强度 f'_{mc}。

(5)砂浆的弹性模量值应按下式计算

$$E_{\mathrm{m}} = \frac{N_{0.4} - N_0}{A} \times \frac{l}{\Delta l} \tag{3-100}$$

式中：E_{m}——砂浆弹性模量（MPa），精确至 10MPa；

$N_{0.4}$——应力为 $0.4 f_{\mathrm{mc}}$ 的压力（N）；

N_0——应力为 0.3MPa 的初始荷载（N）；

A——试件承压面积（mm²）；

Δl——最后一次从 N_0 加荷至 $N_{0.4}$ 时试件两侧变形差的平均值（mm）；

l——测量标距（mm）。

应取 3 个试件测值的算术平均值作为砂浆的弹性模量。当其中一个试件在测完弹性模量后的棱柱体抗压强度值 f'_{mc} 与决定试验控制荷载的轴心抗压强度值 f_{mc} 的差值超过后者的 20% 时，弹性模量值应按另外两个试件的算术平均值计算。当两个试件在测完弹性模量后的棱柱体抗压强度值 f'_{mc} 与决定试验控制荷载的轴心抗压强度值 f_{mc} 的差值超过后者的 20% 时，试验结果应为无效。

第五节　钢筋接头

一、钢筋焊接接头试验

1. 取样规则

(1) 钢筋闪光对焊

1）在同一台班内，由同一焊工完成的 300 个同牌号、同直径钢筋焊接接头为二批。当此一台班内焊接接头较少，可在一周内累计，仍不足 300 个接头，应按一批计算；

2）力学性能检验时，应从每批接头中随机切取 6 个接头，其中 3 个做拉伸试验，3 个做弯曲试验；

3）焊接等长的预应力钢筋（包括螺丝端杆与钢筋）时，可按生产时同等条件制作模拟试件；螺丝端杆接头可只做拉伸试验；

4）封闭环式箍筋闪光对焊接头，以 600 个同牌号、同规格的接头作为一批，只做拉伸试验。

(2) 钢筋电弧焊

1）在现浇混凝土结构中，应以 300 个同牌号钢筋、同型式接头作为 7 批；在房屋结构中，应在不超过二楼层中 300 个同牌号钢筋、同型式接头作为一批。每批随机切取 3 个接头,做拉伸试验。

2)在装配式结构中,可按生产条件制作模拟试件,每批 3 个做拉伸试验。

(3)电渣压力焊

电渣压力焊接头的力学性能检验需分批进行,并应按下列规定作为一个检验批。在现浇钢筋混凝土结构中,应以 300 个同牌号钢筋接头作为一批;在房屋结构中,应以不超过两楼层中的 300 个同牌号钢筋接头作为一批;当不足 300 个接头时,仍应作为一批。每批随机切取 3 个接头做拉伸试验。

(4)点焊

凡钢筋牌号、直径及尺寸相同的焊接骨架和焊接网均应视为同一类型制品,且每 300 件作为一批,一周内不足 300 件的也应按一批计算。

1)对于力学性能的检验,应从每批成品中切取;切取过试件的制品,需补焊同牌号、同直径的钢筋,其每边的搭接长度不应小于 2 个孔格的长度;当焊接骨架所切取试件的尺寸小于规定的试件尺寸或受力钢筋直径大于 8mm 时,可在生产过程中制作模拟焊接试验网片,从中切取试件。

2)由几种直径钢筋组合的焊接骨架或焊接网,需对每种组合的焊点做力学性能检验。

3)对于热轧钢筋的焊点应做剪切试验,试件应为 3 件;冷轧带肋钢筋焊点除做剪切试验外,还应对纵向和横向冷轧带肋钢筋做拉伸试验,试件应各为 1 件。剪切试件纵筋长度应不小于 290mm,横筋长度应不小于 50mm,拉伸试件纵筋长度应不小于 300mm。

4)焊接网剪切试件应沿同一横向钢筋随机切取;在切取剪切试件时,应使制品中的纵向钢筋成为试件的受拉钢筋。

(5)钢筋气压焊

1)在现浇混凝土结构中,应以 300 个同牌号钢筋接头作为一批;在房屋结构中,应在不超过二楼层电 300 个同牌号钢筋接头作为一批。

2)在柱、墙的竖向钢筋连接中,应从每批接头中随机切取 3 个接头做拉伸试验。在梁、板的水平钢筋连接中,应另取 3 个接头做弯曲试验。

(6)预埋件钢筋 T 型接头

预埋件钢筋了形接头,当进行力学性能检验时,应以 300 件同类型预埋件作为一批,当一周内连续焊接时,可累计计算,当不足 300 件时,也应按一批计算。做拉伸试验时,应从每批预埋件中随机切取 3 个接头,其试件的长度应不小于 200mm,且钢板的长度和宽度均应不小于 60mm。

2. 拉伸试验方法

(1)各种钢筋焊接接头的拉伸试样的尺寸符合表 3-22 的要求。

表 3-22 拉伸试样的尺寸

焊接方法		接头型式	试样尺寸(mm)	
			L_s	$L \geqslant$
	电阻点焊		—	300 $l_s + 2l_j$
	闪光对焊		$8d$	$l_s + 2l_j$
	双面帮条焊		$8d + l_h$	$l_s + 2l_j$
	单面帮条焊		$5d + l_h$	$l_s + 2l_j$
电弧焊	双面搭接焊		$8d + l_h$	$l_s + 2l_j$
	单面搭接焊		$5d + l_h$	$l_s + 2l_j$
	熔槽帮条焊		$8d + l_h$	$l_s + 2l_j$
	坡口焊		$8d$	$l_s + 2l_j$
	窄间隙焊		$8d$	$l_s + 2l_j$

（续）

焊接方法	接头型式	试样尺寸(mm)	
		L_s	$L \geqslant$
电渣压力焊		$8d$	$l_s + 2l_j$
气压焊		$8d$	$l_s + 2l_j$
预埋件电弧焊		—	200
预埋件埋弧压力焊			

注：l_s——受试长度；

L_h——焊缝（或墩粗）长度；

L_j——夹持长度（100～200mm）；

L——试样长度；

D——钢筋直径。

(2) 试验仪器

1) 拉力试验机或万能试验机，试验机应符合现行国家标准《金属拉伸试验方法》(GB/T228—2010)中的有关规定。

2) 夹紧装置。

(3) 试验步骤

1) 试验前应采用游标卡尺复核钢筋的直径和钢板厚度。

2)用静拉伸力对试样轴向拉伸时应连续而平稳,加载速率宜为10~30MPa/s,将试样拉至断裂(或出现缩颈),可从测力盘上读取最大力或从拉伸曲线图上确定试验过程中的最大力。

3)在使用预埋件 T 形接头拉伸试验吊架时,应将拉杆夹紧于试验机的上钳口内,试样的钢筋应穿过垫板放入吊架的槽孔中心,钢筋下端应夹紧于试验机的下钳口内。

4)当在试样断口上发现气孔、夹渣、未焊透、烧伤等焊接缺陷时,应记录。

(4)抗拉强度计算

$$\sigma_b = \frac{F_b}{S_0} \tag{3-101}$$

式中:σ_b——抗拉强度(MPa),试验结果数值应修约到 5MPa;

F_b——最大力(N);

S_0——试样公称截面面积。

3.剪切试验方法

(1)试样尺寸

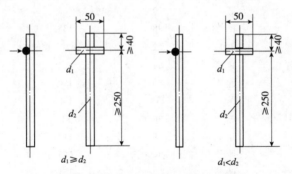

图 3-40　钢筋焊接骨架试样钢筋焊接网试样(mm)

(2)仪器设备

1)剪切试验宜采用量程不大于 300kN 的万能试验机。

2)剪切夹具可分为悬挂式夹具和吊架式锥形夹具两种;试验时,应根据试样尺寸和设备条件选用合适的夹具。

3)夹具应安装于万能试验机的上钳口内,并应夹紧。试样横筋应夹紧于夹具的横槽内,不得转动。纵筋应通过纵槽夹紧于万能试验机的下钳口内,纵筋受拉的力应与试验机的加载轴线相重合。

(3)试验步骤

1)加载应连续而平稳,加载速率宜为 10~30MPa/s,直至试件破坏为止。从测力度盘上读取最大力,即为该试样的抗剪载荷。

2)试验中,当试验设备发生故障或操作不当而影响试验数据时,试验结果应视为无效。

4.弯曲试验方法

(1)试样尺寸

试样的长度宜为两支辊内侧距离另加 150mm,具体尺寸符合表 3-23 的要求。

表 3-23 钢筋焊接接头弯曲试验参数表

钢筋公称直径 (mm)	钢筋级别	弯心直径 (mm)	支辊内侧距 $(D+2.5d)$(mm)	试样长度 (mm)
12	Ⅰ	24	54	200
	Ⅱ	48	78	230
	Ⅲ	60	90	240
	Ⅳ	84	114	260
14	Ⅰ	28	63	210
	Ⅱ	56	91	240
	Ⅲ	70	105	250
	Ⅳ	98	133	280
16	Ⅰ	32	72	220
	Ⅱ	64	104	250
	Ⅲ	80	120	270
	Ⅳ	112	152	300
18	Ⅰ	36	81	230
	Ⅱ	72	117	270
	Ⅲ	90	135	280
	Ⅳ	126	171	320
20	Ⅰ	40	90	240
	Ⅱ	80	130	280
	Ⅲ	100	150	300
	Ⅳ	140	190	340
22	Ⅰ	44	99	250
	Ⅱ	88	143	290
	Ⅲ	110	165	310
	Ⅳ	154	209	360
25	Ⅰ	50	113	260
	Ⅱ	100	163	310
	Ⅲ	125	188	340
	Ⅳ	175	237	390

（续）

钢筋公称直径 （mm）	钢筋级别	弯心直径 （mm）	支辊内侧距 $(D+2.5d)$（mm）	试样长度 （mm）
28	Ⅰ	80	154	300
	Ⅱ	140	210	360
	Ⅲ	168	238	390
	Ⅳ	224	294	440
32	Ⅰ	96	176	330
	Ⅱ	160	240	398
	Ⅲ	192	259	410
36	Ⅰ	108	198	350
	Ⅱ	180	270	420
	Ⅲ	216	306	460
40	Ⅰ	120	220	370
	Ⅱ	200	300	450
	Ⅲ	240	340	490

注：试样长度根据$(D+2.5d)+150$mm修约而得。

（2）试验仪器

压力机或万能试验机。

（3）试验步骤

1）进行弯曲试验时，试样应放在两支点上，并应使焊缝中心与压头中心线一致，应缓慢地对试样施加弯曲力，直至达到规定的弯曲角度或出现裂纹、破断为止。

2）压头弯心直径和弯曲角度应按表3-24的规定确定。

表3-24 压头弯心直径和弯曲角度

序号	钢筋级别	弯心直径（D）		弯曲角（°）
		$d\leqslant 25$（mm）	$d>25$（mm）	
1	Ⅰ	$2d$	$3d$	90
2	Ⅱ	$4d$	$5d$	90
3	Ⅲ	$5d$	$6d$	90
4	Ⅳ	$7d$	$8d$	90

注：d为钢筋直径。

5.冲击试验方法

(1)试样制备

1)取样。试样应在钢筋横截面中心截取,试样中心线与钢筋中心偏差不得大于1mm。试样在各种焊接接头中截取的部位及方位应按表3-25的规定确定。

表3-25 取样部位及方位

焊接方法		取样部位			缺口方位	
		焊缝	熔合线	热影响区	光圆钢筋	带肋钢筋
	闪光对焊		—			
电弧焊	坡口焊					
	窄间隙焊					
电渣压力焊						
气压焊						

注:试样缺口轴线与熔合线的距离 t 为2~3mm。

2)标准试样应采用尺寸为10mm×10mm×55mm且带有V形缺口的试样。标准试样的形状及尺寸应符合现行国家标准《金属材料夏比摆锤冲击试验方法》(GB/T229—2007)要求。试样缺口底部应光滑,不得有与缺口轴线平行的明显划痕。进行仲裁试验时,试样缺口底部的粗糙度参数 R_n 不应大于 $1.6\mu m$。

3)样坯宜采用机械方法截取,也可用气割法截取。试样的制备应避免由于加工硬化或过热而影响金属的冲击性能。

4)同样试验条件下同一部位所取试样的数量不应少于3个。试样应逐个编号,缺口底部处横截面尺寸应精确测量,并应记录。

(2)试验仪器

1)冲击试验机的标准打击能量应为300J(±10J)和150J(±10J),打击瞬间摆锤的冲击速度应为5.0～5.5m/s。冲击试验机宜在摆锤最大能量的10%～90%范围内使用。

2) 试验机的试样支座及摆锤刀刃尺寸应符合现行国家标准《金属材料夏比摆锤冲击试验方法》(GB/T229—2007)中的有关规定。

3) 测量试样尺寸的量具最小分度值不应大于0.02mm。

4) 测温用的玻璃温度计最小分度值不应大于1℃,其误差应符合现行国家计量检定规程《工作用玻璃液体温度计》(JJG130—2011)的规定。

(3) 试验条件

冲击试验可在室温或负温条件下进行。室温冲击试验应在10～35℃进行,对试验温度要求严格的试验应在20±2℃进行。负温试验温度有:0±2℃、−10±2℃、−20±2℃、−30±2℃、−40±2℃等数种,可根据实际需要确定。

(4) 试验步骤

1) 试验前应检查摆锤空打时被动指针的回零差;回零差不应超过最小分度值的四分之一。

2) 试样应紧贴支座放置,并使试样缺口的背面朝向摆锤刀刃。试样缺口对称面应位于两支座对称面上,其偏差不应大于0.5mm。

3) 试样的冷却可在冰箱或盛有冷却剂的冷却箱中进行。宜采用干冰与乙醇的混合物作为冷却剂;干冰与乙醇混合时应进行搅拌,以保证冷却剂温度均匀。

4) 热电偶测点应放在控温试样缺口内,控温试样应与试验试样同时放入冷却箱中。

5) 冰箱或冷却箱中的温度应低于规定的试验温度,其过冷度应根据实际情况通过试验确定。当从箱内取出试样到摆锤打击试样时的时间为3～5s、室温为20±5℃、试验温度为0～−40℃时,可采用1～2℃的过冷度值。

6) 夹取试样的工具应与试样同时冷却。在冰箱或冷却箱中放置试样应间隔一定的距离。试样应在规定温度下保持足够时间,使用液体介质时,保温时间不应少于5min;使用气体介质时,保温时间不应少于20min。

7) 试样折断后,应检查断口,当发现有气孔、夹渣、裂纹等缺陷时,应记录下来。

8) 试样折断时的冲击吸收功可从试验机表盘上直接读出。

(5) 冲击韧度(α_k)应按下式计算

$$\alpha_k = \frac{A_{kv}}{F} \tag{3-102}$$

式中:α_k——试样的冲击韧度(J/cm^2);

A_{kv}——V形缺口试样冲击吸收功(J);

F——试验前试样缺口底部处的公称截面面积(cm^2)。

6. 疲劳试验方法

(1)试样制备

1)试样长度宜为疲劳受试长度(包括焊缝和母材)与两个夹持长度之和,其中受试长度不应小于500mm。

2)试样不得有气孔、烧伤、压伤和咬边等焊接缺陷。

(2)试验仪器

1)试验所用的疲劳试验机应符合下列规定:

①试验机的静载荷示值不应大于±1%;

②在连续试验10h内,载荷振幅示值波动度不应大于使用载荷满量程的±2%;

③试验机应具有安全控制和应力循环自动记录的装置。

2)试验时,可选用下列措施加工试样夹持部分:

①进行冷作强化处理;

②采用与钢筋外形相应的铜套模;

③采用与钢筋外形相应的钢套模,并灌注环氧树脂。

(3)试验步骤

1)应力循环频率应根据试验机的类型、试样的刚度和试验的要求确定。所选取的频率不得引起疲劳受试区发热。低频疲劳试验的频率宜采用5~15Hz;高频疲劳试验机的频率宜采用100~150Hz。

2)将试样夹持部分夹在试验机的上、下夹具中时,夹具的中心线应与试验机的加载轴线重合。

3)试验的最大和最小载荷应根据接头的母材(钢筋)的力学性能、规格和使用要求等要素确定。载荷的增加应缓慢进行。在试验初期载荷若有波动应及时调整,直到稳定为止。

4)在一根试样的整个试验过程中,最大和最小的疲劳载荷以及循环频率应保持恒定,疲劳载荷的偶然变化不得超过初始值的5%,其时间不得超过这根试样应力循环数的2%。

5)疲劳试验宜连续进行;有停顿时,不得超过三次;停顿总时间不得超过全部时间的10%,同时应在报告中注明。

6)条件疲劳极限的应力循环次数宜采用$2×10^6$次。

7)试样破坏后应及时记录断裂的位置、离夹具端部的距离以及应力循环次数,并应仔细观察断口,并作图描述断口的特征。

8)进行检验性疲劳试验时,在所要求的疲劳应力水平和应力比之下至少应做三根试样的试验,以测定其疲劳寿命。当试样在夹具内或在距离夹具(或套模)末端小于一倍钢筋直径处断裂,应力循环次数又小于 2×10^6 次时,该试样的试验结果应视为无效。当试样的应力循环次数等于或大于 2×10^6 次时,试样无论在何处断裂,该试样的试验结果可视为有效。

(4)技术要求

1)在预应力混凝土结构中钢筋的应力比(ρ)可采用 0.7 或 0.8;在非预应力混凝土结构中,钢筋的应力比(ρ)可采用 0.2 或 0.1。

2)在确定应力比(ρ)条件下,改变应力 σ_{max} 和 σ_{min},从高应力水平开始,分五级逐级下降,每级应取 1~3 个试样进行疲劳试验。

3)当试样在夹具内或在距离夹具(或套模)末端小于一倍钢筋直径处断裂,应力循环次数又小于 2×10^6 次时,该试样的试验结果应视为无效。

4)试验结果处理时,应根据得出最大应力与疲劳寿命的关系,绘制在 $S-N$ 曲线(图 3-41),并求出在给定应力比(ρ)的条件下达到 2×10^6 应力循环的条件疲劳极限。

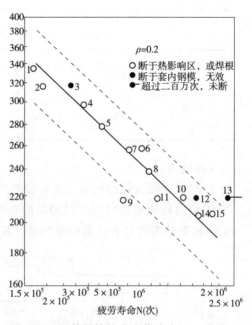

图 3-41 钢筋焊接接头疲劳试验 $S-N$ 曲线

二、钢筋机械连接

1.接头的型式检验

(1)对每种型式、级别、规格、材料、工艺的钢筋机械连接接头,型式检验试件不应少于 9 个:单向拉伸试件不应少于 3 个,高应力反复拉压试件不应少于 3 个,大变形反复拉压试件不应少于 3 个。同时应另取 3 根钢筋试件作抗拉强度试验。全部试件均应在同一根钢筋上截取。

(2)用于型式检验的直螺纹或锥螺纹接头试件应散件送达检验单位,由型式检验单位或在其监督下由接头技术提供单位按表 3-26 或表 3-27 规定的拧紧扭矩进行装配,拧紧扭矩值应记录在检验报告中,型式检验试件必须采用未经过预拉的试件。

表 3-26 直螺纹接头安装时的最小拧紧扭矩值

钢筋直径 (mm)	≤16	18~20	22~25	28~32	36~40
拧紧扭矩 (N·m)	100	200	260	320	360

表 3-27 锥螺纹接头安装时的拧紧扭矩值

钢筋直径 (mm)	≤16	18~20	22~25	28~32	36~40
拧紧扭矩 (N·m)	100	180	240	300	360

(3)试验方法

1)型式检验试件的仪表布置和变形测量标距要求

①单向拉伸和反复拉压试验时的变形测量仪表应在钢筋两侧对称布置(图3-42),取钢筋两侧仪表读数的平均值计算残余变形值。

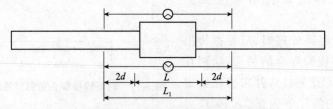

图 3-42 接头试件变形测量标距和仪表布置

②变形测量标距

$$L_1 = L/4d \quad (3-103)$$

式中:L_1——变形测量标距;

L——机械接头长度;

D——钢筋公称直径。

2)型式检验试件最大力总伸长率 A_{sgt} 的测量方法

①试件加载前,应在其套筒两侧的钢筋表面(图3-43)分别用细划线 A、B 和 C、D 标出测量标距为 L_{01} 的标记线,L_{01} 不应小于 100mm,标距长度应用最小刻度值不大于 0.1mm 的量具测量。

②试件应按表 3-28 单向拉伸加载制度加载并卸载,再次测量 A、B 和 C、D 间标距长度为 L_{02}。

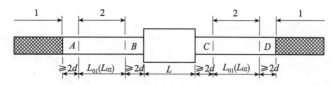

图 3-43 总伸长率 A_{sgt} 的测点布置
1-夹持区；2-测量区

表 3-28 接头试件型式检验的加载制度

试验项目		加载制度
单向拉伸		$0 \to 0.6 f_{yk} \to 0$（测量残余变形）$\to$ 最大拉力（记录抗拉强度）$\to 0$（测定最大力总伸长率）
高应力反复拉压		$0 \to (0.9 f_{yk} \to -0.5 f_{yk}) \to$ 破坏（反复 20 次）
大变形反复拉压	Ⅰ级 Ⅱ级	$0 \to (2\varepsilon_{yk} \to -0.5 f_{yk}) - (5\varepsilon_{yk} \to -0.5 f_{yk}) \to$ 破坏 （反复 4 次）　　（反复 4 次）
	Ⅲ级	$0 \to (2\varepsilon_{yk} \to -0.5 f_{yk}) \to$ 破坏 （反复 4 次）

并应按下式计算试件最大力总伸长率 A_{sgt}：

$$A_{sgt} = \left[\frac{L_{02} - L_{01}}{L_{01}} + \frac{f^\circ_{mst}}{E} \right] \times 100 \quad (3\text{-}104)$$

式中：f°_{mst}、E——分别是试件达到最大力时的钢筋应力和钢筋理论弹性模量；

L_{01}——加载前 A、B 或 C、D 间的实测长度；

L_{02}——卸载后 A、B 或 C、D 间的实测长度。

应用上式计算时，当试件颈缩发生在套筒一侧的钢筋母材时，与 L_{01} 和与 L_{02} 应取另一侧标记间加载前和卸载后的长度。当破坏发生在接头长度范围内时，L_{01} 和 L_{02} 应取套筒两侧各自读数的平均值。

3）接头试件型式检验应按表 3-28 和图 3-44-1～图 3-44-3 所示的加载制度进行试验。

4）测量接头试件的残余变形时加载时的应力速率宜采用 $2\text{N/mm}^2 \cdot \text{s}^{-1}$，最高不超过 $10\text{N/mm}^2 \cdot \text{s}^{-1}$；测量接头试件的最大力总伸长率或抗拉强度时，试验机夹头的分离速率宜采用 $0.05L_c/\text{min}$，L_c 为试验机夹头间的距离。

（4）当试验结果符合下列规定时评为合格：

1）强度检验：每个接头试件的强度实测值均应符合表 3-29 中相应接头等级的强度要求。

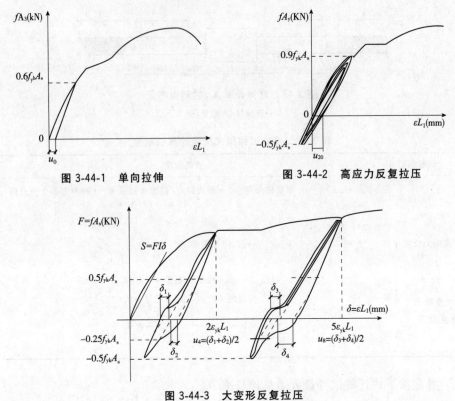

图 3-44-1 单向拉伸　　图 3-44-2 高应力反复拉压

图 3-44-3 大变形反复拉压

表 3-29 接头的抗拉强度

接头等级	Ⅰ级		Ⅱ级	Ⅲ级
抗拉强度	$f^\circ_{mst} \geqslant f_{stk}$ 或 $f^\circ_{mst} \geqslant 1.10 f_{stk}$	断于钢筋 断于接头	$f^\circ_{mst} \geqslant f_{stk}$	$f^\circ_{mst} \geqslant 1.25 f_{stk}$

2）变形检验：对残余变形和最大力总伸长率，3个试件实测值的平均值应符合表3-30的规定。

表 3-30 接头的变形性能

接头等级		Ⅰ级	Ⅱ级	Ⅲ级
单向拉伸	残余变形（mm）	$u_0 \leqslant 0.10 (d \leqslant 32)$ $u_0 \leqslant 0.14 (d > 32)$	$u_0 \leqslant 0.14 (d \leqslant 32)$ $u_0 \leqslant 0.16 (d > 32)$	$u_0 \leqslant 0.14 (d \leqslant 32)$ $u_0 \leqslant 0.16 (d > 32)$
	最大力总伸长率（%）	$A_{sgt} \geqslant 6.0$	$A_{sgt} \geqslant 6.0$	$A_{sgt} \geqslant 3.0$

(续)

接头等级		Ⅰ级	Ⅱ级	Ⅲ级
高应力反复拉压	残余变形(mm)	$u_{20}\leqslant 0.3$	$u_{20}\leqslant 0.3$	$u_{20}\leqslant 0.3$
大变形反复拉压	残余变形(mm)	$u_4\leqslant 0.3$ 且 $u_8\leqslant 0.6$	$u_4\leqslant 0.3$ 且 $u_8\leqslant 0.6$	$u_4\leqslant 0.6$

3) 型式检验应由国家、省部级主管部门认可的检测机构进行。

2.施工现场接头的加工与安装

(1) 接头加工

1) 在施工现场加工钢筋接头时,应符合下列规定:

① 加工钢筋接头的操作工人应经专业技术人员培训合格后才能上岗,人员应相对稳定;

② 钢筋接头的加工应经工艺检验合格后方可进行。

2) 直螺纹接头的现场加工应符合下列规定:

① 钢筋端部应切平或墩平后加工螺纹;

② 墩粗头不得有与钢筋轴线相垂直的横向裂纹;

③ 钢筋丝头长度应满足企业标准中产品设计要求,公差应为 $0\sim 2.0p$(p 为螺距);

④ 钢筋丝头宜满足 6f 级精度要求,应用专用直螺纹量规检验,通规能顺利旋入并达到要求的拧入长度,止规旋入不得超过 $3p$。抽检数量 10%,检验合格率不应小于 95%。

3) 锥螺纹接头的现场加工应符合下列规定:

① 钢筋端部不得有影响螺纹加工的局部弯曲;

② 钢筋丝头长度应满足设计要求,使拧紧后的钢筋丝头不得相互接触,丝头加工长度公差应为 $-0.5p\sim -1.5p$

③ 钢筋丝头的锥度和螺距应使用专用锥螺纹量规检验;抽检数量 10%,检验合格率不应小于 95%。

(2) 接头的安装

1) 直螺纹钢筋接头的安装质量应符合下列要求:

① 安装接头时可用管钳扳手拧紧,应使钢筋丝头在套筒中央位置相互顶紧。标准型接头安装后的外露螺纹不宜超过 $2p$。

② 安装后应用扭力扳手校核拧紧扭矩,拧紧扭矩值应符合表 3-26 的规定。

③ 校核用扭力扳手的准确度级别可选用 10 级。

2)锥螺纹钢筋接头的安装质量应符合下列要求:

①接头安装时应严格保证钢筋与连接套的规格相一致;

②接头安装时应用扭力扳手拧紧,拧紧扭矩值应符合表3-27的要求;

③校核用扭力扳手与安装用扭力扳手应区分使用,校核用扭力扳手应每年校核1次,准确度级别应选用5级。

3)套筒挤压钢筋接头的安装质量应符合下列要求:

①钢筋端部不得有局部弯曲,不得有严重锈蚀和附着物;

②钢筋端部应有检查插入套筒深度的明显标记,钢筋端头离套筒长度中点不宜超过10mm;

③挤压应从套筒中央开始,依次向两端挤压,压痕直径的波动范围应控制在供应商认定的允许波动范围内,并提供专用量规进行检验;

④挤压后的套筒不得有肉眼可见裂纹。

3. 施工现场接头的检验预验收

(1)工程中应用钢筋机械接头时,应由该技术提供单位提交有效的型式检验报告。

(2)钢筋连接工程开始前,应对不同钢筋生产厂的进场钢筋进行接头工艺检验;施工过程中,更换钢筋生产厂时,应补充进行工艺检验。工艺检验应符合下列规定:

1)每种规格钢筋的接头试件不应少于3根;

2)每根试件的抗拉强度和3根接头试件的残余变形的平均值均应符合表3-29和表3-20的规定;

3)接头试件在测量残余变形后可再进行抗拉强度试验;

4)第一次工艺检验中1根试件抗拉强度或3根试件的残余变形平均值不合格时,允许再抽3根试件进行复检,复检仍不合格时判为工艺检验不合格。

(3)接头安装前应检查连接件产品合格证及套筒表面生产批号标识;产品合格证应包括适用钢筋直径和接头性能等级、套筒类型、生产单位、生产日期以及可追溯产品原材料力学性能和加工质量的生产批号。

(4)现场检验应按本规程进行接头的抗拉强度试验,加工和安装质量检验;对接头有特殊要求的结构,应在设计图纸中另行注明相应的检验项目。

(5)接头的现场检验应按验收批进行。同一施工条件下采用同一批材料的同等级、同型式、同规格接头,应以500个为一个验收批进行检验与验收,不足500个也应作为一个验收批。

(6)螺纹接头安装后应按第(5)条的验收批,抽取其中10%的接头进行拧紧扭矩校核,拧紧扭矩值不合格数超过被校核接头数的5%时,应重新拧紧全部接头,直到合格为止。

(7)对接头的每一验收批,必须在工程结构中随机截取3个接头试件作抗拉强度试验,按设计要求的接头等级进行评定。当3个接头试件的抗拉强度均符合表3-29中相应等级的强度要求时,该验收批应评为合格。如有1个试件的抗拉强度不符合要求,应再取6个试件进行复检。复检中如仍有1个试件的抗拉强度不符合要求,则该验收批应评为不合格。

(8)现场检验连续10个验收批抽样试件抗拉强度试验一次合格率为100%时,验收批接头数量可扩大1倍。

(9)现场截取抽样试件后,原接头位置的钢筋可采用同等规格的钢筋进行搭接连接,或采用焊接及机械连接方法补接。

(10)对抽检不合格的接头验收批,应由建设方会同设计等有关方面研究后提出处理方案。

4.接头的应用

(1)结构设计图纸中应列出设计选用的钢筋接头等级和应用部位。接头等级的选定应符合下列规定:

1)混凝土结构中要求充分发挥钢筋强度或对延性要求高的部位应优先选用Ⅱ级接头。当在同一连接区段内必须实施100%钢筋接头的连接时,应采用Ⅰ级接头。

2)混凝土结构中钢筋应力较高但对延性要求不高的部位可采用l级接头。

(2)钢筋连接件的混凝土保护层厚度宜符合现行国家标准《混凝土结构设计规范》(GB50010—2010)中受力钢筋的混凝土保护层最小厚度的规定,且不得小于15mm。连接件之间的横向净距不宜小于25mm。

(3)结构构件中纵向受力钢筋的接头宜相互错开。钢筋机械连接的连接区段长度应按35d计算。在同一连接区段内有接头的受力钢筋截面面积占受力钢筋总截面面积的百分率(以下简称接头百分率),应符合下列规定:

1)接头宜设置在结构构件受拉钢筋应力较小部位,当需要在高应力部位设置接头时,在同一连接区段内Ⅲ级接头的接头百分率不应大于25%,Ⅱ级接头的接头百分率不应大于50%。

2)接头宜避开有抗震设防要求的框架的梁端、柱端箍筋加密区;当无法避开时,应采用Ⅱ级接头或Ⅰ级接头,且接头百分率不应大于50%。

3)受拉钢筋应力较小部位或纵向受压钢筋,接头百分率可不受限制。

4)对直接承受动力荷载的结构构件,接头百分率不应大于50%。

第四章 装饰装修材料试验检测

第一节 饰 面 砖

一、陶瓷砖抽样和接收条件

1. 范围

《陶瓷砖试验方法》(GB/T 3810—2006)第 1 部分规定了陶瓷砖的批量、抽样、检验、接收或拒收的规则。

2. 定义

(1)订货:在同一时间内订购一定数量的砖。一次订货可包括一批或多批砖。

(2)交货:为期两天时间交付一定数量的砖。

(3)组批:由同一生产厂生产的同品种同规格同质量的产品组批。

(4)检验批:由同一生产厂生产的同品种同规格的产品批中提交检验批。

(5)样本:从一个检验批中抽取的规定数量的砖。

(6)样本量:用于每项性能试验的砖的数量。

(7)要求:在有关产品标准中规定的性能。

(8)不合格品:不满足规定要求的砖的砖

3. 原理

GB/T 3810—2006 第 1 部分规定陶瓷砖的抽样检验系统采用两次抽样方案,一部分采用计数(单个值)检验方法;一部分采用计量(平均值)检验方法。对每项性能试验所需的样本量见表 4-1。

表 4-1 抽样方法

性能	样本量		计数检验				计量检验				试验方法
			第一样本		第一样本＋第二样本		第一样本		第一样本＋第二样本		
	第一次	第二次	接收数 A_{c1}	拒收数 R_{e1}	接收数 A_{c2}	拒收数 R_{e2}	接收	第二次抽样	接收	拒收	
尺寸[a]	10	10	0	2	1	2	—	—	—	—	GB/T 3810.2—2006
表面质量[b]	10	10	0	2	1	2	—	—	—	—	
	30	30	1	3	3	4	—	—	—	—	
	40	40	1	4	4	5	—	—	—	—	
	50	50	3	5	5	6	—	—	—	—	
	60	60	2	5	6	7	—	—	—	—	
	70	70	2	6	7	8	—	—	—	—	
	80	80	3	7	8	9	—	—	—	—	
	90	90	4	8	9	10	—	—	—	—	
	100	100	4	9	10	11	—	—	—	—	
	1m^2	1m^2	4%	9%	5%	>5%	—	—	—	—	
吸水率[c]	5[d]	5[d]	0	2	1	2	$\overline{X}_1>L$[e]	$\overline{X}_1<L$	$\overline{X}_2>L$[e]	$\overline{X}_2<L$	GB/T 3810.3—2006
	10	10	0	2	1	2	$\overline{X}_1<U$[f]	$\overline{X}_1>U$	$\overline{X}_2<U$[f]	$\overline{X}_2>U$	
断裂模数[c]	7[g]	7[g]	0	2	1	2	$\overline{X}_1>L$	$\overline{X}_1<L$	$\overline{X}_2>L$	$\overline{X}_2<L$	GB/T 3810.4—2006
	10	10	0	2	1	2					
破坏强度[c]	7[g]	7[g]	0	2	1	2	$\overline{X}_1>L$	$\overline{X}_1<L$	$\overline{X}_2>L$	$\overline{X}_2<L$	GB/T 3810.4—2006
	10	10	0	2	1	2					
无釉砖耐磨深度	5	5	0	2[h]	1[h]	2[h]	—	—	—	—	GB/T 3810.6—2006
线性热膨胀系数	2	2	0	2[i]	1[i]	2[i]	—	—	—	—	GB/T 3810.8—2006
抗釉裂性	5	5	0	2	1	2	—	—	—	—	GB/T 3810.11—2006
耐化学腐蚀性[j]	5	5	0	2	1	2	—	—	—	—	GB/T 3810.13—2006
耐污染性[j]	5	5	0	2	1	2	—	—	—	—	GB/T 3810.14—2006

(续)

性能	样本量		计数检验				计量检验				试验方法
			第一样本		第一样本＋第二样本		第一样本		第一样本＋第二样本		
	第一次	第二次	接收数 A_{c1}	拒收数 R_{e1}	接收数 A_{c2}	拒收数 R_{e2}	接收	第二次抽样	接收	拒收	
抗冻性 k	10	—	0	1	—	—	—	—	—	—	GB/T 3810.12—2006
抗热震性	5	5	0	2	1	2	—	—	—	—	GB/T 3810.9—2006
湿膨胀	5	—	由制造商确定性能要求								GB/T 3810.10—2006
有釉砖耐磨性 k	11	—	由制造商确定性能要求								GB/T 3810.7—2006
摩擦系数	12	—	由制造商确定性能要求								GB/T 4100—2006 附录 M
小色差	5	—	由制造商确定性能要求								GB/T 3810.16—2006
抗冲击性	5	—	由制造商确定性能要求								GB/T 3810.5—2006
铅和镉溶出量	5	—	由制造商确定性能要求								GB/T 3810.15—2006
光泽度	5	5	0	2	1	2	—	—	—	—	GB/T 13891—2008

a. 仅指单块面积≥4cm² 的砖

b. 对于边长小于 600mm 的砖,样本量至少 30 块,且面积不小于 1m²。对于边长不小于 600mm 的砖,样本量至少 10 块,且面积不小于 1mm²。

c. 样本量由砖的尺寸决定。

d. 仅指单块砖表面积≥0.04m²。每块砖质量＜50g 时应取足够数量的砖构成 5 组试样,使每组试样质量在 50～100g 之间。

e. L＝下规格限。

f. U＝上规格限。

g. 仅适用于边长≥48mm 的砖。

h. 测量数。

i. 样本量。

j. 每一种试验溶液。

k. 该性能无二次抽样检验。

4. 检验批的构成

一个检验批可以由一种或多种同质量产品构成。任何可能不同质量的产品应假设为同质量的产品,才可以构成检验批。如果不同质量与试验性能无关,可以根据供需双方的一致意见,视为同质量。

假如具有同一坯体而釉面不同的产品,尺寸和吸水率可能相同,但表面质量是不相同的;同样,配件产品只是在样本中保持形状不同,而在其他性能方面认为是相同的。

5. 检验范围

经供需双方商定而选择的试验性能,可根据检验批的大小而定。抽取进行试验的检验批的数量,应得到有关方面的同意。

注:原则上只对检验批大于 5000m^2 的砖进行全部项目的检验。对检验批少于 1000m^2 的砖,通常认为没有必要进行检验。

6. 抽样

(1)抽取样品的地点由供需双方商定。

(2)可同时从现场每一部分抽取一个或多个具有代表性的样本。样本应从检验批中随机抽取。抽取两个样本,第二个样本不一定要检验。每组样本应分别包装和加封,并做出经有关方面认可的标记。

(3)对每项性能试验所需的砖的数量可分别在表 4-1 中的第 2 列"样本量"栏内查出。

7. 检验

(1)按照有关产品标准中规定的检验方法对样品砖进行试验。

(2)试验结果应按下述检验批的接收规则的规定计算判定。

8. 检验批的接收规则

(1)计数检验:

1)第一样本检验得出的不合格品数等于或小于表 4-1 第 3 列所示的第一接收数 A_{c1} 时,则该检验批可接收。

2)第一样本检验得出的不合格品数等于或大于表 4-1 第 4 列所示的第一拒收数 R_{e1} 时,则该检验批可拒收。

3)第一样本检验得出的不合格品数介于第一接收数 A_{c1} 与第一拒收数 R_{e1}(表 4-1 第 3 列和第 4 列)之间时,应再抽取与第一样本大小相同的第二样本进行检验。

4)累计第一样本和第二样本经检验得出的不合格品数。

5)若不合格品累计数等于或小于表 4-1 第 5 列所示的第二接收数 A_{c2} 时,则该检验批可接收。

6)若不合格品累计数等于或大于表 4-1 第 6 列所示的第二拒收数 R_{e2} 时,则该检验批可拒收。

7)当有关产品标准要求多于一项试验性能时,抽取的第二个样本(见只检验根据第一样本检验其不合格品数在接收数 A_{c1} 和拒收数 R_{e1} 之间的检验项目。

(2)计量检验:

1)若第一样本的检验结果的平均值($\overline{X}_1$)满足要求(表 4-1 第 7 列),则该检验批可接收。

2)若平均值($\overline{X}_1$)不满足要求,应抽取与第一样本大小相同的第二样本(表 4-1 第 8 列)。

3)若第一样本和第二样本所有检验结果的平均值($\overline{X}_2$)满足要求(表 4-1 第 9 列),则该检验批可接收。

4)若平均值($\overline{X}_2$)不满足要求(表 4-1 第 10 列),则该检验批可拒收。

二、尺寸和表面质量的检验

1. 范围

《陶瓷砖试验方法》(GB/T 3810—2006)第 2 部分规定了对陶瓷砖的尺寸(长度、宽度、厚度、边直度、直角度、表面平整度)和表面质量的检验方法。

面积小于 $4cm^2$ 的砖不做长度、宽度、边直度、直角度和表面平整度的检验。

间隔凸缘、釉泡及其他的边部不规则缺陷如果在砖铺贴后是隐蔽在灰缝内的,则在测量长度、宽度、边直度和直角度时可以忽略不计。

2. 长度和宽度的测量

(1)仪器:游标卡尺或其他适合测量长度的仪器。

(2)试样:每种类型取 10 块整砖进行测量。

(3)步骤:在离砖角点 5mm 处测量砖的每条边,测量值精确到 0.1mm。

(4)结果表示:正方形砖的平均尺寸是四条边测量值的平均值。试样的平均尺寸是 40 次测量值的平均值。

长方形砖尺寸以对边两次测量值的平均值作为相应的平均尺寸,试样长度和宽度的平均尺寸分别为 20 次测量值的平均值。

(5)试验报告:试验报告应包含以下内容:

1)依据 GB/T 3810-2006 第 2 部分;

2)试样的描述;

3)长度和宽度的全部测量值;

4)正方形砖每块试样边长的平均值,长方形砖每块试样长度和宽度的平均值;

5)正方形砖 10 块试样边长的平均值,长方形砖 10 块试样长度和宽度的平均值;

6)以百分比表示的每块砖(2 或 4 条边)尺寸的平均值相对于工作尺寸的偏差;

7)以百分比表示的每块砖(2 或 4 条边)尺寸的平均值相对于 10 块试样(20 或 40 条边)尺寸的平均值的偏差。

3.厚度的测量

(1)仪器:测头直径为 5～10mm 的螺旋测微器或其他合适的仪器。

(2)试样:每种类型取 10 块整砖进行测量。

(3)步骤:对表面平整的砖,在砖面上画两条对角线,测量四条线段每段上最厚的点,每块试样测量 4 点,测量值精确到 0.1mm。

对表面不平整的砖,垂直于一边的砖面上画四条直线,四条直线距砖边的距离分别为边长的 0.125;0.375;0.625 和 0.875 倍,在每条直线上的最厚处测量厚度。

(4)结果表示:对每块砖以 4 次测量值的平均值作为单块砖的平均厚度。试样的平均厚度是 40 次测量值的平均值。

(5)试验报告:试验报告应包含以下内容:

1)依据 GB/T 3810—2006 第 2 部分;

2)试样的描述;

3)厚度的全部测量值;

4)每块砖的平均厚度;

5)每块砖的平均厚度与砖厚度工作尺寸的偏差,用百分比或 mm 表示(视产品标准需要而定)。

4.边直度的测量

(1)边直度定义

在砖的平面内,边的中央偏离直线的偏差。

这种测量只适用于砖的直边(图 4-1),结果用百分比表示。

$$边直度 = \frac{C}{L} \times 100 \tag{4-1}$$

式中:C——测量边的中央偏离直线的偏差;

L——测量边长度。

(2)仪器:

1)图 4-2 所示的仪器或其他合适的仪器,其中分度表(D_F)用于测量边直度。

2)标准板,有精确的尺寸和平直的边。

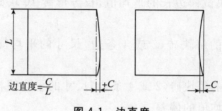

图 4-1　边直度

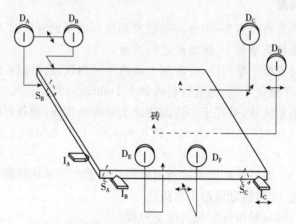

图 4-2　测量边直度、直角度和平整度的仪器

(3)试样：每种类型取 10 块整砖进行测量。

(4)步骤

选择尺寸合适的仪器,当砖放在仪器的支承销(S_A,S_B,S_C)上时,使定位销(I_c)离被测边每一角点的距离为 5mm(图 4-2)。

将合适的标准板准确地置于仪器的测量位置上,调整分度表的读数至合适的初始值。取出标准板,将砖的正面恰当的放在仪器的定位销上,记录边中央处的分度表读数。如果是正方形砖,转动砖的位置得到 4 次测量值。每块砖都重复上述步骤。如果是长方形砖,分别使用合适尺寸的仪器来测量其长边和宽边的边直度。测量值精确到 0.1mm。

5.直角度定义

(1)定义

将砖的一个角紧靠着放在用标准板校正过的直角上(图 4-3),该角与标准直角的偏差。

直角度用百分比表示。

$$直角度 = \frac{\delta}{L} \times 100 \qquad (4\text{-}2)$$

式中：δ——在距角点 5mm 处测得的砖的测量边与标准板相应边的偏差值；
L——砖对应边的长度。

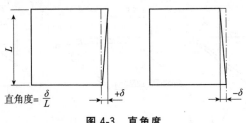

图 4-3 直角度

(2)仪器
1)图 4-2 所示的仪器或其他合适的仪器，其中分度表(D_A)用于测量直角度。
2)标准板，有精确的尺寸和平直的边。
(3)试样。每种类型取 10 块整砖进行测量。
(4)步骤

选择尺寸合适的仪器，当砖放在仪器的支承销(S_A,S_B,S_C)上时，使定位销(I_A,I_B,I_C)离被测边每一角点的距离为 5mm（图 4-2）。分度表(D_A)的测杆也应在离被测边的一个角点 5mm 处（图 4-2）。

将合适的标准板准确地置于仪器的测量位置上，调整分度表的读数至合适的初始值。取出标准板，将砖的正面恰当地放在仪器的定位销上，记录离角点 5mm 处分度表读数。如果是正方形砖，转动砖的位置得到四次测量值。每块砖都重复上述步骤。如果是长方形砖，分别使用合适尺寸的仪器来测量其长边和宽边的直角度。测量值精确到 0.1mm。

(5)平整度的测量（弯曲度和翘曲度）
1)定义
①表面平整度。由砖的表面上 3 点的测量值来定义。有凸纹浮雕的砖，如果表面无法测量，可能时应在其背面测量。
②中心弯曲度。砖面的中心点偏离由四个角点中的三点所确定的平面的距离（图 4-4）。

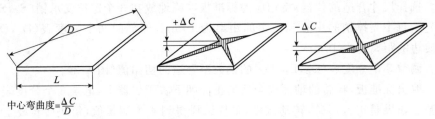

图 4-4 中心弯曲度

③边弯曲度。砖的一条边的中点偏离由四个角点中的三点所确定的平面的距离(图 4-5)。

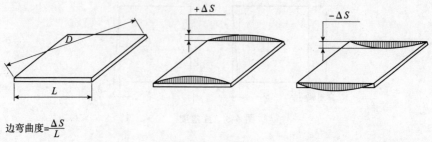

边弯曲度=$\frac{\Delta S}{L}$

图 4-5　边弯曲度

④翘曲度。由砖的 3 个角点确定一个平面,第四角点偏离该平面的距离(图 4-6)。

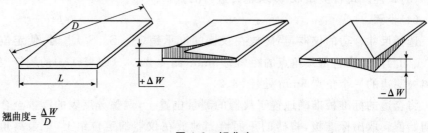

翘曲度=$\frac{\Delta W}{D}$

图 4-6　翘曲度

2)仪器

①图 4-2 所示的仪器或其他合适的仪器。测量表面平滑的砖,采用直径为 5mm 的支撑销(S_A,S_B,S_C)。对其他表面的砖,为得到有意义的结果,应采用其他合适的支撑销。

②使用一块理想平整的金属或玻璃标准板,其厚度至少为 10mm。用于上述 1)中所述的仪器上。

3)试样:每种类型取 10 块整砖进行测量。

4)步骤

选择尺寸合适的仪器,将相应的标准板准确地放在 3 个定位支承销(S_A,S_B,S_C)上,每个支撑销的中心到砖边的距离为 10mm,外部的两个分度表(D_E,D_C)到砖边的距离也为 10mm。

调节 3 个分度表(D_D,D_E,D_C)的读数至合适的初始值(图 4-2)。

取出标准板,将砖的釉面或合适的正面朝下置于仪器上,记录 3 个分度表的读数。如果是正方形砖,转动试样,每块试样得到 4 个测量值,每块砖重复上述步骤。如果是长方形砖,分别使用合适尺寸的仪器来测量。记录每块砖最大的中心弯曲度(D_D),边弯曲度(D_E)和翘曲度(D_c),测量值精确到 0.1mm。

5)结果表示

中心弯曲度以与对角线长的百分比表示。

边弯曲度以百分比表示。

长方形砖以与长度和宽度的百分比表示。

正方形砖以与边长的百分比表示。

翘曲度以与对角线长的百分比表示。有间隔凸缘的砖检验时用毫米(mm)表示。

(6)边长小于 100mm 和边长大于 600mm 的产品尺寸测量方法

1)边直度的测量方法

将砖竖立起来,在被测量边两端各放置一个相同厚度的平块,将钢直尺立于平块上,测量边的中点与钢直尺间的最大间隙,该间隙与平块的厚度差即为偏差实际值;

2)直角度的测量方法

对边长<100mm 的砖用直角尺和塞尺测量,将直角尺的两边分别紧贴在被测角的两边,根据被测角大于或小于 90°的不同情况,分别相应在直角尺根部或砖边与直角尺的最大间隙处用塞尺测量其间隙;对边长>600mm 的砖分别量取两对边长度差和对角线长度差;

3)表面平整度的检验方法

将砖正面朝上,在砖的对角线两点处各放置一个相同厚度的平块,将钢直尺立于平块上,测量对角线的中点与钢直尺间的最大间隙,该间隙与平块的厚度差即为偏差实际值[用由工作尺寸算出的对角线长的百分比或毫米(mm)表示]。

注:边长<100mm 或>600mm 的陶瓷砖不要求边弯曲度、中心弯曲度和翘曲度。

(7)表面缺陷和人为效果检验

1)定义

①裂纹。在砖的表面,背面或两面可见的裂纹。

②釉裂。釉面上有不规则如头发丝的细微裂纹。

③缺釉。施釉砖釉面局部无釉。

④不平整。在砖或釉面上非人为的凹陷。

⑤针孔。施釉砖表面的如针状的小孔。

⑥桔釉。釉面有明显可见的非人为结晶,光泽较差。

⑦斑点。砖的表面有明显可见的非人为异色点。

⑧釉下缺陷。被釉面覆盖的明显缺点。

⑨装饰缺陷。在装饰方面的明显缺点。

⑩磕碰。砖的边、角或表面崩裂掉细小的碎屑。

⑪釉泡。表面的小气泡或烧结时释放气体后的破口泡。

⑫毛边。砖的边缘有非人为的不平整。

⑬釉缕。沿砖边有明显的釉堆集成的隆起。

注：为了判别是允许的人为装饰效果还是缺陷，可参考产品标准的有关条款。但裂纹、掉边和掉角是缺陷。

2）仪器

①温为 6000～6500K 的荧光灯。

②1m 长的直尺或其他合适测量距离的器具。

③照度计。

3）试样

对于边长小于 600mm 的砖，每种类型至少取 30 块整砖进行检验，且面积不小于 $1m^2$；对于边长不小于 600mm 的砖，每种类型至少取 10 块整砖进行检验，且面积不小于 $1m^2$。

4）步骤

将砖的正面表面用照度为 300lx 的灯光均匀照射，检查被检表面的中心部分和每个角上的照度。

在垂直距离为 1m 处用肉眼观察被检砖表面的可见缺陷（平时戴眼镜者可戴上眼镜）。

检验的准备和检验不应是同一个人。

砖表面的人为装饰效果不能算作缺陷。

5）结果表示：表面质量以表面无可见缺陷砖的百分比表示。

三、吸水率、显气孔率、表观相对密度和容重的测定

1.范围

《陶瓷砖试验方法》（GB/T 3810—2006）第 3 部分规定了陶瓷砖吸水率、显气孔率、表观相对密度和容重的测定方法。样品的开口气孔吸入饱和的水分有两种方法：在煮沸和真空条件下浸泡。煮沸法水分进入容易浸入的开口气孔；真空法水分注满开口气孔。

煮沸法适用于陶瓷砖分类和产品说明，真空法适用于显气孔率、表观相对密度和除分类以外吸水率的测定。

2.原理

将干燥砖置于水中吸水至饱和，用砖的干燥质量和吸水饱和后质量及在水中质量计算相关的特性参数。

3. 仪器

(1) 干燥箱：工作温度为 110±5℃；也可使用能获得相同检测结果的微波、红外或其他干燥系统。

(2) 加热装置：用惰性材料制成的用于煮沸的加热装置。

(3) 热源。

(4) 天平：天平的称量精度为所测试样质量 0.01%。

(5) 去离子水或蒸馏水。

(6) 干燥器。

(7) 麂皮。

(8) 吊环、绳索或篮子：能将试样放入水中悬吊称其质量。

(9) 玻璃烧杯，或者大小和形状与其类似的容器。将试样用吊环吊在天平的一端，使试样完全浸入水中，试样和吊环不与容器的任何部分接触。

(10) 真空容器和真空系统：能容纳所要求数量试样的足够大容积的真空容器和抽真空能达到 10±1kPa 并保持 30min 的真空系统。

4. 试样

(1) 每种类型取 10 块整砖进行测试。

(2) 如每块砖的表面积大于 $0.04m^2$ 时，只需用 5 块整砖进行测试。

(3) 如每块砖的质量小于 50g，则需足够数量的砖使每个试样质量达到 50~100g。

(4) 砖的边长大于 200mm 且小于 400mm 时，可切割成小块，但切割下的每一块应计入测量值内，多边形和其他非矩形砖，其长和宽均按外接矩形计算。若砖的边长大于 400mm 时，至少在 3 块整砖的中间部位切取最小边长为 100mm 的 5 块试样。

5. 步骤

将砖放在 110±5℃ 的干燥箱中干燥至恒重，即每隔 24h 的两次连续质量之差小于 0.1%，砖放在有硅胶或其他干燥剂的干燥内冷却至室温，不能使用酸性干燥剂，每块砖按表 4-2 的测量精度称量和记录。

表 4-2　砖的质量和测量精度(g)

砖的质量	测量精度	砖的质量	测量精度
50≤m≤100	0.02	1000≤m≤3000	0.50
100≤m≤500	0.05	m>3000	1.00
500≤m≤1000	0.25		

(1)水的饱和

1)煮沸法

将砖竖直地放在盛有去离子水的加热装置中,使砖互不接触。砖的上部和下部应保持有5cm深度的水。在整个试验中都应保持高于砖5cm的水面。将水加热至沸腾并保持煮沸2h。然后切断热源,使砖完全浸泡在水中冷却至室温,并保持4±0.25h。也可用常温下的水或制冷器将样品冷却至室温。将一块浸湿过的麂皮用手拧干,并将麂皮放在平台上轻轻地依次擦干每块砖的表面,对于凹凸或有浮雕的表面应用麂皮轻快地擦去表面水分,然后称重,记录每块试样的称量结果。保持与干燥状态下的相同精度(表4-2)。

2)真空法

将砖竖直放入真空容器中,使砖互不接触,加入足够的水将砖覆盖并高出5cm。抽真空至10±1kPa,并保持30min后停止抽真空,让砖浸泡15min后取出。将一块浸湿过的麂皮用手拧干。将麂皮放在平台上依次轻轻擦干每块砖的表面,对于凹凸或有浮雕的表面应用麂皮轻快地擦去表面水分,然后立即称重并记录,与干砖的称量精度相同(表4-2)。

(2)悬挂称量

试样在真空下吸水后,称量试样悬挂在水中的质量(m_3),精确至0.018。称量时,将样品挂在天平一臂的吊环、绳索或篮子上。实际称量前,将安装好并浸入水中的吊环、绳索或篮子放在天平上,使天平处于平衡位置。吊环、绳索或篮子在水中的深度与放试样称量时相同。

6. 结果表示

m_1——干砖的质量(g);

m_{2b}——砖在沸水中吸水饱和的质量(g);

m_{2v}——砖在真空下吸水饱和的质量(g);

m_3——真空法吸水饱和后悬挂在水中的砖的质量(g)。

在下面的计算中,假设1cm³水重1g,此假设室温下误差在0.3%以内。

(1)吸水率

计算每一块砖的吸水率$E_{(b,v)}$用干砖的质量分数(%)表示,计算公式如下:

$$E_{(b,v)} = \frac{m_{2(b,v)} - m_1}{m_1} \times 100 \qquad (4-3)$$

式中:m_1——干砖的质量(g);

m_2——湿砖的质量(g)。

E_b表示用m_{2b}测定的吸水率,E_v表示用m_{2v}测定的吸水率。E_b代表水仅注入容易进入的气孔,而E_v代表水最大可能地注入所有气孔。

(2) 显气孔率

1) 用下列公式计算表观体积 $V(\text{cm}^3)$：

$$V = m_{2v} - m_3 \qquad (4\text{-}4)$$

2) 用下列公式计算开口气孔部分体积 V_0 和不透水部分 V_1 的体积(cm^3)：

$$V_0 = m_{2v} - m_1 \qquad (4\text{-}5)$$

$$V_1 = m_1 - m_3 \qquad (4\text{-}6)$$

3) 显气孔率 P 用试样的开口气孔体积与表观体积的关系式的百分数表示，计算公如下：

$$P = \frac{m_{2v} - m_1}{V} \times 100 \qquad (4\text{-}7)$$

(3) 表观相对密度

计算试样不透水部分的表观相对密度 T，计算公式如下：

$$T = \frac{m_1}{m_1 - m_3} \qquad (4\text{-}8)$$

(4) 密度

试样的密度 $B(\text{g}/\text{cm}^3)$ 用试样的干重除以表观体积（包括气孔）所得的商表示。计算公式如下：

$$B = \frac{m_1}{V} \qquad (4\text{-}9)$$

四、断裂模数和破坏强度的测定

1. 范围

《陶瓷砖试验方法》(GB/T 3810—2006)的第 4 部分规定了各种类型陶瓷砖断裂模数和破坏强度的检验方法。

2. 术语和定义

(1) 破坏荷载：从压力表上读取的使试样破坏的力，单位牛顿(N)。

(2) 破坏强度：破坏荷载乘以两根支撑棒之间的跨距与试样宽度的比值而得出的力，单位牛顿(N)。

(3) 断裂模数：破坏强度除以沿破坏断裂面的最小厚度的平方得出的量值，单位牛顿每平方毫米(N/mm^2)。

3. 原理

以适当的速率向砖的表面正中心部位施加压力，测定砖的破坏荷载、破坏强度、断裂模数。

4.仪器

(1)干燥箱:能在温度下工作,也可使用能获得相同检测结果的微波、红外或其他干燥系统。

(2)压力表:精确到2.0%。

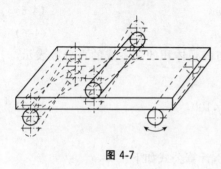

图 4-7

(3)两根圆柱形支撑棒:用金属制成,与试样接触部分用硬度为 50±5IRHD 橡胶包裹,橡胶的硬度按 GB/T 6031 测定,一根棒能稍微摆动(图 4-7),另一根棒能绕其轴稍作旋转(相应尺寸见表 4-3)。

(4)圆柱形中心棒:一根与支撑棒直径相同且用相同橡胶包裹的圆柱形中心棒,用来传递荷载 F,此棒也可稍作摆动(图 4-7,相应尺寸见表 4-3)。

表 4-3　棒的直径、橡胶厚度和长度(mm)

砖的尺寸 K	棒的直径 d	橡胶厚度 t	砖伸出支撑棒外的长度 l
$K \geqslant 95$	20	5 ± 1	10
$48 \leqslant K < 95$	10	2.5 ± 0.5	5
$18 \leqslant K < 48$	5	1 ± 0.2	2

5.试样

(1)应用整砖检验,但是对超大的砖(即边长大于 300mm 的砖)和一些非矩形的砖,有必要时可进行切割,切割成可能最大尺寸的矩形试样,以便安装在仪器上检验。其中心应与切割前砖的中心一致。在有疑问时,用整砖比用切割过的砖测得的结果准确。

(2)每种样品的最小试样数量见表 4-4。

表 4-4　最小试样量

砖的尺寸 K(mm)	最小试样数量	砖的尺寸 K(mm)	最小试样数量
$K \geqslant 48$	7	$18 \leqslant K < 48$	10

6.步骤

(1)用硬刷刷去试样背面松散的黏结颗粒。将试样放入 110±5℃ 的干燥箱中干燥至恒重,即间隔 24h 的连续两次称量的差值不大于 0.1%。然后将试样放在密闭的干燥箱或干燥器中冷却至室温,干燥器中放有硅胶或其他合适的干燥剂,但不可放入酸性干燥剂。需在试样达到室温至少 3h 后才能进行试验。

(2) 将试样置于支撑棒上，使釉面或正面朝上，试样伸出每根支撑棒的长度为 l（表 4-3 和图 4-8）。

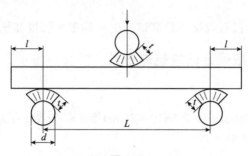

图 4-8

(3) 对于两面相同的砖，例如无釉马赛克，以哪面向上都可以。对于挤压成型的砖，应将其背肋垂直于支撑棒放置，对于所有其他矩形砖，应以其长边垂直于支撑棒放置。

(4) 对凸纹浮雕的砖，在与浮雕面接触的中心棒上再垫一层厚度与表 4-3 相对应的橡胶层。

(5) 中心棒应与两支撑棒等距，以 $1\pm0.2\text{N}/(\text{mm}^2 \cdot \text{s})$ 的速率均匀地增加荷载，记录断裂荷载 F。

7. 结果表示

只有在宽度与中心棒直径相等的中间部位断裂试样，其结果才能用来计算平均破坏强度和平均断裂模数，计算平均值至少需要 5 个有效的结果。

如果有效结果少于 5 个，应取加倍数量的砖再做第二组试验，此时至少需要 10 个有效结果来计算平均值。

破坏强度（S）以牛顿（N）表示，按式（4-10）计算：

$$S=\frac{FL}{b} \tag{4-10}$$

式中：F——破坏荷载（N）；

L——两根支撑棒之间的跨距（mm）（图 4-8）；

b——试样的宽度（mm）。

断裂模数（R）以牛顿每平方毫米（N/mm^2）表示，按式（4-11）计算：

$$R=\frac{3FL}{2bh^2}=\frac{3S}{2h^2} \tag{4-11}$$

式中：F——破坏荷载（N）；

L——两根支撑棒之间的跨距（mm）（图 4-8）；

b——试样的宽度（mm）；

h——试验后沿断裂边测得的试样断裂面的最小厚度(mm)。

注：断裂模数的计算是根据矩形的横断面,如断面的厚度有变化,只能得到近似的结果,浮雕凸起越浅,近似值越准确。

记录所有结果,以有效结果计算试样的平均破坏强度和平均断裂模数。

五、用恢复系数确定砖的抗冲击性

1. 范围

《陶瓷砖试验方法》(GB/T 3810—2006)第 5 部分规定了用恢复系数来确定陶瓷砖抗冲击性的试验方法。

2. 恢复系数定义

两个碰撞物体间的恢复系数(e)：碰撞后的相对速度除以碰撞前的相对速度。

3. 原理

把一个钢球由一个固定高度落到试样上并测定其回跳高度,以此测定恢复系数。

4. 设备

(1)铬钢球,直径为 19 ± 0.05mm。

(2)落球设备(图 4-9),由装有水平调节旋钮的钢座和一个悬挂着电磁铁、导管和试验部件支架的竖直钢架组成。

试验部件被紧固在能使落下的钢球正好碰撞在水平瓷砖表面中心的位置。固定装置如图 4-9 所示,其他合适的系统也可以使用。

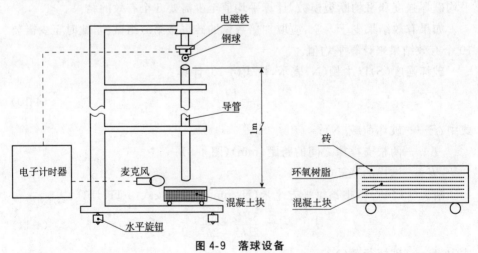

图 4-9 落球设备

(3)电子计时器(可选择的),用麦克风测定钢球落到试样上的第一次碰撞和第二次碰撞之间的时间间隔。

5.试样

(1)试样的数量

分别从 5 块砖上至少切下 5 片 75mm×75mm 的试样。实际尺寸小于 75mm 的砖也可以使用。

(2)试验部件的简要说明

试验部件是用环氧树脂胶粘剂将试样粘在制好的混凝土块上制成。

(3)混凝土块

混凝土块的体积约为 75mm×75mm×50mm,用这个尺寸的模具制备混凝土块或从一个大的混凝土板上切取。

下面的方法描述了用砂/石配成混凝土块的制备过程,其他类型的混凝土体也可以采用下面的试验方法,但吸水试验不适用于这类混凝土体。

混凝土块或混凝土板是由 1 份(按质量计)硅酸盐水泥加入 4.5 份～5.5 份(以质量计)骨料组成。骨料粒度为 0～8mm,砂石尺寸的变化在图 4-10 的曲线 A 和曲线 B 之间。该混凝土的混合物中粒度小于 0.125mm 的全部细料,包括波兰特水泥的密度约为 $500kg/m^3$。水/水泥为 0.5,混凝土混合物在机械搅拌机中充分混合后用瓦刀拌合到所需尺寸的模具中。在振动台上以 50Hz 的频率振实 90s。

混凝土块从模具中取出前应在温度为 23±2℃和湿度为 50%±5%RH 的条

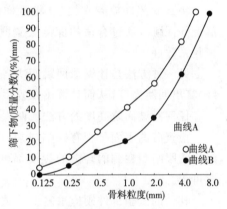

图 4-10 最大颗粒为 8mm 的砂石级配曲线

件下保存 48h 脱模后应彻底洗净模具中所有脱模剂。将脱模后的混凝土块垂直且相互保持间隔浸入 20±2℃的水中保留 6d,然后放在温度为 23±2℃和湿度为 50%±5%RH 的空气中保留 21d。

在试验部件安装之前用湿法从混凝土板上切下的混凝土试块,应在温度为 23±2℃和湿度为 50%±5%RH 的条件下至少干燥 24h 方能使用。

(4)环氧树脂胶黏剂

这种胶黏剂应不含增韧成分。

一种合适的胶黏剂是由表氯醇和二苯酚基丙烷反应生成的环氧树脂 2 份(按质量计)和作为硬化剂的活化了的胺 1 份(按质量计)组成。用粒子计数器或其他类似方法测定的平均粒度为 $5.5\mu m$ 的纯二氧化硅填充物同其他成分以合适的比例充分混合后形成一种不流动的混合物。

(5) 试验部件的安装

在制成的混凝土块表面上均匀地涂上一层 2mm 厚的环氧树脂胶粘剂。在三个侧面的中间分别放三个直径为 1.5mm 钢质或塑料制成的间隔标记,以便于以后将每个标记移走。将规定的试样正面朝上压紧到胶黏剂上,同时在轻轻移动三个间隔标记之前将多余的胶黏剂刮掉。试验前使其在温度为 23±2℃ 和湿度为 50%±5%RH 的条件下放 3d。如果瓷砖的面积小于 75mm×75mm 也可以用来测试。放一块瓷砖使它的中心与混凝土的表面相一致,然后用瓷砖将其补成 75mm×75mm 的面积。

6. 步骤

用水平旋钮调节落球设备以使钢架垂直。将试验部件放到电磁铁的下面,使从电磁铁中落下的钢球落到被紧固定位的试验部件的中心。

将试验部件放到支架上,将试样的正面向上水平放置。使钢球从 1m 高处落下并回跳。通过合适的探测装置测出回跳高度(精确至 ±1mm)进而计算出恢复系数(e)。

另一种方法是让钢球回跳两次,记下两次回跳之间的时间间隔(精确到毫秒级)算出回跳高度,从而计算出恢复系数。

任何测试回跳高度的方法或两次碰撞的时间间隔的合适的方法都可应用。

检查砖的表面是否有缺陷或裂纹,所有在距 1m 远处未能用肉眼或平时戴眼镜的眼睛观察到的轻微的裂纹都可以忽略。记下边缘的磕碰,但在瓷砖分类时可予忽略。

其余的试验部件则应重复上述试验步骤。

7. 结果表示

当一个球碰撞到一个静止的水平面上时,它的恢复系数用下式计算:

$$e = \frac{v}{u} \tag{4-12}$$

$$\frac{mv^2}{2} = mgh_2 \tag{4-13}$$

$$v = \sqrt{2gh_2} \tag{4-14}$$

$$e = \sqrt{\frac{h_2}{h_1}} \tag{4-15}$$

式中:v——离开(回跳)时刻的速度(cm/s);

u——接触时刻的速度(cm/s);

h_2——回跳的高度(cm);

g——重力加速度($=9.8m/s^2$);

h_1——落球的高度。

如果回跳高度确定,则允许回跳两次从而测定这回跳两次之间的时间间隔,那么运动公式为:

$$h_2 = u_0 t + \frac{gt^2}{2} \qquad (4\text{-}16)$$

$$t = \frac{T}{2} \qquad (4\text{-}17)$$

$$h_2 = 122.6 T^2 \qquad (4\text{-}18)$$

式中:u_0——回跳到最高点时的速度(=0);

T——两次的时间间隔(s)。

8. 校准

用厚度为 8 ± 0.5mm 未上釉且表面光滑的 BIa 类砖(吸水率<5%),按照上述方法安装成 5 个试验部件并进行试验。回跳平均高度(h_2)应是 72.5 ± 1.5cm,因此恢复系数为 70.85 ± 0.01。

六、无釉砖耐磨深度的测定

1. 范围

《陶瓷砖试验方法》(GB/T 3810—2006)第 6 部分规定了各种铺地用无釉陶瓷砖耐深度磨损的试验方法。

2. 原理

在规定条件和有磨料的情况下通过摩擦钢轮在砖的正面旋转产生的磨坑,由所测磨坑的长度测定无釉砖的耐磨性。

3. 设备

(1)耐磨试验机(图 4-11)

主要包括一个摩擦钢轮,一个带有磨料给料装置的贮料斗,一个试样夹具和一个平衡锤。摩擦钢轮是用符合 ISO630—1 的 E2235A 制造的,直径为 200 ± 0.2mm,边缘厚度为 10 ± 0.1mm,转速为 75r/min。

试样受到摩擦钢轮的反向压力作用,并通过刚玉调节试验机。压力调校用了 F80 刚玉磨料 150 转后,产生弦长为 24 ± 0.5mm 的磨坑。石英玻璃作为基本的标准物,也可用浮法

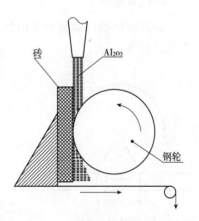

图 4-11 耐深度磨损试验机

玻璃或其他适用的材料。

当摩擦钢轮损耗至最初直径的0.5%时,必须更换磨轮。

(2)量具

测量精度为0.1mm的量具。

(3)磨料

粒度为F80的刚玉磨料。

4.试样

(1)试样类型

采用整砖或合适尺寸的试样做试验。如果是小试样,试验前,要将小试样用胶黏剂无缝地粘在一块较大的模板上。

(2)试样准备

使用干净、干燥的试样。

(3)试样数量

至少用5块试样。

5.步骤

将试样夹入夹具,样品与摩擦钢轮成正切,保证磨料均匀地进入研磨区。磨料给入速度为100±10g/100r。

摩擦钢轮转150转后,从夹具上取出试样,测量磨坑的弦长L,精确到0.5mm。每块试样应在其正面至少两处成正交的位置进行试验。

如果砖面为凹凸浮雕时,对耐磨性的测定就有影响,可将凸出部分磨平,但所得结果与类似砖的测量结果不同。

磨料不能重复使用。

6.结果表示

耐深度磨损以磨料磨下的体积$V(\text{mm}^3)$表示,它可根据磨坑的弦长L按以下公式计算:

$$V=\left(\frac{\pi \cdot \alpha}{180}-\sin\alpha\right)\frac{h \cdot d^2}{8} \quad (4-19)$$

$$\sin\frac{\alpha}{2}=\frac{L}{d} \quad (4-20)$$

式中:α——弦对摩擦钢轮的中心角(°)(图4-12);

d——摩擦钢轮的直径(mm);

h——摩擦钢轮的厚度(mm);

L——弦长(mm)。

在表4-5中给出了L和V的对应值。

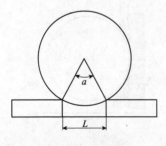

图4-12 弦的定义

表 4-5 对应值

L(mm)	V(mm³)	L(mm)	V(mm³)	L(mm)	V(mm³)	L(mm)	V(mm³)	L_v	V(mm³)
20	67	30	227	40	540	50	1062	60	1851
20.5	72	30.5	238	40.5	561	50.5	1094	60.5	1899
21	77	31	250	41	582	51	1128	61	1947
21.5	83	31.5	262	41.5	603	51.5	1162	61.5	1996
22	89	32	275	42	626	52	1196	62	2046
22.5	95	32.5	288	42.5	649	52.5	1232	62.5	2097
23	102	33	302	43	672	53	1268	63	2149
23.5	109	33.5	316	43.5	696	53.5	13.5	63.5	2202
24	116	34	330	44	720	54	1342	64	2256
24.5	123	34.5	345	44.5	746	54.5	1380	64.5	2310
25	131	35	361	45	771	55	1419	65	2365
25.5	139	35.5	376	45.5	798	55.5	1459	65.5	2422
26	147	36	393	46	824	56	1499	66	2479
26.5	156	36.5	409	46.5	852	56.5	1541	66.5	2537
27	165	37	427	47	880	57	1583	67	2596
27.5	174	37.5	444	47.5	909	57.5	1625	67.5	2656
28	184	38	462	48	938	58	1689	68	2717
28.5	194	38.5	481	48.5	968	58.5	1713	68.5	2779
29	205	39	500	49	999	59	1758	69	2842
29.5	215	39.5	520	49.5	1030	59.5	1804	69.5	2906

七、有釉砖表面耐磨性的测定

1. 范围

《陶瓷砖试验方法》(GB/T 3810—2006)第 7 部分规定了测定各种施釉陶瓷砖表面耐磨性的试验方法。

2. 原理

砖釉面耐磨性的测定,是通过釉面上放置研磨介质并旋转,对已磨损的试样与未磨损的试样的观察对比,评价陶瓷砖耐磨性的方法。

3. 研磨介质

每块试样的研磨介质为:

直径为 5mm 的钢球 70.0g;

直径为 3mm 的钢球 52.0g；

直径为 2mm 的钢球 43.75g；

直径为 1mm 的钢球 8.75g；

符合 ISO8684-1 中规定的粒度为 F80 的刚玉磨料 3.0g；

去离子水或蒸馏水 20mL。

4. 设备

(1) 耐磨试验机

耐磨试验机(图 4-13)由内装电机驱动水平支承盘的钢壳组成，试样最小尺寸为 100mm×100mm。支承盘中心与每个试样中心距离为 195mm。相邻两个试样夹具的间距相等，支承盘以 300r/min 的转速运转，随之产生 22.5mm 的偏心距(e)。因此，每块试样做直径为 45mm 的圆周运动，试样由带橡胶密封的金属夹具固定(图 4-14)。夹具的内径是 83mm，提供的试验面积约为 54cm²。橡胶的厚度是 9mm，夹具内空间高度是 25.5mm。试验机达到预调转数后，自动停机。

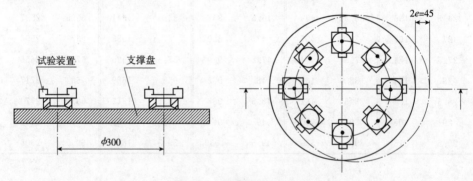

图 4-13 耐磨试验机(mm)

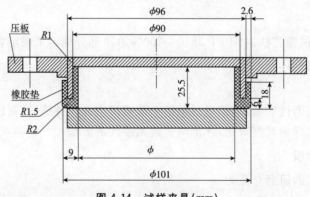

图 4-14 试样夹具(mm)

支承试样的夹具在工作时用盖子盖上。与该试验机试验结果相同的其他设备也可。

(2)目视评价用装置(图 4-15)。

箱内用色温为 6000～6500K 的荧光灯垂直置于观察砖的表面上,照度约为 300lx,箱体尺寸为 61mm×61mm,箱内刷有自然灰色,观察时应避免光源直接照射。

(3)干燥箱,工作温度。

(4)天平(要求做磨耗时使用)。

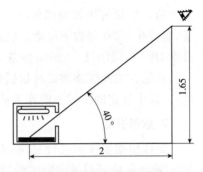

图 4-15　目测评价用装置(单位:m)

5.试样

(1)试样的种类

试样应具有代表性,对于不同颜色或表面有装饰效果的陶瓷砖,取样时应注意能包括所有特色的部分。

试样的尺寸一般为 100mm×100mm,使用较小尺寸的试样时,要先把它们粘紧固定在一适宜的支承材料上,窄小接缝的边界影响可忽略不计。

(2)试样的数量

试验要求用 11 块试样,其中 8 块试样经试验供目视评价用。每个研磨阶段要求取下一块试样,然后用 3 块试样与已磨损的样品对比,观察可见磨损痕迹。

(3)准备

样品釉面应清洗并干燥。

6.步骤

将试样釉面朝上夹紧在金属夹具下,从夹具上方的加料孔中加入研磨介质,盖上盖子防止研磨介质损失,试样的预调转数为 100,150,600,750,1500,2100,6000 和 12000 转。达到预调转数后,取下试样,在流动水下冲洗,并在 110±5℃ 的烘箱内烘干。如果试样被铁锈污染,可用体积分数为 10% 的盐酸擦洗,然后立即用流动水冲洗、干燥。将试样放入观察箱中,用一块已磨试样。周围放置三块同型号未磨试样,在 300lx 照度下,距离 2m,高 1.65m,用眼睛(平时戴眼镜的可戴眼镜)观察对比未研磨和经过研磨后的砖釉面的差别。注意不同的转数研磨后砖釉面的差别,至少需要三种观察意见。

在观察箱内目视比较(图 4-15)当可见磨损在较高一级转数和低一级转数比较靠近时,重复试验检查结果,如果结果不同,取两个级别中较低一级作为结果进行分级。

已通过 12000 转数级的陶瓷砖紧接着根据 GB/T 3810.14 的规定做耐污染试验。试验完毕,钢球用流动水冲洗,再用含甲醇的酒精清洗,然后彻底干燥,以防生锈。如果有协议要求做釉面磨耗试验,则应在试验前先称 3 块试样的干质量,而后在 6000 转数下研磨。已通过 1500、2100 和 6000 转数级的陶瓷砖,进而根据 GB/T 3810.14－2006 的规定做耐污染性试验。

其他有关的性能测试可根据协议在试验过程中实施。例如颜色和光泽的变化,协议中规定的条款不能作为砖的分级依据。

7.结果分级

试样根据表 4-6 进行分级,共分 5 级。陶瓷砖也要通过 GB/T3810.14－2006 做磨损釉面的耐污染试验,但对此标准进行如下修正。

(1)只用一块磨损砖(大于 12000 转),仔细区别,确保污染的分级准确。

(2)如果没有按 A、B 和 C 步骤进行清洗,必须按 GB/T 3810.14－2006 中规定的 D 步骤进行清洗。

如果试样在 12000 转数下未见磨损痕迹,但按 GB/T 3810.14－2006 中列出的任何一种方法。污染都不能擦掉,耐磨性定为 4 级。

表 4-6 有釉陶瓷砖耐磨性分级

可见磨损的研磨转数	级别	可见磨损的研磨转数	级别
100	0	2100,6000,12000	4
150	1	>12000	5
600	2	通过 12000 转试验后必须根据 GB/T 3810.14 做耐污染性试验	—
750,1500	3		

8.浮法玻璃校准耐磨试验机

只是偶尔需要校准设备或对试验结果的准确性有怀疑时,才进行校准。一种可行的校准方法如下:

(1)基准材料

基准材料为 6mm 的浮法玻璃。

合适的基准材料的资料可从国家标准学会获得。

(2)浮法面的确定

玻璃浮法面的确定,可从下列方法获得。

1)化学方法

①试剂

腐蚀液:10V 浓盐酸。

10V 蒸馏水。

8V 体积分数为 40% 的氢氟酸,完全充分混合。

体积分数为 0.1% 的卡可西林蒸馏水溶液。

②步骤

在玻璃表面上滴 2 或 3 滴的腐蚀液,然后再滴 1 或 2 滴卡可西林溶液。

浮法面:在 5～10s 内,将显示紫色;溶液显示黄色。

2) UV 方法(紫外线法)

当从暗室的这个角度按照图 4-16 观察时,浮法面显示荧光。

注意:在波长 254～365nm 范围内的紫外线,将对人的眼睛有损害,必须戴上防护紫外线的护目镜。

3) EDA 方法(能量分散分析法)

玻璃两个面的比较。用能量分散分析法,含锡的浮法面可以很快显示出来,而在另一面却不能显示。

(3) 步骤

1) 概述

校准耐磨试验机用下面讲的"磨耗"或"光泽变化"中的任何一种方法进行。将 8 块 100mm×100mm 已称重的浮法玻璃试样,加入上述研磨介质进行研磨。

2) 磨耗

试样在 110±5℃ 下干燥,称每块试样的质量,在 6000 转数下研磨,然后在 110±5℃ 下干燥,测量每块试样的质量损耗并计算平均磨损值,测量每块试样的磨损面积。如果质量的平均损耗是磨损面积的 2,磨耗试验机是令人满意的。

3) 光泽变化

先在每块样品中心的浮法面上,测量 60°镜面光泽,然后在 1000 转数下研磨,样品取下后放在背面衬以黑背衬(如黑丝绒)上,然后擦净干燥试样,并且测量 60°镜面光泽。计算每块样品光泽损失百分数和平均值。

如果在磨损面的中心的光泽损耗是 50±5%,磨损设备是令人满意的。

注意:如果在磨损区域中心不易获得稳定的光泽度初始值,则将玻璃放入 75±5℃ 的、含有微量清洁剂的水中,浸泡至少 1h,随后用温水冲洗干净。

八、线性热膨胀的测定

1. 范围

《陶瓷砖试验方法》(GB/T 3810—2006)第 8 部分规定了陶瓷砖线性热膨胀系数的试验方法。

2. 原理

从室温到 100℃ 的温度范围内,测定线性热膨胀系数。

3. 仪器

(1) 热膨胀仪:加热速率为 $5\pm1℃/min$,以便使试样均匀受热,且能在 100℃下保持一定的时间。

(2) 游标卡尺或其他合适的测量器具。

(3) 干燥箱:能在 $110\pm5℃$ 温度下工作;也可使用能获得相同检测结果的微波、红外或其他干燥系统。

(4) 干燥器。

4. 试样

从一块砖的中心部位相互垂直地切取两块试样,使试样长度适合于测试仪器。试样的两端应磨平并互相平行。

如果有必要,试样横断面的任一边长应磨到小于 6mm,横断面的面积应大于 $10mm^2$。试样的最小长度为 50mm。对施釉砖不必磨掉试样上的釉。

5. 步骤

试样在 $110\pm5℃$ 干燥箱中干燥至恒重,即相隔 24h 先后两次称量之差小于 0.1%,然后将试样放入干燥器内冷却至室温。

用游标卡尺测量试样长度,精确到 0.1mm。

将试样放入热膨胀仪内并记录此时的室温。

在最初和全部加热过程中,测定试样的长度,精确到 0.01mm。测量并记录在不超过 15℃ 间隔的温度和长度值。加热速率为 $5\pm1℃/min$。

6. 结果表示

线性热膨胀系数 α_1 用 10^{-6} 每摄氏度表示($10^{-6}/℃$),精确到小数点后第一位,按下式表示:

$$\alpha_1 = \frac{1}{L_0} \times \frac{\Delta L}{\Delta t} \tag{4-21}$$

式中:L_0——室温下试样的长度(mm);

ΔL——试样在室温和 100℃ 之间的增长(mm);

Δt——温度的升高值(℃)。

九、抗热震性的测定

1. 范围

《陶瓷砖试验方法》(GB/T 3810—2006)第 9 部分规定了在正常使用条件下各种类型陶瓷砖抗热震性的试验方法。

除经许可,应根据吸水率的不同采用不同的试验方法(浸没或非浸没试验)。

2. 原理

通过试样在 15℃ 和 145℃ 之间的 10 次循环来测定整砖的抗热震性。

3. 设备

(1) 低温水槽：可保持 15±5℃ 流动水的低温水槽。

浸没试验：用于按 GB/T 3810.3－2006 的规定检验吸水率不大于 10%（质量分数）的陶瓷砖。水槽不用加盖，但水需有足够的深度，使砖垂直放置后能完全浸没。

非浸没试验：用于按 GB/T 3810.3－2006 的规定检验吸水率大于 10%（质量分数）的陶瓷砖。在水槽上盖上一块 5mm 厚的铝槽，并与水面接触。然后将粒径为 0.3～0.6mm 的铝粒覆盖在铝槽底板上，铝粒层厚度约为 5mm。

(2) 干燥箱：工作温度为 145～150℃。

4. 试样

至少用 5 块整砖进行试验。

注：对于超大的砖（即边长大于 400mm 的砖），有必要进行切割，切割尽可能大的尺寸，其中心应与原中心一致。在有疑问时，用整砖比用切割过的砖测定的结果准确。

5. 步骤

(1) 试样的初检

首先用肉眼（平常戴眼镜的可戴上眼镜）在距砖 25～30cm，光源照度约 300lx 的光照条件下观察试样表面。所有试样在试验前应没有缺陷，可用亚甲基蓝溶液对待测试样进行测定前的检验。

(2) 浸没试验

吸水率不大于 10%（质量分数）的陶瓷砖，垂直浸没在 15±5℃ 的冷水中，并使它们互不接触。

(3) 非浸没试验

吸水率大于 10%（质量分数）的有釉砖，使其釉面朝下与 15±5℃ 的低温水槽上的铝粒接触。

(4) 对上述两项步骤，在低温下保持 5min 后，立即将试样移至 145±5℃ 的烘箱内重新达到此温度后保持 20min 后，立即将试样移回低温环境中。

重复进行 10 次上述过程。

然后用肉眼（平常戴眼镜的可戴上眼镜），在距试样 25～30cm，光源照度约 300lx 的条件下观察试样的可见缺陷。为帮助检查，可将合适的染色溶液（如含有少量湿润剂的 1% 亚甲基蓝溶液）刷在试样的釉面上，1min 后，用湿布抹去染色液体。

十、湿膨胀的测定

1. 范围

《陶瓷砖试验方法》(GB/T 3810—2006)第 10 部分规定了陶瓷砖湿膨胀的试验方法。

2. 湿膨胀定义

将砖浸入沸水中加热使膨胀加速发生的膨胀比。

3. 原理

通过将砖浸入沸水中加热以加速湿膨胀发生,并测定其长度变化比。

4. 设备

(1)测量装置,带有刻度盘的千分表测微器或类似装置,至少精确到 0.01mm。
(2)镍钢(镍铁合金)标准块,长度与试样长度近似,与隔热夹具配套使用。
(3)焙烧炉,能以 150℃/h 的升温速率升到 600℃,且控制温度偏差不超过±15℃。
(4)游标卡尺,或其他合适的用于长度测量的装置,精确到 0.5mm。
(5)煮沸装置,使所测试样在煮沸的去离子水或蒸馏水中保持 24h。

5. 试样

试样由 5 块整砖组成,如果测量装置没有整砖长,应从每块砖的中心部位切割试样,最小长度为 100mm,最小宽度 35mm,厚度为砖的厚度。

对挤压砖来说,试样长度应沿挤压方向。

按照测量装置的要求准备试样。

6. 步骤

(1)重烧

将试样放入焙烧炉中,以 150℃/h 升温速率重新焙烧,升至在 550±15℃保温 2h。让试样在炉内冷却。当温度降至 70±10℃时,将试样放入干燥器中。在室温下保持 24~32h。如果试样在重烧后出现开裂,另取试样以更慢的加热和冷却速率重新焙烧。

测量每块试样相对镍钢标准块的初始长度,精确到 0.5mm。3h 后再测量试样一次。

(2)沸水处理

将装有去离子水或蒸馏水的容器加热至沸,将试样浸入沸水中,应保持水位高度超过试样至少 5cm,使试样之间互不接触,且不接触容器的底和壁,连续煮沸 24h。

从沸水中取出试样并冷却至室温,让后测量试样长度,过 3h 后再测量一次。记录测量结果。

对于每个试样,计算沸水处理前的两次测量值的平均数,沸水处理后两次测量的平均数,然后计算二个平均值之差。

7. 结果表示

湿膨胀用 mm/m 表示时,由下式计算:

$$\frac{\Delta L}{L} \times 1000 \qquad (4-22)$$

式中:ΔL——沸水处理前后两个平均值之差(mm);

L——试样的平均初始长度(mm)。

湿膨胀以百分比表示时,可由下式计算:

$$\frac{\Delta L}{L} \times 100 \qquad (4-23)$$

8. 陶瓷砖湿膨胀的建议

大多数有釉砖和无釉砖都有很小的自然湿膨胀,当正确铺贴时,不会引起铺贴问题。但是,在采用不规范的铺贴方式或在某些气候条件下,特别是当砖直接铺贴到陈旧的混凝土基础上时,湿膨胀可能会加重。在这种情况下,建议采用本试验方法所测得的湿膨胀最大值不超过 0.06%。

十一、有釉砖抗釉裂性的测定

1. 范围

《陶瓷砖试验方法》(GB/T 3810—2006)第 11 部分规定了测定各种有釉陶瓷砖抗釉裂性的试验方法,不包括作为装饰效果而特有的釉裂。

2. 釉裂定义

呈细发丝状的裂纹,仅限于砖的釉面。

3. 原理

抗釉裂性是使整砖在蒸压釜中承受高压蒸汽的作用,然后使釉面染色来观察砖的釉裂情况。

4. 设备

蒸压釜:具有足够大的容积,以便使试验用的 5 块砖之间有充分的间隔。蒸汽由外部汽源提供,以保持釜内 500±20kPa 压力,即蒸汽温度为 159±1℃,保持 2h。

也可以使用直接加热式蒸压釜。

5.试样

(1)至少取 5 块整砖进行试验。

(2)对于大尺寸砖,为能装入蒸压釜中,可进行切割,但对所有切割片都应进行试验。切割片应尽可能的大。

6.步骤

(1)首先用肉眼(平常戴眼镜的可戴上眼镜),在 300lx 的光照条件下距试样 25~30cm 处观察砖面的可见缺陷,所有试样在试验前都不应有釉裂。可用含有少量润湿剂的亚甲基蓝溶液作釉裂检验。除了刚出窑的砖,作为质量保证的常规检验外,其他试验用砖应在的温度 500±15℃下重烧,但升温速率不得大于 150℃/h,保温时间不少于 2h。

(2)将试样放在蒸压釜内,试样之间应有空隙。使蒸压釜中的压力逐渐升高,1h 内达到 500±20kPa、159±1℃,并保持压力 2h。然后关闭汽源,对于直接加热式蒸压釜则停止加热,使压力尽可能快地降低到试验室大气压,在蒸压釜中冷却试样 0.5h。将试样移出到试验室大气中,单独放在平台上,继续冷却 0.5h。

(3)在试样釉面上涂刷适宜的染色液,如含有少量润湿剂的 1% 亚甲基蓝溶液。1min 后用湿布擦去染色液。

(4)检查试样的釉裂情况,注意区分釉裂与划痕及可忽略的裂纹。

十二、抗冻性的测定

1.范围

《陶瓷砖试验方法》(GB/T 3810—2006)第 12 部分规定了所有在浸水和冰冻条件下使用的陶瓷砖抗冻性的试验方法。

2.原理

陶瓷砖浸水饱和后,在 5℃ 和 -5℃ 之间循环。砖的各表面须经受至少 100 次冻融循环。

3.设备和材料

(1)干燥箱:能在 110±5℃。的温度下工作;也可使用能获得相同检测结果的微波、红外或其他干燥系统。

(2)天平:精确到试样质量的 0.01%。

(3)抽真空装置:抽真空后注入水使砖吸水饱和的装置:通过真空泵抽真空能使该装置内压力至 40±2.6kPa

(4)冷冻机:能冷冻至少 10 块砖,其最小面积为 $0.25m^2$,并使砖互相不接触。

(5)麂皮。

(6)水,温度保持在 20±5℃。

(7)热电偶或其他合适的测温装置。

4. 试样

(1)样品

使用不少于 10 块整砖,并且其最小面积为 0.25m²,对于大规格的砖,为能装入冷冻机,可进行切割,切割试样应尽可能的大。砖应没有裂纹、釉裂、针孔、磕碰等缺陷。如果必须用有缺陷的砖进行检验,在试验前应用永久性的染色剂对缺陷做记号,试验后检查这些缺陷。

(2)试样制备

砖在 110±5℃的干燥箱内烘干至恒重,即每隔 24h 的两次连续称量之差小于 0.1%。记录每块干砖的质量(m_1)。

5. 浸水饱和

(1)砖冷却至环境温度后,将砖垂直地放在抽真空装置内,使砖与砖、砖与该装置内壁互不接触。抽真空装置接通真空泵,抽真空至 40±2.6kPa,在该压力下将 20±5℃的水引入装有砖的抽真空装置中浸没,并至少高出 50mm。在相同压力下至少保持 15min,然后恢复到大气压力。

用手把浸湿过的麂皮拧干,然后将麂皮放在一个平面上。依次将每块砖的各个面轻轻擦干,称量并记录每块湿砖的质量 m_2。

(2)初始吸水率 E_1 用质量分数(%)表示,由下式求得:

$$E_1 = \frac{m_2 - m_1}{m_1} \times 100 \qquad (4-24)$$

式中:m_2——每块湿砖的质量(g);

m_1——每块干砖的质量(g)。

6. 步骤

在试验时选择一块最厚的砖,该砖应视为对试样具有代表性。在砖一边的中心钻一个直径为 3mm 的孔,该孔距边最大距离为 40mm,在孔中插一支热电偶,并用一小片隔热材料(例如多孔聚苯乙烯)将该孔密封。如果用这种方法不能钻孔,可把一支热电偶放在一块砖的一个面的中心,用另一块砖附在这个面上。将冷冻机内欲测的砖垂直地放在支撑架上,用这一方法使得空气通过每块砖之间的空隙流过所有表面。把装有热电偶的砖放在试样中间,热电偶的温度定为试验时所有砖的温度,只有在用相同试样重复试验的情况下这点可省略。此外,应偶尔用砖中的热电偶作核对。每次测量温度应精确到±0.5℃。

以不超过20℃/h的速率使砖降温到-5℃以下。砖在该温度下保持15min。砖浸没于水中或喷水直到温度达到5℃以上。砖在该温度下保持15min。

重复上述循环至少100次。如果将砖保持浸没在5℃以上的水中,则此循环可中断。称量试验后的砖质量(m_3),再将其烘干至恒重,称量试验后砖的干质量(m_4),最终吸水率E_2用质量分数(%)表示,由下式求得:

$$E_2 = \frac{m_3 - m_4}{m_4} \times 100 \tag{4-25}$$

式中:m_3——试验后每块湿砖的质量(g);

m_4——试验后每块干砖的质量(g)。

100次循环后,在距离25~30mm处、大约300lx的光照条件下,用肉眼检查砖的釉面、正面和边缘。对通常戴眼镜者,可以戴眼镜检查。在试验早期,如果有理由确信砖已遭到损坏,可在试验中间阶段检查并及时作记录。记录所有观察到砖的釉面、正面和边缘损坏的情况。

十三、耐化学腐蚀性的测定

1. 范围

《陶瓷砖试验方法》(GB/T 3810—2006)第13部分规定了在室温条件下测定陶瓷砖耐化学腐蚀性的试验方法。

本部分适用于各种类型的陶瓷砖。

2. 原理

试样直接受试液的作用,经一定时间后观察并确定其受化学腐蚀的程度。

3. 水溶性试液

(1)家庭用化学药品

氯化铵溶液:100g/L。

(2)游泳池盐类

次氯酸钠溶液20mg/L(由约含质量分数为0.13活性氯的次氯酸钠配制)。

(3)酸和碱

1)低浓度(L)

①体积分数为0.03的盐酸溶液,由浓盐酸($\rho=1.19$g/mL)配制。

②柠檬酸溶液:100g/L。

③氢氧化钾溶液:30g/L。

2)高浓度(H)

①体积分数为0.18的盐酸溶液,由浓盐酸($\rho=1.19$g/mL)配制。

②体积分数为0.05的乳酸溶液。

③氢氧化钾溶液:100g/L。

4.设备

(1)带盖容器,用硅硼玻璃(ISO3585)或其他合适材料制成。

(2)圆筒,用硅硼玻璃(ISO3585)或其他合适材料制成的带盖圆筒。

(3)干燥箱,工作温度为110±5℃;也可使用能获得相同检测结果的微波、红外或其他干燥系统。

(4)麂皮。

(5)由棉纤维或亚麻纤维纺织的白布。

(6)密封材料(如橡皮泥)。

(7)天平,精度为0.05g。

(8)铅笔,硬度为HB(或同等硬度)的铅笔。

(9)灯泡,40W,内面为白色(如硅化的)。

5.试样

(1)试样的数量

每种试液使用5块试样。试样必须具有代表性。试样正面局部可能具有不同彩或装饰效果,试验时必须注意应尽可能把这些不同部位包含在内。

(2)试样的尺寸

1)无釉砖:试样尺寸为50mm×50mm,由砖切割而成,并至少保持一个边为非切割边。

2)有釉砖:必须使用无损伤的试样,试样可以是整砖或砖的一部分。

(3)试样的准备

用适当的溶剂(如甲醇),彻底清洗砖的正面。有表面缺陷的试样不能用于试验。

6.无釉砖试验步骤

(1)试液的应用

将试样放入干燥箱在110±5℃下烘干至恒重。即连续两次称量的差值小于0.1g。然后使试样冷却至室温。采用上述所列的试液进行试验。

将试样垂直浸入盛有试液的容器中,试样浸深25mm。试样的非切割边必须完全浸入溶液中。盖上盖子在20±2℃的温度下保持12d。

12d后,将试样用流动水冲洗5d,再完全浸泡在水中煮30min后从水中取出,用拧干但还带湿的麂皮轻轻擦拭,随即在110±5℃的干燥箱中烘干。

(2)试验后的分级

在日光或人工光源约300lx的光照条件下(但应避免直接照射),距试样25~

30cm,用肉眼(平时戴眼镜的可戴上眼镜)观察试样表面非切割边和切割边浸没部分的变化。砖可划分为下列等级。

1)对于家庭用化学品及游泳池盐类试液：

UA 级:无可见变化。

UB 级:在切割边上有可见变化。

UC 级:在切割边上、非切割边上和表面上均有可见变化。

2)对于低浓度酸、碱类试液：

ULA 级:无可见变化。

ULB 级:在切割边上有可见变化。

ULC 级:在切割边上、非切割边上和表面上均有可见变化。

3)对于高浓度酸、碱类试液：

UHA 级:无可见变化。

UHB 级:在切割边上有可见变化。

UHC 级:在切割边上、非切割边上和表面上均有可见变化。

注：如果色彩有轻微变化,则不认为是化学药品腐蚀。

7. 有釉砖试验步骤

(1)试液的应用

在圆筒的边缘上涂一层 3mm 厚的密封材料,然后将圆筒倒置在有釉表面的干净部分,并使其周边密封。

从开口处注入试液,液面高为 20±1℃,试液必须是家庭化学品、游泳池盐类和低浓度酸碱类溶液中的任何一种;如果必要,还可采用高浓度酸碱的各种溶液。将试验装置放于 20±2℃ 的温度下保存。

试验耐家庭用化学药品、游泳池盐类和柠檬酸的腐蚀性时,使试液与试样接触 24h 移开圆筒并用合适的溶剂彻底清洗釉面上的密封材料。

试验耐盐酸和氢氧化钾腐蚀性时,使试液与试样接触 4d 每天轻轻摇动装置一次,并保证试液的液面不变。20d 后更换溶液,再过 2d 后移开圆筒并用合适的溶剂彻底清洗釉面上的密封材料。

(2)试验后的分级

1)概述

经过试验的表面在进行评价之前必须完全干燥。为确定铅笔试验是否适用,在釉面的未处理部分用铅笔划几条线并用湿布擦拭线痕。如果铅笔线痕擦不掉,这些砖将记录为"不适于标准分级法",只能用目测分级法进行评价,即图 4-16 所示的分级系统不适用。

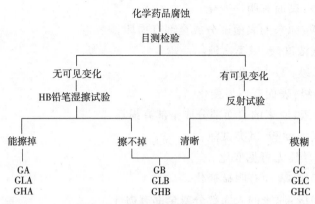

图 4-16 有釉耐腐蚀级别划分表

2)标准分级法

对于通过铅笔试验的砖,则继续按照目测初评、铅笔试验和反射试验所列步骤进行评价,并按图 4-16 所示分级系统进行分级。

①目测初评

用肉眼(平时戴眼镜的可戴上眼镜)以标准距离 25cm 的视距从各个角度观察被测表面与未处理表面有何表观差异,如反射率或光泽度的变化。

光源可以是日光或人工光源(约为 300lx),但避免日光直接照射。

观测后如未发现可见变化,则进行铅笔试验。如有可见变化,即进行反射试验。

②铅笔试验

在试验表面和非处理表面上用铅笔划几条线。用软质湿布擦拭铅笔线条,如果可以擦掉,则为 S 级;如果擦不掉,则为 B 级。

③反射试验

将砖摆放在这样的装置:即能使灯泡的图像反射在非处理表面上。灯光在砖表面上的入射角约为 45°,砖和光源的间距为 350±100mm。

评价的参数为反射清晰度,而不是砖表面的亮度。调整砖的位置,使灯光同时落在处理和非处理面上,检查处理面上的图像是否较模糊。此试验对某些釉面是不适合的。特别是对无光釉面。如果反射清晰,则定为 B 级。如果反射模糊,则定为 C 级。

3)目测分级

对于不能用铅笔试验的砖,称之为"不适于标准分级法",应采用下列方法分级。

①于家庭化学品和游泳池盐类试液:

GA(V)级:无可见变化。

GB(V)级:表面有明显变化。

GC(V)级:原来的表面部分或全部有损坏。

②对于低浓度酸、碱类试液:

GLA(V)级:无可见变化。

GLB(V)级:表面有明显变化。

GLC(V)级:原来的表面部分或全部有损坏。

③对于高浓度酸、碱类试液:

GHA(V)级:无可见变化。

GHB(V)级:表面有明显变化。

GHC(V)级:原来的表面部分或全部有损坏。

十四、耐污染性的测定

1.范围

《陶瓷砖试验方法》(GB/T 3810—2006)第14部分规定了陶瓷砖表面耐污染性的测定方法。

2.原理

将试液和材料(污染剂)与砖正面接触,使其作用一定时间,然后按规定的清洗方法清洗砖面,观察砖表面的可见变化来确定砖的耐污染性。

3.污染剂

(1)易产生痕迹的污染剂(膏状物)

1)轻油中的绿色污染剂,符合下列的规定。

①绿色污染剂(铬绿)

化学式:Cr_2O_3

典型的粒子尺寸分布:

%<	μm
10.0	0.5
29.2	1.0
43.7	2.0
50.0	3.0
66.3	5.0
78.8	10.0
89.6	20.0
93.0	32.0

97.4	64.0
100.0	96.0

②轻油

轻油由甘油脂和有机酸组成,脂的分子量范围为300~500。

下面是两个例子:

(a)甘油癸酸二辛酸(常用名为甘油癸酸辛酰胺)。

(b)甘油三丁醇(常用名为甘油丁酸脂和三丁酸甘油脂,由化学实验室提取)。

③试验膏含有质量分数为0.40的Cr_2O_3。试验膏应混合均匀以保证分散性。

2)轻油中的红色污染剂(仅对绿色表面的砖),符合下列的规定。

①红色污染剂

化学式:Fe_2O_3

典型的粒子尺寸分布:

%<	μm
51.3	1.0
53.9	2.0
71.0	5.0
82.2	10.0
88.3	15.0
88.8	20.0
96.5	25.0
96.5	41.0
100.0	64.0

②轻油

轻油由甘油脂和有机酸组成,脂的分子量范围为300~500。

③试验膏含有质量分数为0.40的Fe_2O_3。试验膏应混合均匀以保证分散性。

(2)可发生氧化反应的污染剂:质量浓度为13g/L的碘酒。

(3)能生成薄膜的污染剂:橄榄油。

4. 清洗

(1)清洗剂

1)热水,温度为55±5℃。

2)弱清洗剂、商业试剂,不含磨料,pH=6.5~7.5。

3)强清洗剂、商业清洗剂,含磨料,pH=9~10。

清洗剂不含氢氟酸及其化合物。

4)合适的溶剂

①体积分数为 0.03 的盐酸溶剂,由浓盐酸($\rho=1.19g/mL$),按照 3+97 配制。

②氢氧化钾溶液,200g/L。

③丙酮。

如果使用其他指定的溶剂,必须在试验报告中详细说明。

(2)清洗程序和设备

1)程序 A

用温度 55±5℃为的流动热水清洗砖面 5min,然后用湿布擦净砖面。

2)程序 B

用普通的不含磨料的海绵或布在弱清洗剂中人工擦洗砖面,然后用流动水冲洗,用湿布擦净。

3)程序 C

用机械方法在强清洗剂中清洗砖面,例如可用下述装置清洗:用硬鬃毛制成直径为 8cm 的旋转刷,刷子的旋转速度大约为 500r/min。盛清洗剂的罐带有一个合适的喂料器与刷子相连。将砖面与旋转刷子相接触,然后从喂料器加入清洗剂进行清洗,清洗时间为 2min。清洗结束后用流动水冲洗并用湿布擦净砖面。

4)程序 D

试样在合适的溶剂中浸泡 24h,然后使砖面在流动水下冲洗,并用湿布擦净砖面。

若使用合适的溶剂中的任何一种溶剂能将污染物除去,则认为完成清洗步骤。

(3)辅助设备

干燥箱:工作温度为 110±5℃;也可使用能获得相同检测结果的微波、红外或其他干燥系统。

5.试样

每种污染剂需 5 块试样。使用完好的整砖或切割后的砖。试验砖的表面应足够大,以确保可进行不同的污染试验。若砖面太小,可以增加试样的数量。彻底地清洗砖面然后在 110±5℃的干燥箱中干燥至恒重,即连续两次称量的质量相差小于 0.1g,将试样在干燥器中冷却至室温。

当对磨损后的无釉砖做试验时,样品应按照 GB/T 3810.7-2006 规定进行试验,转数为 600 转。

6.试验步骤

(1)污染剂的使用

在被试验的砖面上涂3至4滴易产生痕迹污染剂中的膏状物,在砖面上相应的区域各滴3至4滴质量浓度为13g/L的碘酒和橄榄油试剂,并保持24h。为使试验区域接近圆形,放一个直径约为30mm的中凸透明玻璃筒在试验区域的污染剂上。

(2)清除污染剂

经上述处理的试样按程序A、程序B、程序C和程序D的清洗程序分别进行清洗。

试样每次清洗后在110±5℃的干燥箱中烘干,然后用眼睛观察砖面的变化(通常戴眼镜的可戴眼镜观察),眼睛距离砖面25～30cm,光线大约为300lx的日光或人造光源,但避免阳光的直接照射。如使用易产生痕迹的污染剂,只报告色彩可见的情况。如果砖面未见变化,即污染能去掉,根据图4-17记录可清洗级别。如果污染不能去掉,则进行下一个清洗程序。

7.结果分级

按试验处理的结果,陶瓷砖表面耐污染性分为5级,见图4-17。

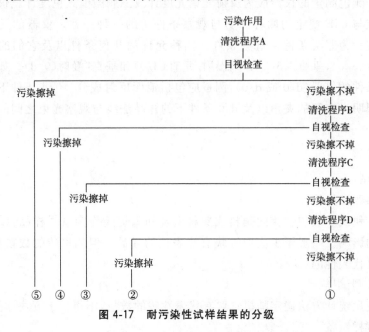

图4-17 耐污染性试样结果的分级

记录每块试样与每种污染剂作用所产生的结果(经双方同意,无釉砖可在无磨损或磨损以后进行)。第5级对应于最易于将规定的污染剂从砖面上清除,第1级对应于任何一种试验步骤在不破坏砖面的情况下无法清除砖面上的污染剂。

十五、小色差的测定

1. 范围

《陶瓷砖试验方法》(GB/T 3810—2006)第16部分规定了采用颜色测量仪器测定要求为颜色均匀一致表面平整的单色釉面瓷砖间小色差的方法。本方法采用一个最大可接受值作为允许色差的宽容度,该值仅取决于颜色匹配的相近程度,而与所涉及的颜色及色差的本质无关。本标准不涉及为艺术目的而形成的颜色变化。

注:本试验只适用于颜色均匀一致、表面平整的单色釉面瓷砖,本规定非常重要。

2. 原理

对参照标准试样及具有相同颜色的被测试样进行色度测量,并计算其色差。将被测样品的 CMC 色差 ΔE_{CMC} 与某参考值比较,以确定颜色匹配的可接受性。该参考值可以是预先达成的贸易系数 cf 或是陶瓷工业通用的 cf 值。

3. 试验装置

用于颜色测量的仪器应为反射光谱光度计或三刺激值式色度计。仪器的几何条件应与 CIE 规定的四种照明与观察条件中的一种一致。仪器的几何条件按惯例表示为照明条件义观察条件。四种允许的几何条件以及它们的缩写为 45/垂直(45/0),垂直/45(0/45),漫射/垂直(d/0)和垂直/漫射(0/d)。如采用漫射几何条件的仪器(d/0 或 d/0),测量应包括镜面反射成分。0/d 条件下的样品法线与照明光束间的夹角以及 d/0 条件下的样品法线与观察光束之间的夹角不应超过 10°。

4. 步骤

(1)试样

1)参照试样

取一块或多块包含相同颜料或颜料组合和陶瓷砖作为试样样品,以避免同色异谱的影响。一般至少应取五块有代表性的样品。但如果砖的数量有限,应使用最具代表性的。

2)被测试样

应使用统计方法确定随机选取有代表性砖的数量,不得少于五块样品。

3)试样制备

用粘有化学纯级异丙醇的湿布清洁被测样品表面,用不起毛的干布或不含荧光增白剂的纸巾将表面擦干。

(2)试验步骤

按仪器说明书操作仪器,允许一定的预热时间,按要求制备被测样品及参照标准试样。连续交替地快速测量参考标准试样及被测样品,每块砖测得三个读数。记录上述读数,并使用每块砖三次测量的平均值计算色差。

5.计算及结果判定

(1)计算

1)CIELAB 值

①按 ISO105—J03 给出的公式,通过 X、Y、Z 值计算每一试样的 CIELAB 的 L^*、a^*、b^*、C_{ab}^* 及 H_{ab} 值。

②按 ISO105—J03 给出的公式计算 CIELAB 色差 $\triangle L^*$、$\triangle a^*$、$\triangle b^*$、$\triangle C_{ab}^*$ 及 $\triangle H_{ab}^*$。

2)CMC 色差

按 ISO105—J03 中的步骤计算被测试样与参照试样间的 CMC 分色差值 $\triangle L_{CMC}$、$\triangle C_{CMC}$、及 $\triangle H_{CMC}$。

3)$\triangle E_{CMC}$ 值

使用 CMC 色差时,必须保证由 CMC 公式所决定的明度彩度比[CMC(1:c)]是可接受的。CMC 允许使用者改变明度彩度比(1:c),对高光泽光滑表面的釉面陶瓷砖常用的明度彩度比为 1.5:1。

(2)结果判定

为判定可接受性,应选择有关各方达成的"宽容度"(cf)。假如未事先达成某个宽容度,则应使用通用的工业宽容度,对釉面陶瓷砖来说为 0.75。当被测试样与参照试样之间计算的 $\triangle E_{CMC}$ 与该宽容度相比时,即可确定被测试样与参照试样之间是否是可接受的匹配。与参照试样相比较,被测试样包括两类:其 $\triangle E_{CMC}$ 值小于或等于达成的宽容度,则可接受(合格),其 $\triangle E_{CMC}$ 值大于达成的宽容度则不可接受(不合格)。

第二节 建 筑 石 材

一、天然饰面石材干燥、水饱和、冻融循环后压缩强度试验

1.设备及量具

(1)试验机:具有球形支座并能满足试验要求,示值相对误差不超过±1%。试验破坏载荷应在示值的 20%～90%范围内。

(2)游标卡尺:读数值为 0.10mm。

(3)万能角度尺:精度为 2′。
(4)干燥箱:温度可控制在 105±2℃ 范围内。
(5)冷冻箱:温度可控制在 −20±2℃ 范围内

2. 试样

(1)试样尺寸:边长 50mm 的正方体或 φ50mm×50mm 的圆柱体;尺寸偏差 ±0.5mm。

(2)每种试验条件下的试样取五个为一组。若进行干燥、水饱和、冻融循环后的垂直和平行层理的压缩强度试验需制备试样 30 个。

(3)试样应标明层理方向。

注:有些石材,如花岗石,其分裂方向可分为下列三种:

1)裂理方向:最易分裂的方向。
2)纹理方向:次易分裂的方向。
3)源粒方向:最难分裂的方向。

如需要测定此三个方向的压缩强度,则应在矿山取样,并将试样的裂理方向、纹理方向和源粒方向标记清楚。

(4)试样两个受力面应平行、光滑,相邻面夹角应为 90°±0.5°。

(5)试样上不得有裂纹、缺棱和缺角。

3. 试样步骤

(1)干燥状态压缩强度

1)将试样在 105±2℃ 的干燥箱内干燥 24h,放入干燥器中冷却至室温。

2)用游标卡尺分别测量试样两受力面的边长或直径并计算其面积,以两个受力面面积的平均值作为试样受力面面积,边长测量值精确到 0.5mm。

3)将试样放置于材料试验机下压板的中心部位,施加载荷至试样破坏并记录试样破坏时载荷值,读数值准确到 500N。加载速率为 1500±100N/s 或压板移动的速率不超过 1.3mm/min。

(2)水饱和状态压缩强度

1)将试样放置于 20±2℃ 的清水中,浸泡 48h 后取出,用拧干的湿毛巾擦去试样表面水分。

2)受力面面积计算和试验均同干燥状态压缩强度。

(3)冻融循环后压缩强度

1)用清水洗净试样,并将其置于 20±2℃ 的清水中浸泡 48h,取出后立即放入 −20±2℃ 的冷冻箱内冷冻 4h 再将其放入流动的清水中融化 4h。反复冻融 25 次后用拧干的湿毛巾将试样表面水分擦去。

2)受力面面积计算和试验均同干燥状态压缩程度。

4.结果计算

压缩强度按下式计算：

$$P=\frac{F}{S} \tag{4-26}$$

式中：P——压缩强度(MPa)；

F——试样破坏载荷(N)；

S——试样受力面面积(mm)。

以每组试样压缩强度的算术平均值作为该条件下的压缩强度，数值修约到 1MPa。

二、天然饰面石材干燥、水饱和弯曲强度试验

1.设备及量具

(1)试验机：示值相对误差不超过±1%，试样破坏的载荷在设备示值的 20%～90%范围内。

(2)游标卡尺：读数值为 0.10mm。

(3)万能角度尺：精度为 2′。

(4)干燥箱：温度可控制在 105±2℃范围内。

2.试样

(1)试样厚度 H 可按实际情况确定。当试样厚度 $H \leqslant 68mm$ 时宽度为 100mm；当试样厚度>68mm 时宽度为 1.5H。试样长度为 10×H+50mm。长度尺寸偏差±1mm，宽度、厚度尺寸偏差±0.3mm。

(2)示例：试样厚度为 30mm 时，试样长度为 10×30mm+50mm=350mm；宽度为 100mm。

(3)试样上应标明层理方向。

(4)试样两个受力面应平整且平行。正面与侧面夹角应为 90°±0.5°。

(5)试样不得有裂纹、缺棱和缺角。

(6)在试样上下两面分别标记出支点的位置。

(7)每种试验条件下的试样取五个为一组。如对干燥、水饱和条件下的垂直和平行层理的弯曲强度试验应制备 20 个试样。

3.试验步骤

(1)干燥状态弯曲强度

1)在的干燥箱内将试样干燥 24h 后，放入干燥器中冷却至室温。

2)调节支架下支座之间的距离($L=10×H$)和上支座之间的距离($L/2$)，误

差在±1.0mm 内。按照试样上标记的支点位置将其放在上下支架之间。一般情况下应使试样装饰面处于弯曲拉伸状态,即装饰面朝下放在下支架支座上(图4-18)。

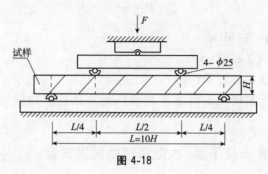

图 4-18

3)以每分钟 1800±50N 的速率对试样施加载荷至试样破坏。记录试样破坏载荷值(F)。精确到 10N。

4)用游标卡尺测量试样断裂面的宽度(K)和厚度(H),精确至 0.1mm。

(2)水饱和状态弯曲强度

1)试样处理:将试样放在 20±2℃ 的清水中浸泡 48h 后取出,用拧干的湿毛巾擦去试样表面水分,立即进行试验。

2)调节支架支座距离、试验加载条件和测量试样尺寸同干燥状态弯曲强度。

4. 结果计算

弯曲强度按下式计算:

$$P_w = \frac{3FL}{4KH^2} \tag{4-27}$$

式中:P_w——弯曲强度(MPa);

　　　F——试样破坏载荷(N);

　　　L——支点间距离(mm);

　　　K——试样宽度(mm);

　　　H——试样厚度(mm)。

以每组试样弯曲强度的算术平均值作为弯曲强度,数值修约到 0.1MPa。

三、体积密度、真密度、真气孔率、吸水率试验方法

1. 设备及量具

(1)干燥箱:温度可控制在 105±2℃ 范围内。

(2)天平:最大称量 1000g,感量 10mg;最大称量 200g,感量 1mg。

(3)比重瓶:容称 25～30ml。

(4)标准筛:63μm。

2. 试样

(1)体积密度、吸水率试样:试样为边长50mm的正方体或直径、高度均为50mm的圆柱体,尺寸偏差±0.5mm。每组五块。试样不允许有裂纹。

(2)真密度、真气孔率试样:取洁净样品1000g左右并将其破碎成小于5mm的颗粒;以四分法缩分到150g,再用瓷研钵研磨成可通过63μm标准筛的粉末。

3. 试验步骤

(1)体积密度、吸水率

1)将试样置于105±2℃的干燥箱内干燥至恒重,连续两次质量之差小于0.02%,放入干燥器中冷却至室温。称其质量(m_0),精确至0.02g。

2)将试样放在20±2℃的蒸馏水中浸泡48h后取出,用拧干的湿毛巾擦去试样表面水分。立即称其质量(m_1),精确至0.02g。

3)立即将水饱和的试样置于网篮中并将网篮与试样一起浸入20±2℃的蒸馏水中,称其试样在水中质量(m_2)(注意在称量时须先小心除去附着在网篮和试样上的气泡),精确至0.02g。称量装置见图4-19。

(2)真密度、真气孔率

1)将试样装入称量瓶中,放入105±2℃的干燥箱内干燥4h以上,取出,放入干燥器中冷却至室温。

2)称取试样三份,每份10g(m'_0)精确至0.02g。每份试样分别装入洁净的比重瓶中。

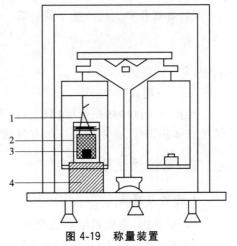

图4-19 称量装置
1-网篮;2-烧杯;3-试样;4-支架

3)向比重瓶内注入蒸馏水,其体积不超过比重瓶容积的一半。将比重瓶放入水浴中煮沸10~15min或将比重瓶放入真空干燥器内,以排除试样中的气泡。

4)擦干比重瓶并使其冷却至室温后,向其中再次注入蒸馏水至标记处,称其质量(m'_2),精确至0.002g。

5)清空比重瓶并将其冲洗干净,重新用蒸馏水装满至标记处并称其质量(m'_1),精确至0.002g。

4. 结果计算

(1)体积密度ρ_b(g/cm³)按下式计算:

$$\rho_b = \frac{m_0 \rho_w}{m_1 - m_2} \quad (4-28)$$

式中：m_0——干燥试样在空气中的质量(g)；

m_1——水饱和试样在空气中的质量(g)；

m_2——水饱和试样在水中的质量(g)；

ρ_w——室温下蒸馏水的密度(g/cm³)。

(2)吸水率 W_a(%)按下式计算：

$$W_a = \frac{(m_1 - m_0)}{m_0} \times 100 \quad (4-29)$$

式中：m_0、m_1——同(1)中 m_0、m_1。

(3)真密度 ρ_t(g/cm³)按下式计算：

$$\rho_t = \frac{m'_0 \rho_w}{m'_0 + m'_1 - m'_2} \quad (4-30)$$

式中：m'_0、m'_1、m'_2——同(1)中 m_0、m_1、m_2。

(4)真气孔率 ρ_a(%)按下式计算：

$$\rho_a = \frac{(1 - \rho_b)}{\rho_t} \times 100 \quad (4-31)$$

式中：ρ_b——同式(4-28)中 ρ_b；

ρ_t——同式(4-30)中 ρ_t。

计算每组试样体积密度、真密度、真气孔率、吸水率的算术平均值作为试验结果。体积密度、真密度取三位有效数字；真气孔率、吸水率取二位有效数字。

四、耐磨性试验

1.设备及量具

(1)试验机：道瑞式耐磨试验机。

(2)标准砂：符合 GB178 的要求。

(3)天平：最大称量 100g，感量 20mg。

(4)游标卡尺：读数值为 0.10mm。

2.试样

(1)试样为直径 25±0.5mm，高 60±1mm 的圆柱体，每组四件。对有层理的石材，取垂直和平行层理的试样各一组。

(2)试样应标明层理方向。

(3)试样上不得有裂纹、缺棱和缺角。

3.试验步骤

(1)将试样置于 105±2℃ 的干燥箱内干燥 24h 后，放入干燥器中冷却至室温。称量质量(m_0),精确至0.01g。

(2)将试样安装在耐磨试验机上,每个卡具重量为1250g,对其进行旋转研磨试验1000转完成一次试验。

(3)将试样取下,用刷子刷去粉末,称量磨削后的质量(m_1),精确至0.01g。

(4)用游标卡尺测量试样受磨端互相垂直的两个直径,精确到0.1cm。用两个直径的平均值计算受磨面积(A)。

4.结果计算

耐磨性按下式计算:

$$M=\frac{m_0-m_1}{A} \quad (4-32)$$

式中:M——耐磨性(g/cm²);

m_0——试验前试样质量(g);

m_1——试验后试样质量(g);

A——试验的受磨面积(cm²)。

以每组试样耐磨性的算术平均值作为该条件下的试样耐磨性。

五、肖式硬度试验

1.试验原理

D型硬度计试验原理为将规定形状的金刚石冲头从固定的高度h_0自由下落到试样的表面上,用冲头回弹一定高度h与h_0的比值计算肖氏硬度值。

$$HSD=K\times\frac{h}{h_0} \quad (4-33)$$

式中:HSD——肖氏硬度;

K——肖氏硬度系数。

2.设备及量具

(1)D型硬度计的主要技术参数见表4-7,其示值误差不大于±2.5。

表4-7 D型硬度计的主要技术参数

项目	D型	项目	D型
冲头的质量(g)	36.2	冲头的顶端球面半径(mm)	1
冲头的落下高度(mm)	19	冲头的回弹比和肖氏硬度值的关系	$HSD=140\times(h/h_0)$

(2)试验台:质量为4kg。

(3)干燥箱:温度可控制在105±2℃范围内

3.试样

(1)试样的长度、宽度为厚度大于100mm×100mm。厚度大于10mm。每组三块。

(2)试样应能代表该品种的品质特征,如矿物组成、晶粒分布状态等。

(3)试样上下两面应平行、平整;试验面镜向光泽大于30。

(4)试验面不得有坑窝、砂眼和裂纹等缺陷。

4.试验步骤

(1)将试样置于105±2℃的干燥箱内干燥24h后,放入干燥器中冷却至室温。

(2)标定试样上测试点的位置,如图4-20所示。如选定的测试点处在试样的缝合线上,可将其偏移3~5mm。测试点距试样边缘的距离应大于10mm。

(3)试验前用标准肖氏硬度块检查硬度计的示值误差。

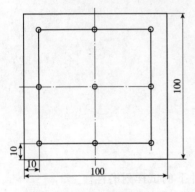

图4-20 测试点的位置(mm)

(4)将试样平放在试验台上,压紧力为200N左右。测试时操作鼓轮的转动速度约为1~2r/s。复位速度约为1~2r/s。

(5)每个试样至少测试九个点,测量值准确到1。

5.结果计算

以每组试样肖氏硬度的算术平均值作为该组试样的肖氏硬度。

六、耐酸性试验

1.设备、量具及试剂

(1)天平:最大称量200g,感量10mg。

(2)干燥箱:温度可控制在105±2℃范围内。

(3)反应器:容积为0.02m^3,深度250mm的具有磨口盖的玻璃方缸;距上口和底20~30mm处各有一气口,内装试样架。

(4)试剂

1)硫酸,化学纯。

2)无水亚硫酸钠,化学纯。

2.试样

(1)试样为一面抛光的长方体,尺寸为80mm×60mm×20mm,尺寸偏差±5mm。四块试验为一组,垂直和平行层理的耐酸性试样各取一组。试样应标明层理方向。

(2)试样不得有裂纹、缺棱和掉角。

3. 试验步骤

(1)在 105±2℃ 的干燥箱内干燥试样 24h 后,放入干燥器中冷却至室温。按 GB/T 13891 标准测量每块试样的镜向光泽度,并称其质量(m_0)。

(2)取其中三块做耐酸试验,一块留作对比。

(3)根据以下反应产生二氧化硫,将二氧化硫通入去离子水中制成二氧化硫溶液。

$$Na_2SO_3 + H_2SO_4 \longrightarrow Na_2SO_4 + H_2O + SO_2 \uparrow \quad SO_2 + H_2O \leftrightarrow H_2SO_3$$

(4)向反应器中注入 1900mL 去离子水,放入试样架,将试样以 10mm 的间隔依次放在架上,盖上容器盖,由下口通入约 100g 二氧化硫气体,关闭下口。在室温下放置 14d 后,取出观察表面变化。将样品表面用去离子水反复冲洗干净后放入 105±2℃ 的干燥箱内干燥 24h,放入干燥器中冷却至室温。测量镜向光泽度并称其质量(m_1)。

(5)按上述(4)步骤更换新的二氧化硫气体,放置 14d 后,取出观察表面变化,将样品表面用去离子水反复冲洗干净后,置于 105±2℃ 的干燥箱内干燥 24h,再放入干燥器中冷却至室温。测量镜向光泽度并称其质量(m_2)。

4. 结果计算

14d 后相对质量变化[$m_{14}(\%)$]按下式计算:

$$m_{14} = \frac{(m_1 - m_0)}{m_0} \times 100 \tag{4-34}$$

28d 后相对质量变化[$m_{28}(\%)$]按下式计算:

$$m_{28} = \frac{(m_2 - m_0)}{m_0} \times 100 \tag{4-35}$$

式中:m_0——未经酸腐蚀的试样质量(g);

m_1——经酸腐蚀 14d 后的试样质量(g);

m_2——经酸腐蚀 28d 后的试样质量(g)。

七、建筑饰面材料镜向光泽度测定方法

1. 范围

标准 GB/T 13891—2008 规定了采用 20°、60°和 85°几何条件测定建筑饰面材料镜向光泽度方法的术语和定义、仪器与量具、试样、试验、结果计算、重复性和试验报告等。

(1)各种建筑饰面材料测定镜向光泽度均采用60°几何条件；

(2)当采用60°测定材料的镜向光泽度大于70光泽单位时，为提高其分辨程度，可采用20°几何条件；

(3)当采用60°测定材料的镜向光泽度小于10光泽单位时，为提高其分辨程度，可采用85°几何条件。

标准适用于测定大理石、花岗石、水磨石、陶瓷砖、塑料地板和纤维增强塑料板材等建筑饰面材料的镜向光泽度。其他建筑饰面材料的镜向光泽度可参照GB/T 13891 标准进行测定。

2.术语和定义

(1)镜向光泽度：

在规定的光源和接收角的条件下，从物体镜向方向的反射光通量与折射率为1.567的玻璃上镜向方向的反射光通量的比值。

注：为了测定镜向光泽度，对于20°、60°和85°几何角度采用折射率为1.567的完善抛光黑玻璃规定其光泽度值为100。

(2)相对反射率：

在相同的几何条件下，从一试样反射的光通量与标准板反射光通量的比值。

3.仪器与量具

(1)光泽度计

1)光泽度计利用光反射原理对试样的光泽度进行测量。即：在规定入射角和规定光束的条件下照射试件，得到镜向反射角方向的光束。光泽度计由光源、透镜、接收器和显示仪表等组成。其测量原理见图4-21。

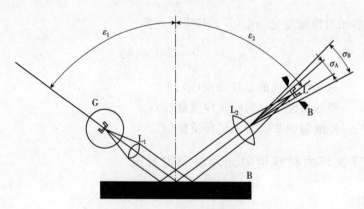

图 4-21 装置示意图

G-光源；L_1 和 L_2-透镜；B-接收器视场光阑；P-被测试样；

$\varepsilon_1 = \varepsilon_2$；$\sigma_B$-接收器孔径角；$\sigma_s$-光源象角；I-光源影像

2)光泽度计具有以下特征

①几何条件

入射光线的轴线应分别与测量平面的垂线成 $20°±0.1°$、$60°±0.1°$、$85°±0.1°$，入射光束的孔径为 18mm。接收器的轴线与入射光线轴线的镜像的角度在 $±0.1°$ 之内。在试验板位置放置一块抛光黑玻璃平板或正面反射镜时，光源的镜像应在接收器视场光阑（接收器窗口）的中心位置形成（见图 4-21）。为了确保覆盖整个表面，试验板面照射区域的宽度应尽可能大于表面结构：一般值为不小于 10mm。

光源镜像和接收器的孔径以及相关尺寸及其允许偏差应符合表 4-8 的规定。接收器视场光缆的孔径尺寸可从接受透镜测得。

表 4-8　光源镜像和接收器的张角以及相关尺寸

参数	测量平面[a]			垂直于测量平面		
	角度 σ[b]	$2\tan\sigma/2$	相关尺寸	角度 σ[b]	$2\tan\sigma/2$	相关尺寸
光源镜像	$0.75°±0.25°$	$0.0131±0.0044$	$0.171±0.075$	$2.5°±0.5°$	$0.0435±0.0087$	$0.568±0.114$
接收器(20°)	$1.80°±0.05°$	$0.0314±0.0009$	$0.409±0.012$	$3.6°±0.1°$	$0.0629±0.0018$	$0.819±0.023$
接收群(60°)	$4.4°±0.1°$	$0.0768±0.0018$	$1.000±0.023$	$11.7°±0.2°$	$0.2049±0.0035$	$2.668±0.045$
接收器(85°)	$4.0°±0.3°$	$0.0698±0.0052$	$0.909±0.068$	$6.0°±0.3°$	$0.1048±0.0052$	$1.365±0.068$

a. 测量平面上接收器孔径以 60° 为单位。

b. 光源镜像角为 σ_a 接受孔径角为 σ_B。

②接收器中的滤光

接收器中滤光器的滤光修正函数 $\tau(\lambda)$ 按下式计算：

$$\tau(\lambda) = k\frac{V(\lambda) \cdot S_c(\lambda)}{s(\lambda) \cdot S_s(\lambda)} \tag{4-36}$$

式中：$\tau(\lambda)$——修正函数；

$V(\lambda)$——CIE 光的发光效率；

$S_c(\lambda)$——CIE 标准照射 C 的光谱强度；

$s(\lambda)$——接收器的感光灵敏度；

$S_s(\lambda)$——照射光源的光谱强度；

k——校准系数。

注：选择偏差的目的是使光源和接收器孔径的误差在 100 光泽单位内的任何读数不会产生超过 1 光泽单位的读数误差。

③晕映

张角范围内不应出现晕映。

④接收器

在满刻度读数的1‰范围内,接收器测量装置给出的读数应与通过接收器的光通量成正比。

3)光泽度计每年至少检定一次。

(2)标准板

1)基准板

以完善抛光的黑玻璃作为基准板,当用干涉光方法进行测定时,上表面每厘米内干涉条纹不大于两条。

注:并没有指定基准板用于光泽度计日常校准。

玻璃应该具有一定的折射率,在波长为587.6nm处折射率为1.567的光泽值规定为100。如果没有这种折射率的玻璃,必须就要进行校正。三种入射角在黑玻璃上的光泽度值见表4-9。

表 4-9

折射率 n	反射角		
	20°	60°	85°
1.400	57.0	71.9	96.6
1.410	59.4	73.7	96.9
1.420	61.8	75.5	97.2
1.430	64.3	77.2	97.5
1.440	66.7	79.0	97.6
1.450	69.2	80.7	98.0
1.460	71.8	82.4	98.2
1.470	74.3	84.1	98.4
1.480	76.9	85.8	98.6
1.490	79.5	87.5	98.8
1.500	82.0	89.1	99.0
1.510	84.7	90.8	99.2
1.520	87.3	92.4	99.3
1.530	90.0	94.1	99.5
1.540	92.7	95.7	99.6
1.550	95.4	97.3	99.8
1.560	98.1	98.9	99.9

（续）

折射率 n	反射角		
	20°	60°	85°
1.567[a]	100.0[a]	100.0[a]	100.0[a]
1.570	100.8	100.5	100.0
1.580	103.6	102.1	100.2
1.590	106.3	103.6	100.3
1.600	109.1	105.2	100.4
1.610	111.9	106.7	100.5
1.620	114.3	108.4	100.6
1.630	117.5	109.8	100.7
1.640	120.4	111.3	100.8
1.650	123.2	112.8	100.9
1.660	126.1	114.3	100.9
1.670	129.0	115.8	101.0
1.680	131.8	117.3	101.1
1.690	134.7	118.8	101.2
1.700	137.6	120.3	101.2
1.710	140.5	121.7	101.3
1.720	143.4	123.2	101.3
1.730	146.4	124.6	101.4
1.740	149.3	126.1	101.4
1.750	152.2	127.5	101.5
1.760	155.2	128.9	101.5
1.770	158.1	130.4	101.6
1.780	161.1	131.8	101.6
1.790	164.0	133.2	101.6
1.800	167.0	134.6	101.7

[a] 标准板

由于老化的原因,基准板至少每一年要检查一次。如果精度降低,要用氧化铈抛光到原始光泽。

注:1.浮法玻璃表面平整最易获得,这种玻璃不适合用作基准板,因为其内部的折射率跟表面不同。最好使用其他方式生产的光学表面玻璃,或者将浮法玻璃表面去除然后抛光成具有光学性能的表面。

2.折射率宜用阿贝折射仪测定。

3.如果需要标准板的绝对反射率,可用弗雷斯内尔公式,在公式中带入标准板的折射率即可求出。

2)工作板

该工作板可用瓷砖、搪瓷、不透明玻璃和抛光黑玻璃或其他光泽一致的材料做成,但必须具有极平的平面,并在指定的区域和照射方向上,对照标准板进行校正。工作板应该是匀质的、稳定的,并经过技术主管部门校验。每一种角度的光泽度计至少应配备两种不同光泽度等级的工作板。工作板应定期与标准板进行比对,每年至少一次。

3)零标准板

应该使用适当的标准检查光泽度计的零点。

(3)钢板尺

最小刻度为1.0mm。

4.试样

(1)试样要求

1)试样表面应平整、光滑,无翘曲、波纹、突起等外观缺陷。

2)试样表面应洁净、干燥、无附着物。

(2)试样规格

1)每组的试样的数量和抽样方法由相关的产品标准规定。

2)试样规格和测点见表4-10。

表4-10 试样规格和测点

试样	规格($a \times b$)(mm)	测点(个)
大理石板材 花岗石板材 水磨石板材	$>600 \times 600$ $\leqslant 600 \times 600$	9 5
陶瓷砖	$>600 \times 600$ $\leqslant 600 \times 600$	9 5
塑料地板	300×300	5
玻璃纤维增强塑料板材	150×150	10

注:特殊形状或规格尺寸的试样,测点数量与位置根据实际情况,由供需双方协商确定。

5.试验

(1)仪器校正

1)仪器准备

在每一个操作周期的开始和在操作过程中应有足够的频次对仪器进行校准;以保证其正常工作。

2)零点核对

①光泽度计开机稳定后,使用零标准板检查,调节零点。

②若无调零装置,则使用零标准板检查零点。如果读数不在0±0.1光泽单位内,在以后的读数中要减去偏移数。

3)校准

经计量检定合格的光泽度时,在每次使用前,必须用光泽计所附的工作板进行检查。

将光泽度计预热,调好零位。按光泽度计所附的高光泽板的光泽度值设定示值。测量光泽度计所附的中或低光泽板,可得示值的变量,其值不超过1光泽单位,方可使用;否则光泽度计及其所附的工作板需送检。

(2)试验步骤

1)对光泽度计进行检查符合标准后,按图4-22的测点位置进行光泽度测定。

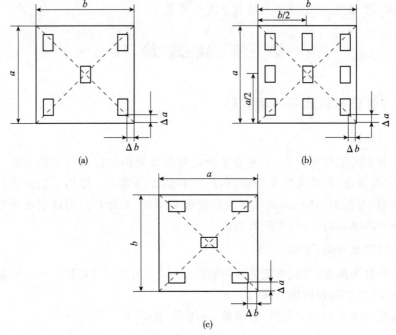

图4-22 测点布置示意图

△a、△b—光泽度计边缘与试样边缘的距离。陶瓷砖为 30mm；其他试样为 10mm。

①大理石、花岗石、水磨石、陶瓷砖等规格不大于(600×600)mm 的试样，五个测点。即板材(砖)中心与四角定四个测点，见图 4-22(a)；规格大于(600×600)mm 的试样，九个测点，即四周边三个测点，中心一个测点，见图 4-22(b)。

②塑料地板、纤维增强塑料板材，共确定 10 个测点。即板材中心与四角定四个测点，然后再将光泽度计转 90°，再测定五个测点，见图 4-22(a)，图 4-22(c)。

2)在每组试样测量中应该保持相同的几何角度。

6.结果计算

(1)测定大理石、花岗石、水磨石、陶瓷砖等取五点或九点的算术平均值作为该试样的试验结果；测定塑料地板与纤维增强塑料板材光泽度时，取每块试样 10 点的算术平均

值作为该试样的试验结果。计算精确至 0.1 光泽单位。如最高值与最低值超过平均值 10% 的数值应在其后的括弧内注明。

(2)以每组试样的平均值作为被测建筑饰面材料的镜向光泽度值。

7.重复性

在同一实验室内，同一试样表面重复测定所测得的平均值之差应不超过 1 光泽单位；在生产现场应不超过 2 光泽单位。

第三节 建筑涂料

一、合成树脂乳液内墙涂料

(一)范围

标准 GB/T 9756—2009 规定了合成树脂乳液内墙涂料的产品分类、分等、要求、试验方法、检验规则及标志、包装和和储存等要求。适用于以合成树脂乳液为基料、与颜料、体质颜料及各种助剂配而成的、施涂后能形成表面平整的薄质涂层的内墙涂料，包括底漆和面漆。

(二)产品分类、分等

产品分为两类：合成树脂乳液内墙底漆(以下简称内墙底漆)、合成树脂乳液内墙面漆(以下简称内墙面漆)。

内墙面漆分为三个等级：合格品、一等品、优等品。

(三)要求

1. 内墙底漆应符合表 4-11 的要求

表 4-11　内墙底漆的要求

项目	指标	项目	指标
容器中状态	无硬块、搅拌后呈均匀状态	干燥时间(表干)(h)≤	2
施工性	砌涂无障碍	耐碱性(24h)	无异常
低温稳定性(3次循环)	不变质	抗泛碱性(48h)	无异常
涂膜外观	正常		

2. 内墙面漆应符合表 4-12 的要求

表 4-12　内墙面漆的要求

项目		指标		
		合格品	一等品	优等品
容器中状态		无硬块,搅拌后呈均匀状态		
施工性		刷涂二道无障碍		
低温稳定性(3次循环)		不变质		
涂膜外观		正常		
干燥时间(表干)(h)	≤	2		
对比率(白色和浅色)[a]	≥	0.90	0.93	0.95
耐碱性(24h)		无异常		
耐洗刷性(次)	≥	300	1000	5000

注:浅色是指以白色涂料为主要成分,添加适量色浆后配制成的浅色涂料形成的涂膜所呈现的浅颜色,按 GB/T 15608—2006 中规定明度值为 6~9 之间(三刺激值中的 $Y_{D65} \geqslant 31.26$)。

(四)试验方法

1. 取样

产品按 GB/T 3186—2006 的规定进行取样。取样量根据检验需要而定。

2. 试验的一般条件

(1) 试验环境

试板的状态调节和试验的温湿度应符合 GB/T 9278—2008 的规定。

(2) 试验样板的制备

1) 所检产品未明示稀释比例时,搅拌均匀后制板。

2) 所检产品明示了稀释比例时,除对比率外,其余需要制板进行检验的项目,均应按规定的稀释比例加水搅匀后制板,若所检产品规定了稀释比例的范围时,应取其中间值。

3)检验用底材对比率使用聚酯膜(或卡片纸);抗泛碱性使用无石棉纤维增强水泥中密度板;其余项目所用底材采用符合JC/T 412.1中NAFHV级要求的无石棉水泥平板,厚度为(4~6mm)。水泥板表面处理按GB/T 9271中的规定进行。

4)内墙底漆采用刷涂法制板。每个样品按照GB/T 6750的规定先测定密度D,按下式计算出刷涂质量:

$$m = D \times S \times 80 \times 10^{-6} \tag{4-37}$$

式中:m——湿膜厚度为80μm的一道刷涂质量(kg);

D——按规定的稀释比例稀释后的样品密度(kg/m³);

S——试板面积(m³)。

每道刷涂质量:计算刷涂质量±0.1g。

部分内墙底漆由于黏度过低,无法按计算刷涂量制板时,可适当减少涂刷质量,应在报告中注明;部分内墙底漆由于黏度过高,无法按计算刷涂量制板的,应适当加水稀释,应在报告中注明稀释比例。

5)内墙面漆采用由不锈钢材料制成的线棒涂布器制板,线棒涂布器是由几种不同直径的不锈钢丝分别紧密缠绕在不锈钢棒上制成,其规格为80、100、120三种,线棒规格与缠绕钢丝之间的关系见表4-13。

表 4-13 线棒

规格	80	100	120
缠绕钢丝直径(mm)	0.80	1.00	1.20

注:以其他规格形式表示的线棒涂布器也可使用,但应符合表4-13的技术要求。

6)内墙底漆各检验项目的试板尺寸、数量、养护期及底漆涂布量按表4-14规定执行。

表 4-14 内墙底漆制板要求

检验项目	试板尺寸 (mm×mm×mm)	试板数量	底漆涂布量刷涂 (湿膜厚度)(μm)	试板养护期(d)
干燥时间	150×70×(4~6)	1	80	—
施工性、涂膜外观	430×150×(4~6)	1	—	—
耐碱性	150×70×(4~6)	3	80	7
抗泛碱性	150×70×6	5	80	7

7)内墙面漆各检验项目的试板尺寸、采用的涂布器规格、涂布道数和养护时间应符合表4-15的规定。涂布两道时,两道间隔6h。

表 4-15　内墙面漆制板要求

检验项目	制板要求			养护期(d)
	尺寸 (mm×mm×mm)	线棒涂布器规格		
		第一道	第二道	
干燥时间	150×70×(4~6)	100	—	—
施工性、涂膜外观	430×150×(4~6)	—	—	—
对比率	—	100	—	1
耐碱性	150×70×(4~6)	120	80	7
耐洗刷性	430×150×(4~6)	120	80	7

注：根据涂料干燥性能不同，干燥条件和养护时间可以商定，但仲裁检验时为1d。

3.容器中状态

打开包装容器，搅拌时无硬块，易于混合均匀，则评定为合格。

4.施工性

(1)内墙底漆施工性

用刷子在试板平滑面上刷涂试样，刷子运行无困难，则评定为"刷涂无障碍"。

(2)内墙面漆施工性

用刷子在试板平滑面上刷涂试样，涂布量为湿膜厚约 $100\mu m$。使试板的长边呈水平方向，短边与水平面成约85°竖放。放置6h后再用同样方法涂刷第二道试样，在第二道涂刷时，刷子运行无困难，则可评定为"刷涂二道无障碍"。

5.低温稳定性

按 GB/T 9268—2008 中 A 法进行。

6.涂膜外观

将施工性试验结束后的试板放置24h目视观察涂膜，若无显著缩孔，涂膜均匀，则评定为"正常"。

7.干燥时间

按 GB/T 1728—1979 中表干乙法的规定进行。

8.耐碱性

按 GB/T 9265—2009 的规定进行，如三块试板中有两块未出现起泡、掉粉等涂膜病态现象，可评定为"无异常"，如出现以上病态现象，按 GB/T 1766—2008 进行描述。

9.抗泛碱性

抗泛碱性的测试按下述方法进行。

(1) 主要材料及仪器设备

1) PVA—铁蓝水溶液的配制

① 配制 2% PVA(粉状聚乙烯醇 1788)水溶液

按计算量将水加入容器中,在高速搅拌下缓慢加入粉状聚乙烯醇,待聚乙烯醇加完后,继续在高速搅拌下充分搅拌(至少搅拌 1h),溶液中如无团、块状物存在时可出料,储存期不超过 1 个月。

② PVA—铁蓝水溶液的配制

按计算量将 2% PVA 水溶液(即上述①制得)加入容器中,边搅拌边缓慢加入 LA09-03 铁蓝颜料,2% PVA 水溶液与铁蓝颜料的质量比为 4:1,高速搅拌约 10~15min 至均匀,静置 12h 后使用,储存期不超过 1 个月,铁蓝颜料宜统一供应,以确保其质量。

2) 2% NaOH 水溶液

试验前一天配制完成并放置于密闭容器中,保证溶液温度达到标准条件。

3) 试验用底材

底材采用无石棉纤维增强水泥中密度平板,试板密度 $1.2\pm0.1\times10^3 kg/m^3$,试板厚度为 $6\pm0.5mm$,无石棉纤维增强水泥中密度平板宜统一供应,以确保其质量。清除表面浮灰,试板浸水 7d 后取出,至少放置 7d。

4) 试验容器

试验在不加盖的平底箱(塑料或其他耐碱材质)中进行,箱的参考尺寸为 $(600\pm50)mm\times(400\pm50)mm\times(250\pm50)mm$,箱内底部放置多孔(孔隙率大于 50%)隔板(塑料或其他耐碱材质),多孔隔板应垫起,垫起的高度为 10~15mm。如图 4-23 所示。

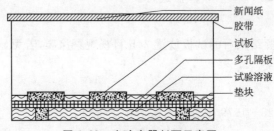

图 4-23　实验容器剖面示意图

(2) 试板的制备

制备好的试板应在标准条件下养护 7d。在第 6 天采用石蜡封边(两道)并在底漆表面刷涂配制的 PVC-铁蓝水溶液,刷涂质量为 $0.4\pm0.1g$。

石蜡封边时应注意控制蜡温不要过高,宜采用浸涂方式,但浸涂面积不要过大,且注意石蜡不能沾污试板表面,完成后应仔细检查封闭处是否还有孔洞或缺陷,如果有应再次封闭。

(3)试验步骤

1)将2%NaOH水溶液加入试验容器中,溶液液面略高于垫起的多孔隔板高度。

2)将试板小心放入容器中,涂刷有铁蓝的底漆面向上,试验溶液浸没试板的高度应大于试板厚度的二分之一,确保在试验周期内试板底面均被试验溶液充分浸润。用符合 GB/T 1910—2006 规定的密度为 $0.045 \sim 0.50 \text{kg/m}^2$ 的新闻纸将箱口覆盖并用胶带沿周边密封好。

3)每个样品平行制备 5 块,试验结束后取出试板,试板应立放,保证试板通风并完全干燥。

在试验周期内注意不要触碰试验箱(可置于不易被碰触的位置),一旦溶液漫过试板表面,该次试验作废。放置试板至溶液中时,注意溶液不要沾污试板表面,如果有小面积沾污应及时用记号笔画圈标记,试验完成后该位置不予观察。试验周期内不得揭开封盖的报纸。完成试验取出试板时应注意试验溶液不要沾污试板表面,如果有小面积沾污应及时用记号笔画圈标记,试板干燥后该位置不予观察。

(4)结果判定

判定时观察试板中间区域,观察面积为 $110 \times 50 \text{mm}^2$ 以试板的长边向内各扣除 10mm,短边向内各扣除 20mm 的面积为准),视铁蓝变色(由蓝色变为棕黄色)面积的百分比,五块试板中有三块试板变色面积不大于10%则判定为"无异常"。

10.对比率

(1)在无色透明聚酯薄膜(厚度为 $30 \sim 50 \mu m$)上,在规定的条件下至少放置 24h。

(2)用反射率仪(精度:1.5%)测试涂膜在黑白底面上的反射率。

1)如用聚酯薄膜为底材制备涂膜,则将涂漆聚酯膜贴在滴有几滴 200 号溶剂油(或其他适合的溶剂)的仪器所附的黑白工作板上,使之保证无气隙,然后在至少四个位置上测量每张涂漆聚酯膜的反射率,并分别计算平均反射率 R_B(黑板上)和 R_W(白板上)。

2)如用底色为黑白各半的卡片纸制备涂膜,则直接在黑白底色涂膜上各至少四个位置测量反射率,并分别计算平均反射率 R_B(黑板上)和 R_W(白板上)。

(3)对比率计算:对比率=R_B/R_W

(4)平行测定两次。如两次测定结果之差不大于 0.02,则取两次测定结果的平均值。

(5)黑白工作板和卡片纸的反射率为:

黑色:不大于1%;白色:80±2%

(6)仲裁检验用聚酯膜法。

11. 耐洗刷性

按 GB/T 9266—2009 规定进行。

(五)检验规则

1. 出厂检验项目

内墙底漆包括容器中状态、施工性、涂膜外观、干燥时间。

内墙面漆包括容器中状态、施工性、干燥时间、涂膜外观、对比率。

2. 型式检验项目

包括所列的全部技术要求。在正常生产情况下,低温稳定性、耐碱性、抗泛碱性、耐洗刷性为一年检验一次。

二、合成树脂乳液外墙涂料

(一)范围

标准 GB/T 9755—2014 规定了合成树脂乳液外墙涂料的产品分等、要求、试验方法、检验规则及标志、包装、贮存等要求。适用于以合成树脂乳液为基料,与颜料、体质颜料及各种助剂配制而成的,施涂后能形成表面平整的薄质涂层的外墙涂料。该涂料适用于建筑物和构筑物等外表面的装饰和防护。

(二)产品分等

产品分为三个等级:优等品、一等品、合格品。

(三)要求

产品应符合表 4-16 的技术要求。

表 4-16 技术要求

项目		指标		
		优等品	一等品	合格品
容器中状态		无硬块,搅拌后呈均匀状态		
施工性		刷涂二道无障碍		
低温稳定性		不变质		
干燥时间(表干)(h)	≤	2		
涂膜外观		正常		
对比率(白色和浅色[①])	≥	0.93	0.90	0.87
耐水性		96h 无异常		
耐碱性		48h 无异常		

(续)

项目		指标		
		优等品	一等品	合格品
耐洗刷性(次)	≥	2000	1000	500
耐人工气候老化性				
白色和浅色①		600h 不起泡、不剥落、无裂纹	400h 不起泡、不剥落、无裂纹	250h 不起泡、不剥落、无裂纹
粉化,级	≤		1	
变色,级	≤		2	
其他色			商定	
耐沾污性(白色和浅色①(%))	≤	15	15	20
涂层耐温变性(5 次循环)			无异常	

注:①浅色是指以白色涂料为主要成分,添加适量色浆后配制成的浅色涂料形成的涂膜所呈现的浅颜色。

(四)试验方法

1. 取样

产品 GB 3186—2006 的规定进行取样。取样量根据检验需要而定。

2. 试验的一般条件

(1)试验环境

试板的状态调节和试验的温湿度应符合 GB 9278—2008 的规定。

(2)试验样板的制备

1)所检产品未明示稀释比例时,搅拌均匀后制板。

2)所检产品明示了稀释比例时,除对比率外,其余需要制板进行检验的项目,均应按规定的稀释比例加水搅匀后制板,若所检产品规定了稀释比例的范围时,应取其中间值。

3)石棉水泥平板

4)标准 GB/T 9755—2014 规定采用由不锈钢材料制成的线棒涂布器制板。线棒涂布器是由几种不同直径的不锈钢丝分别紧密缠绕在不锈钢棒上制成,其规格为 80、100、120 三种,线棒规格与缠绕钢丝之间的关系见表 4-17。

表 4-17 线棒

规格	80	100	120
缠绕钢丝直径(mm)	0.80	1.00	1.20

5)各检验项目的试板尺寸、采用的涂布器规格、涂布道数和养护时间应符合表 4-18 的规定。涂布两道时,两道间隔 6h。

表 4-18 试板

检验项目	制板要求			养护期(d)
	尺寸(mm×mm×mm)	线棒涂布器规格		
		第一道	第二道	
干燥时间	150×70×(4~6)	100		
耐水性、耐碱性、耐人工气候老化性、耐沾污性、涂层耐温变性	150×70×(4~6)	120	80	7
耐洗刷性	430×150×(4~6)	120	80	7
施工性、涂膜外观	430×150×(4~6)			
对比率		100		1①

注:根据涂料干燥性能不同,干燥条件和养护时间可以商定,但仲裁检验时为1d。

3. 容器中状态

打开包装容器,用搅棒搅拌时无硬块,易于混合均匀,则可视为合格。

4. 施工性

用刷子在试板平滑面上刷涂试样,涂布量为湿膜厚约 $100\mu m$,使试板的长边呈水平方向,短边与水平面成约 85°角竖放。放置 6h 后再用同样方法涂刷第二道试样,在第二道涂刷时,刷子运行无困难,则可视为"刷涂二道无障碍"。

5. 低温稳定性

将试样装入约 1L 的塑料或玻璃容器(高约 130m,直径约 112mm,壁厚约 0.23~0.27mm)内,大致装满,密封,放入 $-5\pm2℃$ 的低温箱中,18h 后取出容器。再于前面二、(四)2.(1)的条件下放置 6h。如此反复三次后,打开容器,充分搅拌试样,观察有无硬块、凝聚及分离现象,如无则认为"不变质"。

6. 干燥时间

按 GB/T 1728—1979 中表干乙法规定进行。

7. 涂膜外观

在施工性试验结束后的试板放置 24h,目视观察涂膜,若无针孔和流挂,涂膜均匀,则认为"正常"。

8. 对比率

(1)在无色透明聚酯薄膜(厚度为 $30\sim50\mu m$)上,或者在底色黑白各半的卡片纸上本节二、(四)2(1)规定均匀地涂布被测涂料,在本节二、(四)2.1 规定的条件下至少放置24h。

(2)用反射率仪测定涂膜在黑白底面上的反射率：

1)如用聚酯薄膜为底材制备涂膜,则将涂漆聚酯膜贴在滴有几滴200号溶剂油(或其他适合的溶剂)的仪器所附的黑白工作板上,使之保证无气隙,然后在至少四个位置上测量每张涂漆聚酯膜的反射率,并分别计算平均反射率R_B(黑板上)和R_W(白板上)。

2)如用底色为黑白各半的卡片纸制备涂膜,则直接在黑白底色涂膜上各至少四个位置测量反射率,并分别计算平均反射率R_B(黑板上)和R_W(白板上)。

(3)对比率计算：

$$对比率=\frac{R_B}{R_W} \tag{4-38}$$

(4)平行测定两次。如两次测定结果之差不大于0.02,则取两次测定结果的平均值。

(5)黑白工作板和卡片纸的反射率为：

黑色:不大于1%;白色:80±2%

(6)仲裁检验用聚酯膜法。

9. 耐水性

试板投试前除封边外,还需封背。将三块试板浸入在GB/T 6682—2008规定的三级水中,如三块试板中有两块未出现起泡、掉粉、明显变色等涂膜病态现象,可评定为"无异常"。如出现以上涂膜病态现象,按GB/T 1766—2008进行描述。

10. 耐碱性

按GB/T 9265—2009规定进行。如三块试板中有两块未出现起泡、掉粉、明显变色等涂膜病态现象,可评定为"无异常"如出现以上涂膜病态现象,按GB/T 1766—2009进行描述。

11. 耐洗刷性

除试板的制备外,按GB/T 9266—2009规定进行。同一试样制备两块试板进行平行试验。洗刷至规定的次数时,两块试板中有一块试板未露出底材,则认为其耐洗刷性合格。

12. 耐人工气候老化性

试验按GB/T 1865—2009规定进行。结果的评定按GB/T 1766—2008进行。其中变色等级的评定按GB/T 1766—2008进行。

13. 耐沾污性

按下述方法进行测试。

(1)原理

本方法采用粉煤炭作为污染介质,将其与水掺和在一起涂刷在涂层样板上。干后用水冲洗,经规定的循环后,测定涂层反射系数的下降率,以此表示涂层的耐沾污性。

(2)主要材料、仪器和装置

1)粉煤灰。

2)反射率仪。

3)天平:感量0.1g。

4)软毛刷:宽度(25~50)mm。

5)冲洗装置:见图4-24。水箱、水管和样板架用防锈硬质材料制成。

(3)试验

1)粉煤灰水的配制

称取适量粉煤灰于混合用容器中,与水以1:1(质量)比例混合均匀。

2)操作

在至少三个位置上测定经养护后的涂层试板的原始反射系数,取其平均值,记为A。用软毛刷将0.7±0.1g粉煤灰水横向纵向交错均匀地涂刷在涂层表面上,在23±2℃、相对湿度50±5%条件下干燥2h后,放在样板加相。将冲洗装置水箱中加入15L水,打开阀门至最大冲洗样板。冲洗时应不断移动样板,使样板各部位都能经过水流点。冲洗1min,关闭阀门,将样板在23±2℃、相对湿度50±5%条件下干燥至第二天,此为一个循环,约24h。按上述涂刷和冲洗方法继续试验至循环5次后,在至少三个位置上测定涂层样板的反射系数,取其平均值,记为B。每次冲洗试板前均应将水箱中的水添加至15L。

(4)计算

涂层的耐沾污性由反射系数下降率表示:

$$X = \frac{A-B}{A} \times 100 \tag{4-39}$$

式中:X——涂层反射系数下降率;

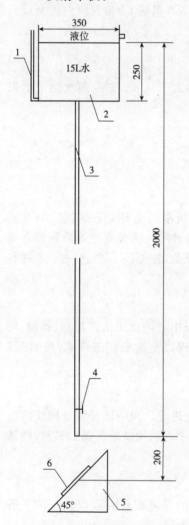

图4-24 冲洗装置示意图

1-液位计;2-水箱;3-内径80mm的水管;
4-阀门;5-样板架;6-样板

A——涂层起始平均反射系数；

B——涂层经沾污试验后的平均反射系数。

结果取三块样板的算术平均值,平行测定之相对误差应不大于10%。

14. 涂层耐温变性

按 JG/T 25—1999 的规定进行,做 5 次循环水中浸泡(23 ± 2℃水中浸泡 18h,-20 ± 2℃冷冻 3h,50 ± 2℃热烘 3h 为一次循环)。三块试板中至少应有两块未出现粉化、开裂、起泡、剥落、明显变色等涂膜病态现象,可评定为"无异常"。如出现以上涂膜病态现象,按 GB/T 1766—2008 进行描述。

(五)检验规则

产品检验分出厂检验和型式检验。

(1)出厂检验项目包括容器中状态、施工性、干燥时间、涂膜外观、对比率。

(2)型式检验项目包括所列的全部技术要求。

1)在正常生产情况下,低温稳定性、耐水性、耐碱性、耐洗刷性、耐沾污性、涂层耐温变性为半年检验一次,耐人工气候老化性为一年检验一次。

2)在 HG/T 24583 中规定的其他情况下亦应进行型式检验。

三、乳胶漆耐冻融性的测定

1. 范围

标准 GB/T 9268—2008 规定了测定以合成树脂乳液为基料的水性漆,经受冷冻并融化后,其黏度、抗凝聚或抗结块等方面有无损害性变化和保持原有性能程度的试验方法。适用于乳胶漆耐冻融性的测定。

2. 仪器和材料

(1)冷冻箱:一个合适的箱子,其大小应能容纳若干个试验样品,箱内温度应能保持在试验所需温度的±2℃。

(2)黏度计:带有浆叶型转子的斯托默黏度计。

(3)黑白卡片纸;黑色反射率不大于 1%;白色反射率为 80 ± 2%。

(4)软毛刷或线棒涂布器。

3. 取样

按 GB/T 3186—2006 的规定,取受试产品的代表性样品。

4. 试验程序

(1)A 法

1)样品制备

将试样搅拌均匀后装入容积为 500ml 的洁净的带有密封盖的大口玻璃瓶、

塑料瓶或有衬里材料的铁罐中,装入量为容器的2/3,及时盖好盖子。

2)试验步骤

将样品罐放入冷冻箱内,冷冻箱温度保持在-5±2℃。样品罐不得与箱壁或箱底接触(可将样品罐放在架子上),相邻样品罐之间以及样品罐与箱壁之间至少要留有25mm的间隙,以利于空气围绕样品自由循环。样品罐在冷冻箱中放置18h后取出,然后在23±2℃条件下放置6h,为一次完整的冻融循环。

3)检查与结果评定

试样经规定或商定的循环次数后,打开容器,充分搅拌试样,观察有无硬块、凝聚及分离现象。如无,以"不变质"表示。

(2)B法

1)样品制备

①将试样搅拌均匀后装入容积为500ml的洁净的带有密封盖的大口玻璃瓶、塑料瓶或有衬里材料的铁罐中,装入量为容器的2/3,及时盖好盖子。

②每一种受试样品,要制备三份同样的样品。

2)试验步骤

①用普通不锈钢油漆调刀手工搅拌容器中的受试样品,搅拌时要小心,避免产生气泡。然后按GB/T 9269—2009的规定测试其初始黏度。测试后的样品封严,标上"对比样"字样,存放在23±2℃条件下。

②对另两份受试样品按上述步骤①的规定搅拌后,标上"试验样"字样,放入冷冻箱内。冷冻箱温度保持在-18±2℃。样品罐不得与箱壁或箱底接触(可将样品罐放在架子上),相邻样品罐之间以及样品罐与箱壁之间至少要留有25mm的间隙,以利于空气围绕样品自由循环。样品罐在冷冻箱中放置17h后取出并存放于23±2℃条件下。

注:在整个搅拌过程中,要使对比样品和试验样品受到完全同样的处理。

3)检查与结果评定

①从冷冻箱中取出的试验样品存放于23±2℃条件下,放置6h和48h后分别进行检查和评定。

②按步骤①的规定搅拌样品,观察有无硬块、凝聚及分离现象。如无,以"不变质"表示,然后在GB/T 9269—2009的规定测定其黏度,比较试验前后黏度的变化值。

③测定黏度后,立即用干净的软毛刷或线棒涂布器将对比样品和试验样品刷涂或刮涂在黑白卡片纸上,干燥24h后比较试验样品和对比样品干漆膜的对比率、光泽、颜色等的变化情况。

四、建筑涂料涂层耐洗刷性的测定

1. 范围

标准 GB/T 9266—2009 规定了能制成平面状涂层建筑涂料耐洗刷性的测定方法。

2. 仪器和材料

(1) 耐洗刷性试验仪

如图 4-25 所示。一种能使刷子在试验样板的涂层表面作直线往复运动,对其进行洗刷的仪器。刷子运动频率为每分钟往复 37±2 次循环,一个往复行程的距离为 300mm×2,在中间 100mm 区间大致为匀速运动。夹具及刷子的总质量应为 450±10g。

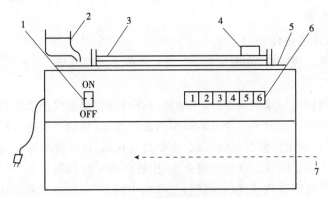

图 4-25 耐洗刷性试验仪
1-电源开关;2-滴加洗刷介质的容器;3-滑动架;4-刷子及夹具;
5-试验台板;6-往复次数显示器;7-电动机

(2) 刷子

在 90mm×38mm×25mm 的硬木平板(或塑料板)上,均匀地打 60±1 个直径约为 3mm 的小孔,分别在孔内垂直地栽上黑猪棕,与毛成直角剪平,毛长约为 19mm。

使用前,将刷毛 12mm 浸入 23±2℃ 水中 30min,取出用力甩净水,再将刷毛 12mm 浸入符合规定的洗刷介质中 20min。刷子经此处理,方可使用。

刷毛磨损至长度小于 16mm 时,须重新更换刷子。

(3) 洗刷介质

将洗衣粉溶于蒸馏水中,配制成质量分数为 0.5% 的洗衣粉溶液,其 pH 值为 9.5～11.0。

注:洗刷介质也可以是按产品标准规定的其他介质。

3. 取样

按 GB/T 3186—2009 的规定,取受试产品的代表性样品。

4. 试板的制备

(1)底材

底材为符合 JC/T412.1—2006 中 NAFHV 级的无石棉纤维水泥平板,应平整且没有变形。尺寸为 430mm×150mm×(3~6)mm

(2)处理和涂装

按 GB/T 9271—2008 的规定处理每一块试板,然后按规定的方法涂覆受试产品或体系。

(3)干燥和状态调节

涂漆的试板应在 GB/T 9278—2008 规定的条件下干燥 7d。

5. 操作步骤

(1)试验环境条件

除另有规定或商定,在温度为 23±2℃ 条件下进行试验。

(2)测定

1)将试验样板涂漆面向上,水平地固定在耐洗刷试验仪的试验台板上。

2)将预处理过的刷子置于试验样板的涂漆面上,使刷子保持自然下垂,滴加约 2mL 洗刷介质于样板的试验区域,立即启动仪器,往复洗刷涂层,同时以每秒钟滴加约 0.04mL 的速度滴加洗刷介质,使洗刷面保持润湿。

3)洗刷至规定次数或洗刷至样板长度的中间 100mm 区域露出底材后,取下试验样板,用自来水冲洗干净。

(3)试验检查

在散射日光下检查试验样板被洗刷过的中间长度 100mm 区域的涂层,观察其是否破损露出底材。

(4)对同一试样采用两块样板进行平行试验。

6. 结果证定

(1)洗刷到规定的次数,两块试板中至少有一块试板的涂层不破损至露出底材,则评定为"通过"。

(2)洗刷到涂层刚好破损至露出底材,以两块试板中洗刷次数多的结果报出。

五、漆膜、腻子膜干燥时间测定法

标准 GB/T 1728—1979 适用于漆膜、腻子膜干燥时间的测定。在规定的干燥条件下,表层成膜的时间为表干时间;全部形成固体涂膜的时间为实际干燥时间。以小时或分表示。

1. 材料和仪器设备

马口铁板:[50×120×(0.2~0.3)]mm;
　　　　 [65×150×(0.2~0.3)]mm;
紫铜片:T2,硬态,[50×1200×(0.1~0.3)]mm;
铝板:LY12,(50×120×1)mm;
铝片盒:(45×45×20)mm(铝片厚度0.05~0.1mm);
脱脂棉球:1m³疏松棉球;
定性滤纸:标重75g/m²,(15×15)cm;
保险刀片;
秒表:分度为0.2s;
天平:感量为0.01g;
电热鼓风箱;
干燥试验器:如图4-26所示,重200g,底面积1cm²。

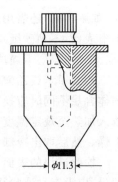

图4-26　干燥试验器

2. 测定方法

按《漆膜一般制备法》在马口铁板、紫铜铜片(或产品标准规定的底材)上制备漆膜。然后按产品标准规定的干燥条件进行干燥。

每隔若干时间或到达产品标准规定时间,在距膜面边缘不小于1cm的范围内,选用下列方法检验漆膜是否表面干燥或实际干燥(烘干燥膜和腻子膜从电热鼓风箱中取出,应在恒温恒湿条件下放置30min测试)。

(1) 表面干燥时间测定法

甲法:吹棉球法

在漆膜表面上轻轻放上一个脱脂棉球,用嘴距棉球10~15cm,沿水平方向轻吹棉球,如能吹走,膜面不留有棉丝,即认为表面干燥。

乙法:指触法

以手指轻触漆膜表面,如感到有些发粘,但无漆粘在手指上,即认为表面干燥。

(2) 实际干燥时间测定法

甲法:压滤纸法

在漆膜上放一片定性滤纸(光滑面接触漆膜,滤纸上再轻轻放置干燥试验器,同时开动秒表,经30s,移去干燥试验器,将样板翻转(漆膜向下),滤纸能自由落下,或在背面用握板之手的食指轻敲几下,滤纸能自由落下而滤纸纤维不被粘在漆膜上,即认为漆膜实际干燥。(对于产品标准中规定漆膜允许稍有黏性的漆,如样板翻转经食指轻敲后,滤纸仍不能自由落下时,将样板放在玻璃板上,用镊子夹住预先折起的滤纸的一角,沿水平方向轻拉滤纸,当样板不动,滤纸已被拉下,即使漆膜上粘有滤纸纤维亦认为漆膜实际干燥,但应标明漆膜稍有黏性。)

乙法:压棉球法

在漆膜表面上放一个脱脂棉球,于棉球上再轻轻放置干燥试验器,同时开动秒表,经 30s,将干燥试验器和棉球拿掉,放置 5min,观察漆膜无棉球的痕迹及失光现象,漆膜上若留有 1~2 根棉丝,用棉球能轻轻掸掉,均认为漆膜实际干燥。

丙法:刀片法

用保险刀片在样板上切刮漆膜或腻子膜,并观察其底层及膜内均无粘着现象(如腻子膜,还需用水淋湿样板,用产品标准规定的水砂纸打磨,若能形成均匀平滑表面,不粘砂纸)即认为漆膜或腻子膜实际干燥。

丁法:厚层干燥法(适用绝缘漆)

用二甲苯或乙醇将铝片盒擦净、干燥。称取试样 20g(以 50% 固体含量计,固体含量不同时应换算),静止至试样内无气泡(不消失的气泡用针挑出),水平放入加热至规定温度的电热鼓风箱内。按产品标准规定的升温速度和时间进行干燥。然后取出冷却,小心撕开铝片盒将试块完整地剥出。

检验试块的表面、内部和底层是否符合产品标准规定,当试块从中间被剪成两份,应没有黏液状物,剪开的截面合拢再拉开,亦无拉丝现象,则认为厚层实际干燥。

平行试验三次,如两个结果符合要求,即认为厚层干燥。

注:油基漆样板不能与硝基漆样板放在同一个电热鼓风箱内干燥。

六、漆膜耐水性测定法

1. 材料和设备

(1)底板:底板应是平整、无扭曲,板面应无任何可见裂纹和皱纹。除另有规定外,底板应是 120mm×25mm×(0.2~0.3)mm 马口铁板。

(2)蒸馏水或去离子水,符合 GB/T6682—2008 中三级水规定的要求。

(3)玻璃水槽。

2. 取样

除另有规定外,按 GB/T3186—2006 规定进行。

3. 底板的处理和涂装

除另有规定外,按 GB 1727—1992 的规定在三块马口铁板上制备漆膜。

4. 试板的干燥

除另有规定外,样板应按产品标准规定的干燥条件和时间干燥,然后按

GB1727—1992规定的恒温恒湿度条件和时间进行状态调节。

5.漆膜厚度的测定

除另有规定外,干漆膜厚度按GB/T 13452.2—2008规定的方法进行。

6.试板边缘的涂装

除另有规定外,试板投试前应用1：1的石蜡和松香混合物封边,封边宽度2～3mm。

7.试验步骤

(1)甲法:浸水试验法

1)试板的浸泡

在玻璃水槽中加入蒸馏水或去离子水。除另有规定外,调节水温为23±2℃,并在整个试验过程中保持该温度。

将三块试板放入其中,并使每块试板长度的2/3浸泡于水中。

2)试板的检查

在产品标准规定的浸泡时间结束时,将试板从槽中取出,用滤纸吸干,立即或按产品标准规定的时间状态调节后以目视检查试板,并记录是否有失光、变色、起泡、起皱、脱落、生锈等现象和恢复时间。

三块试板中至少应有两块试板符合产品标准规定则为合格。

(2)乙法:浸沸水试验法

1)试板的浸泡

在玻璃水槽中加入蒸馏水或无离子水。除另有规定外,保持水处于沸腾状态,直到试验结束。

将三块试板放入其中,并使每块试板长度的2/3浸泡于水中。

2)试板的检查

按甲法中试板检查的规定检查和评定试板。

七、建筑涂料层耐碱性的测定

1.范围

标准GB/T 9265—2009规定了建筑涂料涂层耐碱(饱和氢氧化钙溶液)性的测定方法。

2.取样

按GB/T 3186—2006的规定,取受试产品(或多涂层体系中的每种产品)的代表性样品。

按JG/T23—2001的规定检查和制备试验样品。

3. 试板

(1) 材料和尺寸

试板底材为符合 JC/T412.1—2006 中 NAFHV 级的无石棉纤维水泥平板，应平整且没有变形。

试板最小尺寸为 150mm×70mm，厚度为 3～6mm。

注：只要保证试板无变形，也可以待涂层干燥后将试板切割成所需的尺寸。

(2) 处理和制备

试板应按 GB/T 9271—2008 进行处理，然后根据规定的方法涂覆受试产品，与 GB/T 9271—2008 中要求的任何不同之处，应在试验报告中注明。

(3) 干燥和状态调节

除非另有规定，涂漆的试板应在温度 23±2℃，相对湿度 50±5% 条件下干燥及养护至产品标准规定的时间。养护结束后试验应尽快进行。

4. 操作步骤

(1) 试验环境条件

试验应在温度 23±2℃，相对湿度 50±5% 条件下进行。

(2) 碱溶液（饱和氢氧化钙）的配制

在温度 23±2℃ 条件下，在符合 GB/T 6682—2008 规定的三级水中加入过量的氢氧化钙（分析纯）配制碱溶液并进行充分搅拌，密封放置 24h 后取上层清液作为试验用溶液。

(3) 试验步骤

取三块制备好的试板，用石蜡和松香混合物（质量比为 1∶1）将试板四周边缘和背面封闭，封边宽度 2～4mm，在玻璃或搪瓷容器中加入氢氧化钙饱和水溶液，将试板长度的 2/3 浸入试验溶液中，加盖密封直至产品标准规定的时间。

5. 试板的检查与结果评定

浸泡结束后，取出试板用水冲洗干净，甩掉板面上的水珠，再用滤纸吸干。立即观察涂层表面是否出现变色、起泡、剥落、粉化、软化等现象。

以至少两块试板涂层现象一致作为试验结果。

对试板边缘约 5mm 和液面以下约 10mm 内的涂层区域，不作评定。

当出现变色、起泡、剥落、粉化等涂层病态现象可按照 GB/T 1766—2008 进行评定。

八、色漆和清漆涂层老化的评级方法

1. 范围

标准 GB/T 1766—2008 规定了涂层老化的评级通则、老化单项指标的评级方法及装饰性涂层和保护性涂层老化的综合评级方法。适用于涂层老化性能的评定(天然老化和人工加速老化)。

2.通则和评定方法

(1)分级

以 0 至 5 的数字等级来评定破坏程度和数量,"0"表示无破坏,"5"表示严重破坏。数字 1、2、3、4 的四个等级的确定应使整个等级范围得到最佳分区,如有需要,可以采用中间的半级来对所观察到的破坏现象作更详细的记录。

(2)破坏程度、数量、大小的评定

1)评定涂层表面目视可见的均匀破坏,用破坏的变化程度评级,见表 4-19。

表 4-19 破坏的变化程度等级

等级	变化程度	等级	变化程度
0	无变化、即无可觉察的变化	3	中等,即有很明显觉察的变化
1	很轻微、即刚可觉察的变化	4	较大,即有较大的变化
2	轻微、即有明显觉察的变化	5	严重、即有强烈的变化

2)评定涂层非连续性或其局部不规则破坏,用破坏数量评级,见表 4-20。

表 4-20 破坏数量等级

等级	破坏数量	等级	破坏数量
0	无,即无可见破坏	3	中等,即有中等数量的破坏
1	很少、即风有一些值得注意的破坏	4	较多,即有较多数量的破坏
2	少,即有少量值得注意的破坏	5	密集,即有密集型的破坏

3)如破坏类型有大小的数量意义时,加上破坏大小等级的评定,见表 4-21。

表 4-21 破坏大小等级

等级	破坏大小	等级	破坏大小
S0	10 倍放大镜下无可见破坏	S3	正常视力明显可破坏(<0.5mm)
S1	10 倍放大镜下才可见破坏	S4	0.5～5mm 范围的破坏
S2	正常视力下刚可见破坏	S5	>5mm 的破坏

(3)表示方法

表示方法应包括下列内容:

破坏类型:破坏的程度或破坏数量的等级。若要表示破坏大小等级,则在括号内注明,并在等级前加上字母"S"。

3. 单项评定等级

(1) 失光等级的评定

目测漆膜老化前后的光泽变化程度及按 GB/T 9754—2007 测定老化前后的光泽,计算失光率,其等级见表 4-22。

表 4-22 失光程度等级

等级	失光程度(目测)	失光率(%)
0	无失光	≤3
1	很轻微失光	4～15
2	轻微失光	16～30
3	明显失光	31～50
4	严重失光	51～80
5	完全失光	>80

用公式(4-40)计算失光率(%)

$$失光率 = \frac{A_0 - A_1}{A_0} \times 100 \qquad (4\text{-}40)$$

式中:A_0——老化前光泽测定值;

A_1——老化后光泽测定值。

(2) 变色等级的评定

1) 仪器测定法

按 GB/T 11186.2—1989 和 GB/T 11186.3—1989 测定和计算老化前与老化后的样板之间的总色差值($\Delta E*$),按色差值评级见表 4-23。

表 4-23 变色程度和变色等级

等级	色差值($\Delta E*$)	变色程度
0	≤1.5	无变色
1	1.6～3.0	很轻微变色
2	3.1～6.0	轻微变色
3	6.1～9.0	明显变色
4	9.1～12.0	较大变色
5	>12.0	严重变色

2)目视比色法

当漆膜表面凹凸不平及漆膜表面颜色为两种或多种颜色等不适用于仪器法测定时,宜采用目视比色法。

按 GB/T 9761—2008 的规定将老化后的样板与未进行老化的样板(标准板)进行比色,按漆膜老化前后颜色变化程度参照 GB250—1995 用灰色样卡进行评级,见表 4-24。

表 4-24　变色程度和变色等级

等级	灰卡等级	变色程度
0	5 级至 4 级	无变色
1	劣于 4 级至 3 级	很轻微变色
2	劣于 3 级至 2 级	轻微变色
3	劣于 2 级至 1~2 级	明显变色
4	劣于 1~2 级至 1 级	较大变色
5	劣于 1 级	严重变色

(3)粉化等级的评定

1)天鹅绒布法粉化等级的评定按 ISO4628—7 进行,粉化程度和等级见表 4-25。

表 4-25　粉化程度和等级

等级	粉化程度	等级	粉化程度
0	无粉化	3	明显,试布上沾有较多颜料粒子
1	很轻微,试布上刚可观察到微量颜料粒子	4	较重,试布上沾有很多颜料粒子
2	轻微、试布上沾有少量颜料粒子	5	严重,试布上沾满大量颜料粒子,或样板出现露底

2)胶带纸法粉化等级的评定按 ISO4628-6 进行。

注：ISO4628-6 胶带纸法粉化等级的评定更适合最终评定。

(4)开裂等级的评定

1)漆膜的开裂等级用漆膜开裂数量和开裂大小表示。开裂数量等级和开裂大小等级见表 4-26 和表 4-27。

表 4-26 开裂数量等级

等级	开裂数量	等级	开裂数量
0	无可见的开裂	3	中等数量的开裂
1	很少几条,小的几乎可以忽略的开裂	4	较多数量的开裂
2	少量,可以察觉的开裂	5	密集的开裂

表 4-27 开裂大小等级

等级	开裂大小	等级	开裂大小
S0	10 倍放大镜下无可见开裂	S3	正常视力下目视清晰可见开裂
S1	10 倍放大镜下才可见开裂	S4	基本达到 1mm 宽的开裂
S2	正常视力下目视刚可见开裂	S5	超过 1mm 宽的开裂

2)如有可能,还可表明开裂的深度类型。开裂深度主要分为三种类型:

①表示没有穿透漆膜的表面开裂;

②表示穿透表面漆膜,但对底下各层漆膜基本上没有影响的开裂;

③表示穿透整个漆膜体系的开裂,可见底材。

3)开裂等级的评定表示方法:开裂数量的等级和开裂大小的等级(加括号)。如有可能,可表明开裂的深度。

(5)起泡等级的评定

1)漆膜的起泡等级用漆膜起泡的密度(表 4-28)和起泡的大小(表 4-29)表示。

表 4-28 起泡密度等级

等级	起泡密度	等级	起泡密度
0	无泡	3	有中等数量的泡
1	很少,几个泡	4	有较多数量的泡
2	有少量泡	5	密集型的泡

表 4-29 起泡大小等级

等级	起泡大小(直径)	等级	起泡大小(直径)
S0	10 倍放大镜下无可见的泡	S3	<0.5mm 的泡
S1	10 倍放大镜下才可见的泡	S4	0.5~5mm 的泡
S2	正常视力下刚可见的泡	S5	>5mm 的泡

2)起泡等级的评定表示方法:起泡密度等级和起泡大小等级(加括号)。
(6)生锈等级的评定
1)漆膜的生锈等级用漆膜表面的锈点(锈斑)数量(表 4-30)和锈点大小(表 4-31)表示。

表 4-30 锈点(锈斑)数量等级

等级	生锈状况	锈点(斑)数量(个)
0	无锈点	0
1	很少,几个锈点	≤5
2	有少量锈点	6~10
3	有中等数量锈点	11~15
4	有较多数量锈点	16~20
5	密集型锈点	>20

表 4-31 锈点大小

等级	锈点大小(最大尺寸)	等级	锈点大小(最大尺寸)
S0	10倍放大镜下无可见的锈点	S3	<0.5mm 的锈点
S1	10倍放大镜下才可见的锈点	S4	0.5~5mm 的锈点
S2	正常视力下刚可见的锈点	S5	>5mm 的锈点(斑)

2)生锈等级的评定表示方法:锈点(斑)数量的等级和锈点大小的等级(加括号)。
(7)剥落等级的评定
漆膜剥落的等级用漆膜剥落的相对面积(表 4-32)和剥落暴露面积的大小(表 4-33)。

表 4-32 剥落面积等级

等级	剥落面积(%)	等级	剥落面积(%)
0	0	3	≤1
1	≤0.1	4	≤3
2	≤0.3	5	>15

表 4-33 剥落大小等级

等级	剥落大小(最大尺寸)	等级	剥落大小(最大尺寸)
S0	10倍放大镜下无可见的剥落	S3	≤10mm
S1	≤1mm	S4	≤30mm
S2	≤3mm	S5	>30mm

2)可根据漆膜体系破坏的层次,表示剥落的深度。
①表示表层漆膜从它下层漆膜上剥落。
②表示整个漆膜体系从底材上剥落。
3)剥落等级的评定表示方法:剥落面积的等级和剥落大小的等级(加括号)。如有可能,可表示剥落的深度。

(8)长霉等级的评定

1)涂层长霉的等级用涂层长霉的数量(表 4-34)和长霉的大小(表 4-35)表示。

表 4-34 长霉数量等级

等级	长霉数量	等级	长霉数量
0	无霉点	3	中等数量霉点
1	很少几个霉点	4	较多数量霉点
2	稀疏少量霉点	5	密集型霉点

表 4-35 霉点大小等级

等级	霉点大小(最大尺寸)	等级	霉点大小(最大尺寸)
S0	无可见霉点	S3	<2mm 霉点
S1	正常视力下可见霉点	S4	<5mm 霉点
S2	<1mm 霉点	S5	≥5mm 霉点和菌丝

2)长霉等级的评定表示方法:长霉数量的等级和霉点大小的等级(加括号)。

(9)斑点等级的评定

1)涂层斑点的等级用涂层斑点的数量(表 4-36)和斑点大小(表 4-37)表示。

表 4-36 斑点数量等级

等级	斑点数量	等级	斑点数量
0	无斑点	3	中等数量斑点
1	很少几个斑点	4	较多数量斑点
2	少量稀疏斑点	5	稠密斑点

表 4-37 斑点大小等级

等级	斑点大小(最大尺寸)	等级	斑点大小(最大尺寸)
S0	10 倍放大镜下无可见斑点	S3	<0.5mm 斑点
S1	10 倍放大镜下有可见斑点	S4	0.6~5mm 斑点
S2	正常视力下可见斑点	S5	>5mm 斑点

斑点等级的评定表示方法:斑点数量的等级和斑点大小的等级(加括号)。

(10)泛金等级的评定

涂层泛金的等级用涂层泛金程度(表 4-38)表示。

表 4-38 泛金程度

等级	泛金程度	等级	泛金程度
0	无泛金	3	明显泛金
1	刚可察觉,很轻微泛金	4	较大程度泛金
2	轻微泛金	5	严重泛金

(11)沾污等级的评定

涂层沾污的等级用涂层沾污程度(表 4-39)表示。

表 4-39 沾污程度

等级	沾污程度	等级	沾污程度
0	无沾污	3	明显沾污
1	刚可察觉,很轻微沾污	4	较大程度沾污
2	轻微沾污	5	严重沾污

4. 综合评定等级

按老化试验过程中出现的单项破坏等级评定漆膜老化的综合等级,分 0、1、2、3、4、5 六个等级,分别代表漆膜耐老化性能的优、良、中、可、差、劣。

按漆膜用途分为装饰性漆膜综合评定和保护性漆膜综合评定。

(1)装饰性漆膜综合老化性能等级的评定见表 4-40。

表 4-40 装饰性漆膜综合老化性能等级评定

综合等级	单 项 等 级										
	失光	变色	粉化	泛金	斑点	沾污	开裂	起泡	长霉	剥落	生锈
0	1	0	0	0	0	0	0	0	0	0	0
1	2	1	0	1	1	1	1(S1)	1(S1)	1(S1)	0	0
2	3	2	1	2	2	2	3(S1)或 2(S2)	2(S2)或 1(S3)	2(S2)	0	1(S1)
3	4	3	2	3	3	3	3(S2)或 2(S3)	3(S2)或 2(S3)	3(S2)或 2(S3)	1(S1)	1(S2)
4	5	4	3	4	4	4	3(S3)或 2(S4)	4(S3)或 3(S4)	3(S3)或 2(S4)	2(S2)	2(S2)或 1(S3)
5	—	5	4	5	5	5	3(S4)或 4(S4)	5(S4)或 2(S5)	3(S4)或 2(S5)	3(S3)	3(S2)或 2(S3)

(2)保护性漆膜综合老化性能等级的评定见表 4-41。

表 4-41　保护性漆膜综合老化性能等级评定

综合等级	单项等级						
	变色	粉化	开裂	起泡	长霉	生锈	剥落
0	2	0	0	0	1S2	0	0
1	3	1	1(S1)	1(S1)	3(S2)或2(S3)	1(S1)	0
2	4	2	3(S1)或2(S2)	5(S1)或2(S1)或1(S3)	2(S3)或1(S4)	1(S2)	1(S1)
3	5	3	3(S2)或2(S3)	3(S2)或2(S3)	3(S4)或2(S5)	2(S2)或1(S3)	2(S2)
4	5	4	3(S3)或2(S4)	4(S3)或3(S4)	4(S4)或3(S5)	3(S2)或2(S3)	3(S3)
5	5	5	3(S4)或2(S4)... wait	5(S3)或4(S4)	5(S4)或4(S5)	3(S3)或2(S4)	4(S4)

5.检验注意事项

(1)样板的四周边缘、板孔周围 5mm 及外来因素引起的破坏现象不作计算。

(2)记录每一种破坏现象。

(3)漆膜如出现上述 11 项外的异常现象,应作记录,并描述。

(4)漆膜如有数种破坏现象,评定综合等级时,应按最严重的一项评定。

第四节　装饰装修材料中的有害物质

一、建筑材料放射性核素限量

(一)范围

标准 GB6566-2010 规定了建筑材料放射性核素限量和天然放射性核素镭-226、钍-232、钾-40 放射性比活度的试验方法。本标准适用于对放射性核素限量有要求的无机非金属类建筑材料。

(二)术语和定义

(1)建筑材料

GB 6566—2010 中的建筑材料是指用于建造各类建筑物所使用的无机非金

属类材料。分为建筑主体材料和装修材料。

①建筑主体材料：用于建造建筑物主体工程所使用的建筑材料。包括：水泥与水泥制品、砖、瓦、混凝土、混凝土预制构件、砌块、墙体保温材料、工业废渣、掺工业废渣的建筑材料及各种新型墙体材料等。

②装修材料：用于建筑物室内、外饰面用的建筑材料。包括：花岗石、建筑陶瓷、石膏制品、吊顶材料、粉刷材料及其他新型饰面材料等。

(2) 建筑物

供人类进行生产、工作、生活或其他活动的房屋或室内空间场所。根据建筑物用途不同，将其分为民用建筑与工业建筑两类。

①民用建筑：供人类居住、工作、学习、娱乐及购物等建筑物。分为以下两类：

Ⅰ类民用建筑：如住宅、老年公寓、托儿所、医院和学校等。

Ⅱ类民用建筑：如商场、体育馆、书店、宾馆、办公楼、图书馆、文化娱乐场所、展览馆和公共交通等候室等。

②工业建筑：供人类进行生产活动的建筑物。如生产车间、包装车间、维修车间和仓库等。

(3) 内照射指数

内照射指数是指建筑材料中天然放射性核素镭-226的放射性比活度，除以标准规定的限量而得的商。

$$I_{Ra}=\frac{C_{Ra}}{200} \qquad (4-41)$$

式中：I_{Ra}——内照射指数；

C_{Ra}——建筑材料中天然放射性核素镭-226的放射性比活度，单位为贝克每千克($Bq \cdot kg^{-1}$)；

200——仅考虑内照射情况下，本标准规定的建筑材料中放射性核素镭-226的放射性比活度限量，单位为贝克每千克($Bq \cdot kg^{-1}$)。

(4) 外照射指数

外照射指数是指：建筑材料中天然放射性核素镭-226、钍-232和钾-40的放射性比活度分别除以其各自单独存在时标准 GB 6566 规定限量而得的商之和。

$$I_r=\frac{C_{Ra}}{370}+\frac{C_{Th}}{260}+\frac{C_K}{4200} \qquad (4-42)$$

式中：I_r——外照射指数；

C_{Ra}、C_{Th}、C_K——分别为建筑材料中天然放射性核素镭-226、钍-232、钾-40的放射性比活度，单位为贝克每千克($Bq \cdot kg^{-1}$)；

370、260、4200——分别为仅考虑外照射情况下，GB 6566 规定的建筑材料中天然放射性核素镭－226、钍－232、钾－40 在其各自单独存在时限量，单位为贝克每千克(Bq·kg^{-1})。

(5)放射性比活度

某种核素的放射性比活度是指：物质中的某种核素放射性活度除以该物质的质量而得的商。

$$C=\frac{A}{m} \tag{4-43}$$

式中：C——放射性比活度，单位为(Bq·kg^{-1})；

A——核素放射性活度，单位为(Bq)；

m——物质的质量(kg)。

(6)测量不确定度

当样品中镭－226、钍－232、钾－40 放射性比活度之和大于 37Bq·kg^{-1} 时要求测量不确定度(扩展因子 k＝1)不大于 20％。

(7)空心率

空心率是指空心建材制品的空心体积与整个空心建材制品体积之比的百分率。

(三)要求

1.建筑主体材料

建筑主体材料中天然放射性核素镭－226、钍－232、钾－40 的放射性比活度应同时满足 $I_{Ra}\leqslant 1.0$ 和 $I_r\leqslant 1.0$。

对空心率大于 25％的建筑主体材料，其天然放射性核素镭－226、钍－232、钾－40 的放射性比活度应同时满足 $I_{Ra}\leqslant 1.0$ 和 $I_r\leqslant 1.3$。

2.装饰装修材料

本标准根据装饰装修材料放射性水平大小划分为以下三类：

(1)A 类装饰装修材料

装饰装修材料中天然放射性核素镭－226、钍－232、钾－40 的放射性比活度同时满足 $I_{Ra}\leqslant 1.0$ 和 $I_r\leqslant 1.3$ 要求的为 A 类装饰装修材料。A 类装饰装修材料产销与使用范围不受限制。

(2)B 类装饰装修材料

不满足 A 类装饰装修材料要求但同时满足 $I_{Ra}\leqslant 1.3$ 和 $I_r\leqslant 1.9$ 要求的为 B 类装饰装修材料。B 类装饰装修材料不可用于 I 类民用建筑的内饰面，但可用于 II 类民用建筑物、工业建筑内饰面及其他一切建筑的外饰面。

(3)C 类装饰装修材料

不满足 A、B 类装修材料要求但满足 $I_r\leqslant 2.8$ 要求的为 C 类装饰装修材料。

C类装饰装修材料只可用于建筑物的外饰面及室外其他用途。

(四)试验方法

1.仪器

(1)低本底多道γ能谱仪。

(2)天平(感量0.1g)。

2.取样与制样

(1)取样

随机抽取样品两份,每份不少于2kg。一份封存,另一份作为检验样品。

(2)制样

将检验样品破碎,磨细至粒径不大于0.16mm。将其放入与标准样品几何形态一致的样品盒中,称重(精确至0.1g)、密封、待测。

3.测量

当检验样品中天然放射性衰变链基本达到平衡后,在与标准样品测量条件相同情况下,采用低本底多道γ能谱仪对其进行镭-226、钍-232、钾-40比活度测量。

二、人造板及其制品中甲醛释放限制

(一)范围

标准GB 18580—2001规定了室内装饰装修用人造板及其制品(包括地板、墙板等)中甲醛释放量的指标值、试验方法和检验规则。适用于释放甲醛的室内装饰装修用各种类人造板及其制品。

(二)术语和定义

(1)甲醛释放量——穿孔法测定值。用穿孔萃取法测定的从100g绝干人造板萃取出的甲醛量。

(2)甲醛释放量——干燥器法测定值。用干燥器法测定的试件释放于吸收液(蒸馏水)中的甲醛量。

(3)甲醛释放量——气候箱法测定值:以标准规定的气候箱测定的试件向空气中释放达稳定状态时的甲醛量。

(4)气候箱容积:无负荷时箱内总的容积。

(5)承载率:试样总表面积与气候箱容积之比。

(6)空气置换率:每小时通过气候箱的空气体积与气候箱容积之比。

(7)空气流速:气候箱中试样表面附近的空气速度。

(三)试验方法

1.穿孔法

(1)原理

穿孔法测定甲醛含量,基于下面两个步骤:

第一步:穿孔萃取,把游离中醛从板材中全部分离出来,它分为两个过程。首先将溶剂甲苯与试件共热,通过液—固萃取使甲醛从板材中溶解出来。然后将溶有甲醛的甲苯通过穿孔器与水进行液—液萃取,把甲醛转溶于水中。

第二步:测定甲醛水溶液的浓度。在乙酰丙酮和乙酸铵混合溶液中,甲醛与乙酰丙酮反应生成二乙酰基二氢卢剔啶,在波长为412nm时,它的吸光度最大。

(2)仪器与设备

1)穿孔萃取仪(图4-27);

2)套式恒温器;

3)天平,感量0.01g;感量0.0001g;

4)水银温度计0~300℃;

5)鼓风干燥箱,温度可保持103±2℃;

6)水槽,可保持温度60±1℃;

7)分光光度计,可以在波长412nm处测量吸光度。推荐使用光程至少为50mm的比色皿;

8)玻璃器皿;

9)小口塑料瓶,500mL,1000mL。

(3)试剂

1)甲苯;

2)碘化钾;

3)重铬酸钾;

4)碘化汞;

5)硫代硫酸钠;

6)无水碳酸钠;

7)硫酸;

8)盐酸;

9)氢氧化钠;

10)碘;

11)可溶性淀粉;

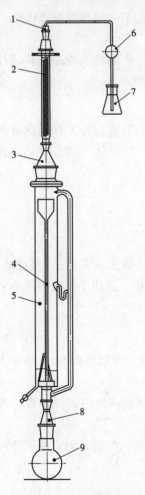

图4-27 穿孔萃取仪

1-锥形接头;2-冷凝管;3-锥形接头;
4-穿孔器;5-穿孔器附件;6-球形管;
7-三角烧瓶;8-锥形接头;9-圆底烧瓶

12)乙酰丙酮；

13)甲醛溶液。

(4)溶液配制

1)硫酸

量取约 54mL 硫酸($\rho=1.84$g/mL)在搅拌下缓缓倒入适量蒸馏水中,搅匀,冷却后放置在 1L 容量瓶中,加蒸馏水稀释至刻度摇匀。

2)氢氧化钠

称取 40g 氢氧化钠溶于 600mL 新煮沸而后冷却的蒸馏水中,待全部溶解后加蒸馏水至 1000mL 储于小口塑料瓶中。

3)淀粉指示剂

称取 1g 可溶性淀粉,加入 10mL 蒸馏水中,搅拌下注入 90mL 沸水中,再微沸 2min,放置待用。(此试剂使用前配制)

4)硫代硫酸钠标准溶液

配制:在感量 0.01g 的天平上称取 26g 硫代硫酸钠放于 500mL 烧杯中,加入新煮沸并已冷却的蒸馏水至完全溶解后,加入 0.05g 碳酸钠(防止分解)及 0.01g 碘化汞(防止发霉)然后再用新煮沸并已冷却的蒸馏水稀释成 1L 盛于棕色细口瓶中,摇匀,静置 8~10d 再进行标定。

标定:称取在 120℃下烘至恒重的重铬酸钾 0.10~0.15g,精确至 0.0001g 然后置于 500mL 碘价瓶中,加 25mL 蒸馏水,摇动使之溶解,再加 2g 碘化钾及 5mL 盐酸($\rho=1.19$g/mL),立即塞上瓶塞,液封瓶口,摇匀于暗处放置 10min,再加蒸馏水 150mL 用待标定的硫代硫酸钠滴定到呈草绿色,加入淀粉指示剂 3mL 继续滴定至突变为亮绿色为止,记下硫代硫酸钠用量 V。

硫代硫酸钠标准溶液的浓度,根据下式计算:

$$c(\mathrm{Na_2S_2O_3}) = \frac{G}{V \times 49.03} \times 1000 \tag{4-44}$$

式中:$c(\mathrm{Na_2S_2O_3})$——硫代硫酸钠标准溶液的浓度,单位为摩尔每升(mol/L);

V——硫代硫酸钠滴定耗用量,单位为毫升(mL);

G——重铬酸钾的质量,单位为克(g);

49.03——重铬酸钾的摩尔质量,单位为克每摩尔(g/mol)。

5)碘标准溶液

配制:在感量 0.01g 的天平上称取碘 13g 及碘化钾 30g,同置于洗净的玻璃研钵内,加少量蒸馏水研磨至碘完全溶解。也可以将碘化钾溶于少量蒸馏水中,然后在不断搅拌下加入碘.使其完全溶解后转至 1L 的棕色容量瓶中,用蒸馏水稀释到刻度,摇匀,储存于暗处。

6)乙酰丙酮溶液

配制:用移液管吸取 4mL 乙酰丙酮于 1L 棕色容量瓶中,并加蒸馏水稀释至刻度,摇匀,储存于暗处。

7)乙酸铵溶液质量分数

配制:在感量为 0.01g 的天平上称取 200g 乙酸铵于 500mL 烧杯中,加蒸馏水完全溶解后转至 1L 棕色容量瓶中,稀释至刻度,摇匀,储存于暗处。

(5)试件

1)试件尺寸

长 $l=25$mm;宽 $b=25$mm;厚度为板厚。

质量约为 500g。其中 100g 用于含水率测定。

2)试件平衡处理

①企业内部由与质量控制进行甲醛含量测定,在板冷却后立即取样,在室温下密封保存。取样后 72h 内必须测定甲醛含量。

②若本方法用于除企业质量控制外的其他方面,例如已安装好的板、采用的取样、试件制备和平衡处理等所有影响最终结果的方法都需经过双方同意并在试验报告中说明。

③除非另有商议,应把试件放在温度 20 ± 1℃、相对湿度 $65\pm5\%$ 条件下放至质量恒定;相隔 24h 两次称重结果之差不超过试件质量的 0.1%,即视为质量恒定。

④平衡处理时应避免其他来源的甲醛污染试件。

(6)方法

1)穿孔萃取试验次数

试样一式两份,进行 2 次穿孔萃取试验。

注:内部检验只盖进行 1 次穿孔萃取,两个穿孔值之差不应大于 0.5mg/100g,否则进行第 3 次萃取试验。

2)试件含水率的测定

在感量 0.01g 的天平上称取 50g 试件 2 份,测记其含水率。

3)穿孔萃取

①在仪器使用前,穿孔器附件边管应进行保温处理,如包上石棉绳,以利于甲苯回流。

②将仪器如图 4-27 所示组装,并固定在铁座上。采用套式恒温器加热烧瓶。

③称取 110g 试件(精确至 0.01g),加到 1000mL 圆底烧瓶中,同时加入 600mL 甲苯。另将 100mL 甲苯及 1000~1200mL 蒸馏水加入到穿孔器附件中,使液面距虹吸管出口 20~30mm。在液封装置的三角瓶中加 200mL 蒸馏水,安

装妥当,保证每个接门紧密而不偏气,可涂上凡士林或活塞油脂。

④打开冷却水,然后进行加热。调节加热器,使其开始加热20~30min后甲苯开始回流。萃取进行120±5min,从通过穿孔器的第一滴甲苯开始计时。在整个萃取过程中,甲苯应有规律的回流,每分钟回流速度为70~90滴,以便防止液封三角瓶中的水虹吸回到穿孔器附件中。并使穿孔器中的甲苯液柱保持一定高度,使冷凝下来的带有甲醛的甲苯从穿孔器的底部穿孔而出并溶入水中,因甲苯比重小于1,浮到水面之上,并通过穿孔器附件的小虹吸管返回到烧瓶中。

回流时穿孔器附件中液体温度不得超过40℃,若温度超过40℃,则必须采取降温措施,以保证甲醛在水中的溶解。穿孔器附件的水面不能超过最高水位线,以免吸收甲醛的水溶液通过小虹吸管进入烧瓶,为了防止该现象,可将穿孔器附件中吸收液转移一部分至2000mL容量瓶。

在整个加热萃取过程中,应有专人看管,以免发生意外事故。

⑤在萃取结束时,移开加热器,让仪器迅速冷却,使三角瓶中的液封水会通过冷凝管回到穿孔器附件中,起到洗涤仪器上半部的作用。

⑥开启穿孔器附件底部的活塞,将甲醛吸收液全部转至2000mL容量瓶中,再加入两份200mL蒸馏水清洗三角烧瓶,并让它虹吸回流到穿孔器附件中。合并转移到2000mL容量瓶中。

⑦将容量瓶用蒸馏水稀释到刻度,若有少设甲苯混入,可用滴管吸除后再定容、摇匀、待定。

⑧在萃取过程中若有漏气或停电间断,此项试验应重做。试验用过的甲苯属易燃品应妥善处理,若有条件可重蒸脱水,回收利用。

4)空白试验

使用同批甲苯,不加试件,进行萃取操作,得到萃取空白液。如果600mL甲苯中甲醛含量超过0.2mg,则该甲苯不能使用。

5)甲醛浓度测定

量取10mL乙酰丙酮和10mL乙酸铵溶液于50mL。带塞三角烧瓶中,再准确吸取10mL萃取液到该烧瓶中。塞上瓶塞,摇匀,再放到60±1℃的水槽中加热10min,然后把这种黄绿色的溶液在避光处室温下存放(约1h)。在分光光度计上412nm处.以蒸馏水作为对比溶液,调零。用比色皿测定萃取溶液的吸光度和空白液吸光度。

6)标准曲线

标准曲线(图4-28)是根据甲醛溶液质量浓度与吸光度的关系绘制的,其质量浓度用碘量法测定。标准曲线至少每月检查一次。

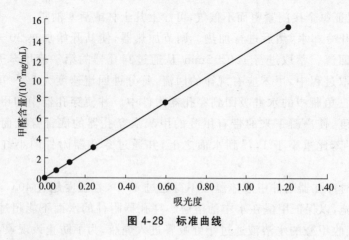

图 4-28 标准曲线

①甲醛溶液标定

把大约 2mL 中醛溶液(浓度 35~40%)移至 1000mL 容量瓶中,并用蒸馏水稀释至刻度。甲醛溶液质量浓度按下述方法标定:

量取 20mL 甲醛溶液与 25mL 碘标准溶液(0.05mol/L)、10mL 氢氧化钠标准溶液(1mol/L)于 100mL 带塞三角烧瓶中混合。静置暗处 15min 后,把 1mol/L 硫酸溶液 15mL 加入到混合液中。多余的碘用 0.1mol/L 硫代硫酸钠溶液滴定,滴定接近终点时,加入几滴 1%淀粉指示剂,继续滴定到溶液变为无色为止。同时用 20mL 蒸馏水做平行试验。甲醛溶液质量浓度按下式计算:

$$c_1 = \frac{(V_0 - V) \times 15 \times c_2 \times 1000}{2} \quad (4\text{-}45)$$

式中:c_1——甲醛质量浓度,单位为毫克每升(mg/L);

V_0——滴定蒸馏水所用的硫代硫酸钠标准溶液的体积,单位为毫升(mL);

V——滴定甲醛溶液所用的硫代硫酸钠标准溶液的体积,单位为毫升(mL);

c_2——硫代硫酸钠溶液的浓度,单位为摩尔每升(mol/L);

15——甲醛($1/2CH_2O$)摩尔质量,单位为克每摩尔(g/mol)。

注:1mL0.1mol/L 硫代硫酸钠相当于 1mL0.05mol/L 的碘溶液和 1.5mg 的甲醛。

②甲醛校定溶液

按①中确定的中醛溶液质量浓度,计算含有甲醛 15mg 的甲醛溶液体积。用移液管移取该体积数到 1000mL 容量瓶中,并用蒸馏水稀释到刻度,则 1mL 校定溶液中含有 15μg 甲醛。

③标准曲线的绘制

把 0mL,5mL,10mL,20mL,50mL 和 100mL 的甲醛校定溶液分别移加到 100mL 容量瓶中,并用蒸馏水稀释到刻度。然后分别取出 10mL 溶液。进行吸光度测量分析。根据甲醛质量浓度(0~15mg/L)吸光情况绘制标准曲线。斜率由标准曲线计算确定,保留 4 位有效数字。

7)结果表示

①甲醛含量(或穿孔值)按下式计算,精确至 0.1mg:

$$E=\frac{A_s-A_b\times f\times(100+H)\times V}{m_c} \quad (4\text{-}46)$$

式中:E——每 100g 试件含有甲醛毫克数,mg/100g;

A_s——萃取液的吸光度;

A_b——空白液的吸光度;

f——标准曲线的斜率,单位为毫克每毫升(mg/mL);

H——试件含水率,以百分率表示(%);

m——用于萃取试验的试件质量,单位为克(g);

V——容量瓶体积 2000mL。

刨花板、定向刨花板和干法纤维板的甲醛释放量(或穿孔值)是板材平衡处理到含水率为 6.5%时的值。当板材含水率不同时,采用含水率修正系数厂校正甲醛含量。

对于刨花板和定向刨花板,当 3%≤H≤10%时,采用下式的含水率修正系数进行校正。

$$F=-0.133H+1.86 \quad (4\text{-}47)$$

对于干法纤维板如中密度纤维板采用下式的含水率修正系数进行校正。

当板材含水率为 4%≤H≤9%时:

$$F=-0.133H+1.86 \quad (4\text{-}48)$$

当板材含水率为 H<4%和 H>9%时:

$$F=0.636+3.12e^{-0.316H} \quad (4\text{-}49)$$

②一张板的甲醛含量是同一张板内 2 份试件甲醛含量的算术平均值,精确至 0.1mg。

2.干燥器法

(1)原理

在一定温度下,把已知表面积的试件放入干燥器,试件释放的甲醛被一定体积的水吸收,测定 24h 内水中的甲醛含量。

(2)仪器

1)玻璃干燥器,直径 240mm,容积为 11±2L。

2)支撑网,直径 240±15mm,由不锈钢丝制成,其平行钢丝间距不小于 15mm(图 4-29)。

3)试样支架,由不锈钢丝制成,在干燥器中支撑试件垂直向上(图 4-30)

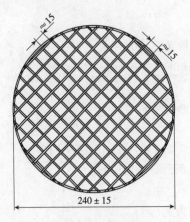
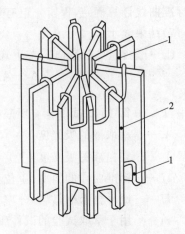

图 4-29　金属丝支撑网(单位 mm)　　图 4-30　放置试件的金属丝试件夹

1-金属支架；2-试件

4)温度测定装置,例如热电偶,温度测量误差±1℃放入干燥器中,并把该干燥器紧邻其他放有试件的干燥器。

5)水槽,可保持温度 65±2℃。

6)分光光度计,可以在波长 412nm 处测量吸光度。推荐使用光程为 50mm 的比色皿。

7)天平：感量 0.01g；感量：0.0001g。

8)玻璃器。

9)小口塑料瓶,500mL,1000mL。

(3)试剂

1)碘化钾；

2)重铬酸钾；

3)碘化汞；

4)硫代硫酸钠；

5)无水碳酸钠；

6)硫酸；

7)盐酸；

8)氢氧化钠；

9)碘；

10)可溶性淀粉；

11)乙酰丙酮；

12)乙酸铵；

13) 冰乙酸；

14) 甲醛溶液。

(4) 溶液配制

1) 硫酸(1mol/L)：量取约 54mL 硫酸($\rho=1.84$g/mL)在搅拌下缓缓倒入适量蒸馏水中，搅匀，冷却后放置在 1L 容量瓶中，加蒸馏水稀释至刻度摇匀。

2) 氢氧化钠(1mol/L)：称取 40g 氢氧化钠溶于 600mL，新煮沸而后冷却的蒸馏水中，待全部溶解后加蒸馏水至 1000mL 储于小口塑料瓶中。

3) 淀粉指示剂(1%)：称取 1g 可溶性淀粉，加入 10mL 蒸馏水中，搅拌下注入 90mL 沸水中，再微沸 2min，放置待用(此试剂使用前配制)。

4) 硫代硫酸钠标准溶液

配制：在感量 0.01g 的天平上称取 26g 硫代硫酸钠放于 500mL 烧杯中，加入新煮沸并已冷却的蒸馏水至完全溶解后，加入 0.05g 碳酸钠（防止分解）及 0.01g 碘化汞（防止发霉）然后再用新煮沸并已冷却的蒸馏水稀释成 1L 盛于棕色细口瓶中，摇匀，静置 8～10d 再进行标定。

标定：称取在 120℃下烘至恒重的重铬酸钾 0.10～0.15g，精确至 0.0001g 然后置于 500mL 碘价瓶中，加入 25mL 蒸馏水，摇动使之溶解，再加 2g 碘化钾及 5mL 盐酸($\rho=1.19$g/mL)，立即塞上瓶塞，液封瓶口，摇匀于暗处放置 10min，再加蒸馏水 150mL。用待标定的硫代硫酸钠滴定到呈草绿色，加入淀粉指示剂 3mL，继续滴定至突变为亮绿色为止，记下硫代硫酸钠用量 V。

5) 碘标准溶液：在感量 0.01g 的天平上称取碘 13g 及碘化钾 30g 同置于洗净的玻璃研钵内，加少量蒸馏水研磨至碘完全溶解。也可以将碘化钾溶于少量蒸馏水中，然后在不断搅拌下加入碘，使其完全溶解后转至 1L 的棕色容量瓶中，用蒸馏水稀释到刻度，摇匀，储存于暗处。

6) 乙酰丙酮-乙酸铵溶液：称取 1.50g 乙酸铵于 800mL 蒸馏水或去离子水中，再加入 3mL 冰乙酸和 2mL 乙酰丙酮，并充分搅拌。定容至 1L 避光保存。该溶液保存期 3d，3d 后应重新配制。

(5) 试件

1) 试件尺寸

长 l=150±1.0mm；宽 b=50±1.0mm。

试件的总表面积包括侧面、两端和表面，应接近 1800cm^2，据此确定试件数量。

2) 试验次数

试件数量为 2 组。

注：内部检验只需要一组试件：

两次甲醛释放量的差异应在算数平均值的 20% 之内，否则选择第 3 组试件重新测定。

3) 试件平衡处理

试件在相对湿度 65±5%、温度 20±2℃条件下放置 7d 或平衡至质量恒定。试件质量恒定指前后间隔 24h 两次称量所得质量差不超过试件质量的 0.1%。

平衡处理时试件间隔至少 25mm,以便空气可以在试件表面自由循环。

当甲醛背景浓度较高时,甲醛含量较低的试件将从周围环境吸收甲醛。在试件贮存和平衡处现时应小心避免发生这种情况,可采用甲醛排除装置或在房间放置少量的试件来达到目的。在结晶皿中放 3000mL 蒸馏水,置于平衡处理环境 24h,然后测定甲醛浓度,以得到背景浓度,最大的背景浓度应低于试件释放的甲醛浓度。

(6) 方法

1) 甲醛的收集

①试验前用水清洗干燥器和结晶皿并烘干。

②在直径为 240mm 的干燥器底部放置结晶皿,在结晶皿内加入 30±1mL 蒸馏水,水温为 20±1℃。然后把结晶皿放入干燥器底部中央、把金属丝支撑网放置在结晶皿上方。

③把试件插入试样支架,如图 4-30 所示,试件件不得有松散的碎片,然后把装有试件的支架放入干燥器内支撑网的中央,使其位与结晶皿的正上方。

④干燥器应放置在没有振动的平面上。在 20±0.5℃下放置 24h±10min,蒸馏水吸收从试件释放出的甲醛。

⑤充分混合结晶皿内的甲醛溶液。用甲醛溶液清洗一个 100mL 的单标容量瓶,然后定容至 100mL。用玻璃塞封上容量瓶。如果样品不能立即检测,应密封贮存在容量瓶中,在 0~5℃下保存,但不超过 30h。

2) 空白试验

在干燥器内不放试件,空白值不得超过 0.05mg/L。

在干燥器内放置温度测量装置。连续监测干燥器内部温度,或不超过 15min 间隔测定,并记录试验期间的平均温度。

3) 甲醛质量浓度测定

准确吸取 25mL 甲醛溶液到 100mL 带塞三角烧瓶中,并量取 25mL 乙酰丙酮—乙酸铵溶液,塞上瓶塞,摇匀。再放到 65±2℃的水槽中加热 10min,然后把溶液放在避光处 20℃下存放 60±5min。使用分光光度计,在 412nm 波长处测定溶液的吸光度。采用同样的方法测定甲醛背景质量浓度。

4) 标准曲线

标准曲线是根据甲醛溶液质量浓度与吸光度的关系绘制的,其质量浓度用碘量法测定。标准曲线至少每月检查一次。

①甲醛溶液标定

把大约 1mL 甲醛溶液(浓度 35～40％移至 1000mL 容量瓶中,并用蒸馏水稀释至刻度。甲醛溶液浓度按下述方法标定:

量取 20mL 甲醛溶液与 25mL 碘标准溶液(0.05mol/L)、10mL 氢氧化钠标准溶液(1mol/L)于 100mL 带塞三角烧瓶中混合。静置暗处 15min 后,把 1mol/L 硫酸溶液 15mL 加入到混合液中。多余的碘用 0.1mol/L 硫代硫酸钠溶液滴定,滴定接近终点时,加入几滴 1％淀粉指示剂,继续滴定到溶液变为无色为止。同时用 20mL 蒸馏水做平行试验。甲醛溶液质量浓度按(4-45)计算:

②甲醛校定溶液

按①中确定的中醛溶液质量浓度,计算含有甲醛 3mg 的甲醛溶液体积。用移液管移取该体积数到 1000mL 容量瓶中,并用蒸馏水稀释到刻度,则 1mL 校定溶液中含有 $3\mu g$ 甲醛。

③标准曲线的绘制

把 0mL,5mL,10mL,20mL,50mL 和 100mL 的甲醛校定溶液分别移加到 100mL 容量瓶中,并用蒸馏水稀释到刻度。然后分别取出 25mL 溶液。进行吸光度测量分析。根据甲醛质量浓度(0～3mg/L)吸光情况绘制标准曲线。斜率由标准曲线计算确定,保留 4 位有效数字。

(7)结果表示

1)甲醛溶液的浓度按下式计算,精确至 0.01mg/L:

$$c=f\times(A_s-A_b)\times 1800/A \tag{4-50}$$

式中:c——甲醛质量浓度,单位为毫克每升(mg/L);

f——标准曲线的斜率,单位为毫克每毫升(mg/mL);

A_s——甲醛溶液的吸光度;

A_b——空白液的吸光度;

A——试件表面积,单位为平方厘米。

2)一张板的甲醛释放量是同一张板内 2 份试件甲醛释放量的算术平均值精确至 0.01mg/L。

3.1m³ 气候箱法

(1)原理

将 $1m^2$ 表面积的样品放入温度、相对湿度、空气流速和空气置换率控制在一定值的气候箱内。甲醛从样品中释放出来,与箱内空气混合,定期抽取箱内空气,将抽出的空气通过盛有蒸馏水的吸收瓶,空气中的甲醛全部溶入水中;测定吸收液中的甲醛量及抽取的空气体积,计算出每立方米空气中的甲醛量,以毫克每立方米(mg/m^3)表示。抽气是周期性的,直到气候箱内的空气中甲醛质量浓度达到稳定状态为止。

(2)设备及仪器

1)1m³气候箱

气候箱参数、技术要求应满足 LY/T1612 的规定。进入气候箱内空气的甲醛质量浓度不能超过 0.006mg/m³。

2)空气抽样系统

空气抽样系统包括：抽样管(如硅胶管)、2 个 100mL 的吸收瓶、硅胶干燥器、气体抽样泵、气体流量计、气体计量表(配有温度计)。

3)恒温恒湿室

室内保持相对湿度 50±5%,温度 23±1℃而且空气置换率至少 1 次/h。

4)其他仪器

除干燥器、支撑网、试样支架、结晶皿和温度测定装置外,其他按干燥器法(2)的规定。

(3)试剂

除甲苯外,试剂按穿孔法(3)试剂的规定。

(4)溶液配制

溶液配制按穿孔法(4)的规定。

(5)试件

1)试件尺寸

长 l=500±5mm；宽 b=500±5mm。

试件表面积为 1m²,有带榫舌的突出部分应去掉。

2)试件平衡处理

试件在 23±1℃、相对湿度 50±5%条件下放置 15±2d,试件之间距离至少 25mm,使空气在所有试件表面上自由循环。恒温恒湿室内空气置换率至少每小时 1 次(h^{-1})室内空气中甲醛质量浓度不能超过 0.10mg/m³。

3)试件封边

试件平衡处理后,采用不含甲醛的铝胶带封边,未封边的长度与试件表面积的比例为:l/A=1.5m/m²。对于尺寸为 0.5m×0.5m×板厚的试件,试验需 2 块试件,每块试件未封边长度为 l=0.5m²×1.5m/m²=0.75m。

地板只测量暴露面。采用不含甲醛的胶黏剂将 2 块试件背靠背粘起来,或者用铝箔将试件的一面密封起来,所有侧边均用铝箔密封。

(6)试验步骤

1)试验条件

在试验过程中,气候箱内保持下列条件：

温度 23±0.5℃；

相对湿度 50±3%；

承载率 1.0±0.02m²/m³；

空气置换率 1.0±0.05h⁻¹；

试件表面空气流速 0.1～0.3m/s。

2) 试件放置

试件完成平衡处理后，在 1h 内放入气候箱。试件应垂直放置于气候箱的中心位置，其表面与空气流动的方向平行，试件之间距离不小于 200mm。

3) 取样

取样装置连接示例见图 4-31。先将空气抽样系统与气候箱的空气出口相连接。2 个吸收瓶中各加入 25mL 蒸馏水，串联在一起。开动抽气泵，抽气速度控制在 2L/min 左右，每次至少抽取 120L 气体。取样时记录检测室温度。

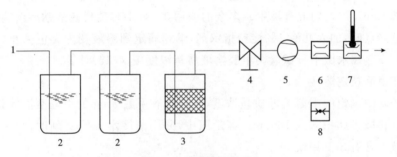

图 4-31 取样装置示例

1-抽样管；2-气体洗瓶(吸收瓶)；3-硅胶干燥器；4-气阀；5-气体抽样泵；
6-气体流量计；7-气体计量表，配有温度计；8-空气压力表

4) 甲醛质量浓度定量方法

将 2 个吸收瓶的溶液充分混合。用移液管取 10mL 吸收液移至 50mL 容量瓶中，再加入 10mL 乙酰丙酮溶液和 10mL 乙酸铵溶液，塞上瓶塞，摇匀，再放到 60±1℃ 的水槽中加热 10min，然后把这种黄绿色的溶液在避光处室温下存放约 1h 在分光光度计上 412nm 波长处，以蒸馏水作为对比溶液，调零。用 50nm 光程的比色皿测定吸收液的吸光度。同时用蒸馏水代替吸收液，采用相同方法作空白试验，确定空白值如果可以达到 0.005mg/m³ 的低限值，也可以使用 10nm 光程的比色皿。

5) 测试期限

在测试的第 1 天，不需要取样；然后从第 2 天至第 5 天，每天取样 2 次。每次取样的时间间隔应超过 3h。在经过前 3 天后，如果达到稳定状态，可停止取样。因此，当最后 4 次测定的甲醛浓度的平均值与最大值或最小值之间的偏差

值低于 5% 或低于 0.005mg/m³,此时可定义为达到稳定状态。在节假日(如周末),可取消取样,但是稳定状态的判定应往后推延,直至完成最后 4 次测定。如果在前 5 天没有达到稳定状态,取样次数应降低到每天 1 次,直到达到稳定状态,或者是连续测试 28d,然后停止测试。

6)标准曲线绘制

标准曲线是根据甲醛溶液质量浓度与吸光度的关系绘制的,其质量浓度用碘量法测定。标准曲线至少每月检查一次。

①甲醛溶液标定

把大约 1mL 甲醛溶液(浓度 35~40%)移至 1000mL 容量瓶中,并用蒸馏水稀释至刻度。甲醛溶液浓度按下述方法标定:

量取 20mL 甲醛溶液与 25mL 碘标准溶液(0.05mol/L)、10mL 氢氧化钠标准溶液(1mol/L)于 100mL 带塞三角烧瓶中混合。静置暗处 15min 后,把 1mol/L 硫酸溶液 15mL 加入到混合液中。多余的碘用 0.1mol/L 硫代硫酸钠溶液滴定,滴定接近终点时,加入几滴 1% 淀粉指示剂,继续滴定到溶液变为无色为止。同时用 20mL 蒸馏水做平行试验。甲醛溶液质量浓度按(4-45)计算。

②甲醛校定溶液

按①中确定的中醛溶液质量浓度,计算含有甲醛 3mg 的甲醛溶液体积。用移液管移取该体积数到 1000mL 容量瓶中,并用蒸馏水稀释到刻度,则 1mL 校定溶液中含有 3μg 甲醛。

③标准曲线的绘制

把 0mL,5mL,10mL,20mL,50mL 和 100mL 的甲醛校定溶液分别移加到 100mL 容量瓶中,并用蒸馏水稀释到刻度。然后分别取出 25mL 溶液。进行吸光度测量分析。根据甲醛质量浓度(0~3mg/L)吸光情况绘制标准曲线。斜率由标准曲线计算确定,保留 4 位有效数字。

(7)吸收液中甲醛含量

按下式计算吸收液中甲醛含量:

$$G = f \times (A_s - A_b) \times V_{sol} \tag{4-51}$$

式中:G——甲醛含量,单位为毫克(mg);

f——标准曲线的斜率,单位为毫克每毫升(mg/mL);

A_s——吸收液的吸光度;

A_b——蒸馏水的吸光度;

V_{sol}——吸收液体积,单位为毫升(mL)。

(8)甲醛释放量计算

试件的甲酸释放量按下式计算,精确至 $0.01\mathrm{mg/m^3}$:

$$C=G/V_{\mathrm{air}} \tag{4-52}$$

式中:C——甲醛释放量,单位为毫克每立方米$(\mathrm{mg/m^3})$;

G——吸收液中甲醛含量,单位为毫克(mg);

V_{air}——抽取的空气体积(校准到标准温度23℃;时的体积)单位为立方米$(\mathrm{m^3})$。

(9)稳定释放量

当达到稳定状态,甲醛释放量是最后4次测定的浓度的平均值。

如果测试在28d内没有达到稳定状态,甲醛释放量不能记录。在这种情况下,最后4次测定的浓度的平均值可以记录为"临时甲醛释放量",随附说明"稳定状态没有达到"。

(10)结果表示

稳定状态时的甲醛释放量测定值作为样品甲醛释放量,精确至 $0.01\mathrm{mg/m^3}$ 并在测定值后用括号表示达到稳定状态释放量的测试时间(以小时为单位)。

4.气体分析法

(1)原理

将一个已知表面积的试件放在温度、湿度、气流和压力均控制在给定值的密闭检测室内。从试件中释放出来的甲醛与检测室内的空气混合。气体从检测室里连续抽取并通过气体洗瓶,瓶内装有用于吸收甲醛的蒸馏水。在试验结束时,甲醛浓度用光度汁测定。用测定的浓度、抽样时间、试件的暴露面积计算出甲醛释放量,用 $\mathrm{mg/(m^2 \cdot b)}$ 表示。

(2)仪器设备

1)气体分析仪

2)其他仪器

除干燥器、支撑网、试样支架、结晶皿和温度测定装置外,其他按干燥器法(2)的规定。

(3)试剂

除甲苯外,试剂按穿孔法(3)试剂的规定。

(4)溶液配制

溶液配制按穿孔法(4)的规定。

(5)试件

甲酸释放量试件:长 $l=400\pm2\mathrm{mm}$;宽 $b=50\pm1\mathrm{mm}$,厚度取板厚。

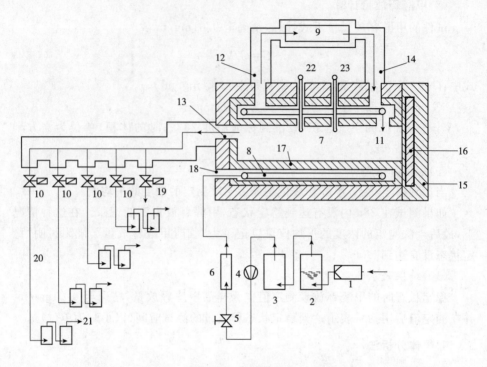

图 4-32 气体分析仪

1-孔子过滤器;2-洗瓶;3-干燥器;4-空气泵;5-针阀;6-空气流量计量装置;7-检测箱;
8-加热线圈;9-温度控制器;10-磁阀;11-空气进口;12-加热空气出口;13-气体出口;
14-加热空气进口;15-隔热层;16-检测室门;17-双层套;18-空气进口;19-清洁用磁阀;
20-连接管;21-4对吸收瓶;22-压力调节器;23-温度控制器

试件在锯切后应立即放置在密闭容器内并在室温下保存。

(6)试验步骤

1)甲醛释放量测试次数

做2次试验,每次用1个试件。如果2个试件平均值之差超过$0.5mg/m^2 \cdot h$,应进行第3次测试。

2)甲醛释放量取样

采用不含甲醛的铝胶带将试件侧边全部密封,或涂刷3层聚氨基甲酸乙脂漆进行封边。

关闭测试箱,预热到 60±0.5℃。

每个洗瓶内加入 20~30mL 蒸馏水,把2个洗瓶串在一起.用软管把2个瓶子连接到磁性阀的出口处。

注:蒸馏水依据能维持测试箱1~1.2kPa之上气压而定。

放试件到预热过的测试箱里,关闭测试箱后开始测试。加热到60±5℃,相对湿度不超过3%,使试件始终暴露以便有效释放甲醛。立即开空气泵使空气进入检测室内,并利用针阀和空气流量计量表控制空气流量至60±3L/h,空气经过一组磁阀流入一组成对串联的洗瓶。

从开始测试直到4h结束期间,应每小时为间隔测定甲醛。每到1h,一组新的串联洗瓶即被自动接通。在整个测试阶段,测试箱内的空气压力通过压力调节器予以监控整个试验过程应维持1~1.2kPa的压力。

把每个洗瓶的吸收液倒入250mL的容量瓶,并充分冲洗洗瓶以及相连接的软管,冲洗液一并倒入容量瓶—然后加入蒸馏水定容至刻度标线。

注:加入蒸馏水冲洗后溶液不得超过250mL。

3)甲醛浓度定量方法

每瓶吸收液各取10mL,移至50mL容量瓶中,再加入10mL,乙酰丙酮溶液和10mL乙酸铵溶液,塞上瓶塞,摇匀,再放到60±1℃的水槽中加热10min,然后把这种黄绿色的溶液在避光处室温下存放约1h。在分光光度计上412nm波长处,以蒸馏水作为对比溶液,调零。用比色皿测定吸收液的吸光度。同时用蒸馏水代替吸收液,采用相同方法作空白试验,确定空白值。

(7)结果表示

1)气体分析值:

对每隔1h取样的每份甲醛样品溶液,按下式计算单位面积释放的甲醛量:

$$G = f \times (A_s - A_b) \times V/A \tag{4-53}$$

式中:G——单位面积甲醛释放量;

A_s——吸收液的吸光度;

A_b——蒸馏水的吸光度;

A——试件暴露面积,单位为平方米(m^2);

f——标准曲线斜率,单位为毫克每毫升(mg/mL);

V——容量瓶中的液体体积,单位为毫升(mL)。

2)计算结果:

一般情况下由于第1小时试件的温度不能立即达到60℃;第1小时吸收液中的甲醛含量小于第2小时。在这种情况下,从第2小时到第4小时计算与试件暴露表面A有关的气体分析值。如果第1小时的甲醛含量大于第2小时,则4h中每个小时的取样都要计算在内。

一个试件甲醛气体分析值的平均值按下式计算,用毫克每平方米小时(mg/m·h)

当: $G_1 < G_2$

$$G_m = \frac{G_2 + G_3 + G_1}{3} \tag{4-54}$$

当 $G_1 \geq G_2$:

$$G_m = \frac{G_1 + G_2 + G_3 + G_4}{4} \tag{4-55}$$

3)一张板的气体分析值是同一张板内各个试件气体分析值平均值的算术平均值,精确至 $0.01\text{mg/m} \cdot \text{h}$。

三、溶剂型木器涂料中有害物质限量

(一)范围

标准 GB 18581—2009 规定了室内装饰装修用聚氨酯类、硝基类和醇酸类溶剂型木器涂料以及木器用溶剂型腻子中对人体和环境有害物质容许限值的要求,试验方法、检验规则、包装标志、涂装安全及防护等内容。适用于室内装饰装修和工厂化涂装用聚氨酯类、硝基类和醇酸类溶剂型木器涂料(包括底漆和面漆)及木器用溶剂型腻子。不适用于辐射固化涂料和不饱和聚酯腻子。

(二)术语和定义

(1)挥发性有机化合物(VOC)在 101.3kPa 标准大气压下,任何初沸点低于或等于 250℃ 的有机化合物。

(2)挥发性有机化合物含量:按规定的测试方法测试产品所得到的挥发性有机化合物的含量。

(3)聚氨酯类涂料:以由多异氰酸酯与含活性氢的化合物反应而成的聚氨(基甲酸)酯树脂为主要成膜物质的一类涂料。

(4)硝基类涂料:以由硝酸和硫酸的混合物与纤维素酯化反应制得的硝酸纤维素为主要成膜物质的一类涂料。

(5)醇酸类涂料:以由多元酸、脂肪酸(或植物油)与多元醇缩聚制得的醇酸树脂为主要成膜物质的一类涂料。

(三)要求

产品中有害物质限量应符合表 4-42 的要求

表 4-42 有害物质限量的要求

项目	限量值				
	聚氨酯类涂料		硝基类涂料	醇酸类涂料	腻子
	面漆	底漆			
挥发性有机化合物(VOC)含量①(g/L)	光泽(60°)≥80,580 光泽(60°)<80,670	670	720	500	550
苯含量①(%) ≤			0.3		
甲苯、二甲苯、乙苯含量总和①(%) ≤	30		30	5	30
游离二异氰酸酯(TDI、HDI)含量总和②(%) ≤	0.4		—		0.4 (限聚氨酯类腻子)
甲醇含量①(%) ≤	—		0.3	—	0.3 (限硝基类腻子)
卤代烃含量①③(%) ≤			0.1		
可溶性重金属含量(限色漆、腻子和醇酸清漆)(mg/kg)	铅 Pb				90
	镉 Cd				75
	铬 Cr				60
	汞 Hg				60

注：1. 按产品明示的施工配比混合后测定。如稀释剂的使用量为某一范围时，应按照产品施工配比规定的最大稀释比例混合后进行测定；
2. 如聚氨酯类涂料和腻子规定了稀释比例或由双组分或多组分组成时，应先测定固化剂(含游离二异氰酸酯预聚物)中的含量，再按产品明示的施工配比计算混合后涂料中的含量。如稀释剂的使用量为某一范围时，应按照产品施工配比规定的最小稀释比例进行计算；
3. 包括二氯甲烷、1,1-二氧乙烷、1,2-二氧化烷、三氯甲烷、1,1,1-二氯乙烷、1,1,2-三氯乙烷、四氯化碳。

(四)试验方法

1. 挥发性有机化合物(VOC)含量的测试

(1)原理

试样经气相色谱法测试，如未检测出沸点大于 250℃ 的有机化合物，所测试的挥发物含量即为产品的 VOC 含量；如检验出沸点大于 250℃ 的有机化合物，则对试样中沸点大于 250℃ 的有机化合物进行定性鉴定和定量分析。从挥发物含量中扣除试样中沸点大于 250℃ 的有机化合物的含量即为产品的 VOC 含量。

(2) 材料和试剂

1) 载气:氮气,纯度≥99.995%。

2) 燃气:氢气,纯度≥99.995%。

3) 助燃气:空气。

4) 辅助气体(隔垫吹扫和尾吹气):与载气具有相同性质的氮气。

5) 内标物:试样中不存在的化合物,且该化合物能够与色谱图上其他成分完全分离,纯度至少为 99%(质量分数)或已知纯度。例如:邻苯二甲酸二甲酯、邻苯二甲酸二乙酯等。

6) 标准化合物:用于校准的化合物,其纯度至少为 99%(质量分数)或已知纯度。

7) 稀释溶剂:用于稀释试样的有机溶剂,不含有任何干扰测试的物质,纯度至少为 99%(质量分数)或已知纯度。例如:乙酸乙酯等。

8) 标记物:用于按 VOC 定义区分 VOC 组发与非 VOC 组分的化合物。本标准规定为己二酸二乙酯(沸点 251℃)。

(3) 仪器设备

1) 气相色谱仪,具有以下配置:

① 分流装置的进样口,并且汽化室内衬可更换。

② 程序升温控制器。

③ 检验器。

可以使用下列三种检测器中的任意一种:

a. 火焰离子化检测器(FID);

b. 已校准并调谐过的质谱仪或其他质量选择检测器;

c. 已校准过的傅立叶变换红外光谱仪(FI-IR 光谱仪)。

④ 色谱柱:应能使被测物足够分离,如聚二甲基硅氧烷毛细管柱或相当型号。

2) 进样器:容量至少应为进样量的两倍。

3) 配样瓶:约 10mL 的玻璃瓶,具有可密封的瓶盖。

4) 天平:精度 0.1mg。

(4) 气相色谱测试条件

色谱柱:聚二甲基硅氧烷毛细管柱,30m×0.25mm×0.25μm;

进样口温度:300℃;

检测器:FID,温度:300℃;

柱温:起始温度 160℃ 保持 1min,然后 10℃/min 升至 290℃ 保持 15min;

载气流速:1.2mL/min;

分流比:分流进样,分流比可调;

进样量:1.0μm。

注:也可根据所用仪器的性能及待测试样的实际情况选择最佳的气相色谱测试条件。

(5)测试步骤

所有试验进行二次平行测定。

1)密度

按产品明示的施工配比制备混合试样,搅拌均匀后,按 GB/T 6750—2007 的规定测定试样的密度。试验温度:23±2℃

2)挥发物含量

按产品明示的施工配比制备混合试样,搅拌均匀后,按 GB/T 1725—2007 的规定测定试样的不挥发物含量,单位为克每克(g/g),以 1 减去不挥发物含量得出挥发物含量,单位为克每克(g/g)。称取试样量1±0.1g,试验条件:105±2℃/h。

3)光泽

聚氨酯类涂料的涂膜光泽按 GB/T 9754—2007 的规定进行。按产品明示的施工配比制备混合试样,搅拌均匀后,用湿膜制备器在平板玻璃上制备样板,对清漆应使用黑玻璃或背面预涂有无光黑漆的平板玻璃作底材。在 23±2℃ 和相对湿度为 50±5% 的条件下干燥样板 48h 后,用 60°镜面光泽计测试。

4)挥发性有机化合物(VOC)含量

①试样中不含沸点大于 250℃ 有机化合物的 VOC 含量的测定

如试样经定性分析未发现沸点大于 250℃ 的有机化合物,按下式计算试样的 VOC 含量:

$$\rho(\text{VOC}) = w \times \rho_s \times 1000 \qquad (4\text{-}56)$$

式中:$\rho(\text{VOC})$——试样的 VOC 含量(g/L);

w——试样中挥发物含量的质量分数(g/g);

ρ_s——试样的密度;

1000——转换因子。

②试样中含沸点大于 250℃ 有机化合物的 VOC 含量的测定

a.色谱仪参数优化

每次都应该使用已知的校准化合物对仪器进行最优化处理,使仪器的灵敏度、稳定性和分离效果处于最佳状态。

进样量和分流比应相匹配,以免超出色谱柱的容量,并在仪器检测器的线性范围内。

b.定性分析

将标记物注入色谱仪中,测定其在聚二甲基硅氧烷毛细柱上的保留时间,以便确定色谱图中的积分起点。

按产品明示的施工配比制备混合试样,搅拌均匀后,称取约 2g 的样品,用适量的稀释剂稀释试样,用进样器取 1.0μL 混合均匀的试样注入色谱仪,记录色谱图,并对每种保留时间高于标记物的化合物进行定性鉴定。优先选用的方法是气相色谱仪与质量选择检测器或 FT-IR 光谱仪联用。

注:对聚氨酯类涂料制备好混合试样后应尽快测试。

c.校准

如果校准中用到的化合物都可以购买到,应使用下列方法测定其相对校正因子。

校准样品的配制:分别称取一定量(精确至 0.1mg)经鉴定的各种校准化合物于配样瓶中,称取的质量与待测试样中各自化合物的含量应在同一数量级。再称取与待测化合物相同数量级的内标物于同一配样瓶中,用适量稀释溶剂稀释混合物,密封配件瓶并摇匀。

相对校正因子的测试:在与测试试样相同的气相色谱测试条件下按色谱仪参数优化的规定优化仪器参数。将适量的校准混合物注入气相色谱中,记录色谱图,按下式分别计算每种分合物的相对校正因子。

$$R_i = \frac{m_{ci} \times A_{is}}{m_{is} \times A_{ci}} \tag{4-57}$$

式中:R_i——化合物 i 的相对校正因子;

m_{ci}——校准混合物中化合物 i 的质量(g);

m_{is}——校准混合物中化合物的质量(g);

A_{is}——内标物的峰面积;

A_{ci}——化合物 i 的峰面积。

测定结果保留三位有效数字。

若出现未能定性的色谱峰或者校准用的有机化合物未商品化,则假设其相对于邻苯二甲酸二甲酯的校正因子为 1.0。

d.试样的测试

试样的配制:按产品明示的施工配比制备混合试样,搅拌均匀后,称取试样约 2g(精确至 0.1mg)以及与被测物相同数量级的内标物于配样瓶中,加入适量稀释溶剂于同一配样瓶中稀释试样,密封配样瓶并摇匀。

注:对聚氨酯类涂料制备好混合试样后应尽快测试。

按校准时的最好优化条件设定仪器参数。

将标记物注入气相色谱仪中,记录其在聚二甲基硅氧烷毛细管柱上的保留时间,以便按 VOC 定义确定色谱图中的积分起点。

将 1.0μm 配制的试样注入气相色谱仪,记录色谱图,并计算各种保留时间高于标记物的化合物峰面积,然后按下式分别计算试样中所含的各种沸点大于250℃的有机化合物的质量分数。

$$w_{漆i} = \frac{m_{is} \times A_i \times R_i}{m_s \times A_{is}} \tag{4-58}$$

式中:$w_{漆i}$——试样中沸点大于250℃的有机化合物i的质量分数,单位为克每克(g/g);

R_i——被测化合物i的相对校正因子;

m_{is}——内标物的质量(g);

m_s——试样的质量(g);

A_i——被测化合物i的峰面积;

A_{is}——内标物的峰面积。

试样中沸点大于250℃的有机化合物的含量按下式计算。

$$w_{漆} = \sum_{i=1}^{n} w_{漆i} \tag{4-59}$$

式中:$w_{漆}$——试样中沸点大于250℃的有机化合物的质量分数(g/g)。

e. 试样中沸点小于等于250℃ VOC的含量按下式计算。

$$\rho(VOC) = (w - w_{漆}) \times \rho_s \times 1000 \tag{4-60}$$

式中:$\rho(VOC)$——试样中沸点小于或等于250℃的VOC含量(g/L)

w——试样中挥发物含量的质量分数(g/g);

$w_{漆}$——试样中沸点大于250℃的有机化合物的质量分数(g/g);

ρ_s——试样的密度;

1000——转换因子。

(6)精密度

1)重复性

同一操作者二次测试结果的相对偏差应小于5%。

2)再现性

不同的实验室间测试结果的相对偏差应小于10%。

2. 苯、甲苯、乙苯、二甲苯和甲醇含量的测试

(1)原理

试样经稀释后直接注入气相色谱仪中,经色谱分离后,用氢火焰离子化检测器检测,以及标法定量。

(2)材料和试剂

1)载气:氮气,纯度≥99.995%。

2)燃气:氢气,纯度≥99.995%。
3)助燃气:空气。
4)辅助气体(隔垫吹扫和尾吹气):与载气具有相同性质的氮气。
5)内标物:试样中不存在的化合物,且该化合物能够与色谱图上其他成分完全分离,纯度至少为99%(质量分数)或已知纯度。例如:正庚烷、正戊烷等。
6)标准化合物:苯、甲苯、乙苯、二甲苯和甲醇,纯度至少为99%(质量分数)或已知纯度。
7)稀释溶剂:用于稀释试样的有机溶剂,不含有任何干扰测试的物质,纯度至少为99%(质量分数)或已知纯度。例如:乙酸乙酯、正乙烷等。

(3)仪器设备

1)气相色谱仪,具有以下配置:
①分流装置的进样口,并且汽化室内衬可更换。
②程序升温控制器。
③检验器:火焰离子化检测器(FID)。
④色谱柱:应能使被测物足够分离,如聚二甲基硅氧烷毛细管柱、6%腈丙苯基/94%聚二甲基硅氧烷毛细管柱、聚乙二醇毛细管柱或相当型号。
2)进样器:容量至少应为进样量的两倍。
3)配样瓶:约10mL的玻璃瓶,具有可密封的瓶盖。
4)天平:精度0.1mg。

(4)气相色谱测试条件

色谱柱:聚二甲基硅氧烷毛细管柱,30m×0.25mm×0.25μm;

进样口温度:240℃;

检测器温度:280℃;

柱温:初始温度50℃保持5min,然后10℃/min升至280℃保持5min;

载气流速:1.0mL/min;

分流比:分流进样,分流比可调;

进样量:1.0μL。

注:也可根据所用仪器的性能及待测试样的实际情况选择最佳的气相色谱测试条件。

(5)测试步骤

所有试验进行二次平行测定。

1)色谱仪参数优化

按(4)的色谱测试条件,每次都应该使用已知的校准化合物对仪器进行最优化处理,使仪器的灵敏度、稳定性和分离效果处于最佳状态。

进样量和分流出应相匹配,以免超出色谱柱的容量,并在仪器检测器的线性范围内。

2)定性分析

①按1)的规定使仪器参数最优化。

②被测化合物保留时间的测定

将1.0μL被测化合物的标准混合溶液注入色谱仪,记录各被测化合物的保留时间。

③定性分析

按产品明示的施工配比制备混合试样,搅拌均匀后称取约2g的样品用适量的稀释剂稀释试样,用进样器取1.0μL混合均匀的试样注入色谱仪,记录色谱图,并与经②测定的标准被测化合物的保留时间对比确定是否存在被测化合物。

注:对聚氨酯类涂料制备好混合试样后应尽快测试。

3)校准

①校准样品的配制:分别称取一定量(精确至0.1mg)中的各种校准化合物于配样瓶中,称取的质量与待测试样中所含的各种化合物的含量应在同一数量级;再称取与待测化合物相同数量级的内标物于同一配样瓶中,用适量稀释溶剂稀释混合物,密封配样瓶并摇匀。

②相对校正因子的测试:在与测试试样相同的色谱测试条件下按规定优化仪器参数。将适量的校准混合物注入气相色谱仪中,记录色谱图,按下式分别计算每种化合物的相对校正因子:

$$R_i = \frac{m_{ci} \times A_{is}}{m_{is} \times A_{ci}} \tag{4-61}$$

式中:R_i——化合物i的相对校正因子;

m_{ci}——校准混合物中化合物i的质量(g);

m_{is}——校准混合物中内标物的质量(g);

A_{is}——内标物的峰面积;

A_{ci}——化合物i的峰面积。

测定结果保留三位有效数字。

4)试样的测试

①试样的配制:按产品明示的施工配比制备混合试样,搅拌均匀后,称取试样约2g(精确至0.1mg)以及与被测化合物相同数量级的内标物于配样瓶中,加入适量稀释溶剂于同一配样瓶中稀释试样,密封配样瓶并摇匀。

注:对聚氨酯类涂料制备好混合试样后应尽快测试。

②按校准时的最优化条件设定仪器参数。

③将1.0μL配制的试样注入气相色谱仪中,记录色谱图,然后按下式分别计算试样中所含被测化合物(苯、甲苯、乙苯、二甲苯、甲醇)的含量:

$$w_i = \frac{m_{is} \times A_i \times R_i}{m_s \times A_{is}} \times 100 \tag{4-62}$$

式中：w_i——试样中被测化合物 i 的质量分数(%)；
R_i——被测化合物 i 的相对校正因子；
m_{is}——内标物的质量(g)；
m_s——试样的质量(g)；
A_i——被测化合物 i 的峰面积；
A_{is}——内标物的峰面积。

(6)精密度

1)重复性

同一操作者二次测试结果的相对偏差应小于5%。

2)再现性

不同实验室间测试结果的相对偏差应小于10%。

3. 卤代烃含量的测试

(1)原理

试样经稀释后直接注入气相色谱仪中，二氯甲烷、二氯乙烷、三氯甲烷、三氯乙烷、四氯化碳经毛细管色谱柱与其他组分完全分离后，用电子捕获检测器检测，以内标法定量。

(2)材料和试剂

1)载气：氮气，纯度≥99.995%。

2)辅助气体(隔垫吹扫和尾吹气)与载气具有相同性质的氮气。

3)内标物：试样中不存在的化合物，且该化合物能够与色谱图上其他成分完全分离，纯度至少为99%(质量分数)或已知纯度。例如：溴丙烷等。

4)校准化合物：二氧甲烷、1,1-二氯乙烷、1,2-二氯乙烷、三氯甲烷、1,1,1-三氯乙烷、1,1,2-三氯乙烷、四氯化碳，纯度至少为99%(质量分数)或已知纯度。

5)稀释溶剂：适于稀释试样的有机溶剂，有含有任何干扰测试的物质，纯度至少为99%(质量分数)或已知纯度。例如：乙酸乙酯、正乙烷等。

(3)仪器设备

1)气相色谱仪，具有以下配置：

①分流装置的进样口，并且汽化室内衬可更换。

②程序升温控制器。

③电子捕获检测器(ECD)。

④色谱柱：能使被测组分与其他组分完全分离的色谱柱。

2)进样器：容量至少应为进样量的两倍。

3)配样瓶：约 10mL 玻璃瓶，具有可密封的瓶盖。

4)天平：精度 0.1mg。

(4)色谱分析条件

色谱柱:(5%苯基)95%甲基聚硅氧烷毛细管柱,30m×0.25mm×0.25μm;

进样口温度:250℃;

柱温:初始温度40℃保持15min,然后10℃/min升至150℃保持2min;然后以50℃/min升至250℃保持2min;

检测器温度:300℃;

载气流速:2.0mL/min;

分流比:分流进样,分流比可调;

进样量:0.2μL。

注:也可根据所用气相色谱仪的型号、性能及待测试样的实际情况选择最佳的气相色谱测试条件。

(5)测试步骤

所有试验进行二次平行测定。

1)色谱仪参数优化

按(4)给出的参考色谱条件,每次都应使用已知的校准化合物对仪器进行最优化处理,使仪器的灵敏度、稳定性和分离效果处于最佳状态。

进样量和分流比应相匹配,以免超出色谱柱的容量,并在仪器检测器的线性范围内。

2)定性分析

①按1)的规定使仪器参数最优化。

②被测化合物保留时间的测定。

将0.2μL被测化合物的标准混合溶液注入色谱仪,记录各被测化合物的保留时间。

③定性分析

按产品明示的施工配比制备混合试样,搅拌均匀后,称取约2g的样品,用适量的稀释剂稀释试样,用进样品取0.2μL混合均匀的试样注入色谱仪,记录色谱图,并与经②测定的标准被测化合物的保留时间对比确定是否存在被测化合物。

注:对聚氨酯类涂料制备好混合试样后应尽快测试。

3)校准

①校准样品的配制:分别称取一定量(精确至0.1mg)校准化合物于样品瓶中,称取的质量与待测样品中所含的各种化合物的含量应在同一数量级,再称取与待测化合物相近数量级的内标物于同一样品瓶中,用稀释溶剂稀释混合物(其稀释浓度应在仪器检测器线性范围内,若超出应加大稀释倍数或逐级多次稀释),密封样品瓶并摇匀。

②相对校正因子的测定

在与测试试样相同的色谱条件下按1)的规定优化仪器参数,将适量的校准化合物注入气相色谱仪中,记录色谱图。按式(4-61)分别计算每种被测化合物的相对校正因子。

测定结果保留三位有效数字。

4)试样的测定

①试样的配制:按产品明示的施工配比制备混合试样,搅拌均匀后,称取试样约 2g(精确至 0.1mg)以及与被测化合物相同数量级的内标物于配样瓶中,加入适量稀释溶剂于同一配样瓶中稀释试样,密封配样瓶并摇匀。

注:对聚氨酯类涂料制备好混合试样后应尽快测试。

②按校准时的最优化条件设定仪器参数。

③将 0.2μL 按配制的试样注入气相色谱仪中,记录色谱图,然后按式(4-62)分别计算试样中所含被测化合物(二氯甲烷、1,1-二氯乙烷、1,2-二氯乙烷、三氯甲烷、1,1,1-三氯乙烷、1,1,2-三氯乙烷、四氯化碳)的含量。

(6)计算

按下式计算试样中卤代烃含量代经:

$$w_{卤代烃} = w_{二氯甲烷} + w_{1,1-二氯乙烷} + w_{1,2-二氯乙烷} + w_{三氯甲烷} + w_{1,1,1-三氯乙烷} + w_{1,1,2-三氯乙烷} + w_{四氯化碳} \quad (4-63)$$

(7)精密度

1)重复性

同一操作者两次测试结果的相对偏差应小于 5%。

2)再现性

不同实验室间测试结果的相对偏差应小于 10%。

(五)检验结果的判定

(1)检验结果的判定按 GB/T 1250 中修约值比较法进行。当修约后的检验结果为 0、0.0 时,结果以一位有效数字报出。

(2)报出检验结果时应同时注明产品明示的施工配比。

四、内墙涂料中的有害物质限量

(一)范围

标准 GB 18582—2008 规定了室内装饰装修用水性墙面涂(包括面漆和底漆)和水性墙面腻子中对人体有害物质容许限量的要求、试验方法、检验规则、包装标志、涂装安全及防护。适用于各类室内装饰装修用水性墙面涂料和水性墙面腻子。

(二)术语和定义

(1)挥发性有机化合物(VOC):在 101.3kPa 标准压力下,任何初沸点低于或等于 250℃ 的有机化合物。

(2)挥发性有机化合物含量:按规定的测试方法测试产品所得到的挥发性有机化合物的含量。

注:1.墙面涂料为产品扣除水分后的挥发性有机化合物的含量,以克每升(g/L)表示;
2.墙面腻子为产品不扣除水分的挥发性有机化合物的含量,以克每千克(g/kg)表示。

(三)要求

产品中有害物质限量应符合表 4-43 的要求。

表 4-43　有害物质限量的要求

项目		限量值	
		水性墙面涂料[a]	水性墙面腻子[b]
挥发性有机化合物含量(VOC)	≤	120g/L	15g/kg
苯、甲苯、乙苯、二甲苯总和(mg/kg)	≤	300	
游离甲醛(mg/kg)	≤	100	
可溶性重金属(mg/kg)　≤	铅 Pb	90	
	镉 Cd	75	
	铬 Cr	60	
	汞 Hg	60	

注:1.涂料产品所有项目均不考虑稀释配比;
2.膏状腻子所有项目均不考虑稀释配比,粉状腻子除可溶性重金属项目直接测试粉体外,其余 3 项按产品规定的配比将粉体与水或胶黏剂等其他液体混合后测试。如配比为某一范围时,应按照水用量最小、胶黏剂等其他液体用量最大的配比混合后测试。

(四)试验方法

1.挥发性有机化合物及苯、甲苯、乙苯和二甲苯总和含量的测试气相色谱法

(1)范围

本方法规定了水性墙面涂料和水性墙面腻子中挥发性有机化合物(VOC)及苯、甲苯、乙苯和二甲苯和含量的测试方法。

本方法适用于 VOC 的含量大于或等于 0.1%、且小于或等于 15% 的涂料及其原料的测试。

(2)原理

试样经稀释后,通过气相色谱分析技术使样品中各种挥发性有机化合物分离,定性鉴定被测化合物后,用内标法测试其含量。

(3) 材料和试剂

1) 载气:氮气,纯度≥99.995%。

2) 燃气:氢气,纯度≥99.995%。

3) 助燃气:空气。

4) 辅助气体(隔垫吹扫和尾吹气)与载气具有相同性质的氮气。

5) 内标物:试样中不存在的化合物,且该化合物能够与色谱图上其他成分完全分离,纯度至少为99%,或已知纯度。

6) 校准化合物

本标准中校准化合物包括甲醇乙醇、正丙醇、异丙醇、正丁醇、异丁醇、苯、甲苯、乙苯、二甲苯、三乙胺、二甲基乙醇胺、2-氨基-2-甲基-1-丙醇、乙二醇、1,2-丙二醇、1,3-丙二醇、二乙二醇、乙二醇单丁醚、二乙二醇单丁醚、二乙二醇乙醚醋酸酯、二乙二醇丁醚醋酸酯、2,2,4-三甲基-1,3-戊二醇。纯度至少为99%,或已知纯度。

7) 稀释溶剂:用于稀释试样的有机溶剂,不含有任何干扰测试的物质,纯度至少为99%,或已知纯度。

8) 标记物:用于按VOC定义区分VOC组发与非VOC组分的化合物。本标准规定为己二酸二乙酯(沸点251℃)。

(4) 仪器设备

1) 气相色谱仪,具有以下配置:

① 分流装置的进样口,并且汽化室内衬可更换。

② 程序升温控制器。

③ 检验器:可以使用下列三种检验器中的任意一种:

a. 火焰离子化检测器(FID)。

b. 已校准并调谐过的质谱仪或其他质量选择检测器。

c. 已校准过的傅立叶变换红外光谱仪(FID-IR光谱仪)。

④ 色谱柱:聚二甲基硅氧烷毛细管柱或6%腈丙苯基/94%聚二甲基硅氧烷毛细管柱、聚乙二醇毛细管柱。

2) 进样器:微量注射器,10μL。

3) 配样瓶:约20mL的玻璃瓶,具有可密封的瓶盖。

4) 天平:精度0.1mg。

(5) 气相色谱测试条件

1) 色谱条件1

色谱柱(基本柱):聚二甲基硅氧烷毛细管柱,30m×0.32mm×1.0μm;

进样口温度:260℃;

检测器:温度:280℃;
柱温:程序升温,45℃保持4min,然后以8℃/min升至230℃保持1min;
分流比:分流进样,分流比可调;
进样量:1.0μL。

2)色谱条件2

色谱柱(基本柱)6%腈丙苯基/94%聚二甲基硅氧烷毛细管柱,60m×0.32mm×1.0μm;

进样口温度:250℃;

检测器:FID,温度:260℃;

柱温:程序升温,80℃保持1min,然后以10℃/min升至230℃保持15min;

分流比:分流进样,分流比可调;

进样量:1.0μL。

3)色谱条件3

色谱柱(基本柱):聚乙二醇毛细管柱,30m×0.32mm×0.25μm;

进样口温度:240℃;

检测器:FID,温度:250℃;

柱温:程序升温,60℃保持1min,然后以20℃/min升至240℃保持20min;

分流比:分流进样,分流比可调;

进样量:1μL。

注:也可根据所用气相色谱仪的性能及待测试样的实际情况选择最佳的气相色谱测试条件。

(6)测试步骤

1)密度

密度的测试按GB/T 6750—2007进行。

2)水分含量

水分含量的测试按下文2.进行。

3)挥发性有机化合物及苯、甲苯、乙苯和二甲苯总和含量

①色谱仪参数优化

按色谱条件,每次都应该使用已知的校准化合物对其进行最优化处理,使仪器的灵敏度、稳定性和分离效果处于最佳状态。

②定性分析

优先选用的方法是气相色谱仪与质量选择检测器或FT-IR光谱仪联用,并使用八.5中给出的气相色谱测试条件。

③校准

a.校准样品的配制:分别称取一定量(精确至0.1mg)校准化合物于配样瓶中,称取的质量与待测试样中各自的含量应在同一数量级;再称取与待测化合物

相同数量级的内标物于同一配样瓶中,用稀释溶剂稀释混合物,密封配样瓶并摇匀。

b. 相对校正因子的测试:在与测试试样相同的色谱测试条件下按规定优化仪器参数。将适当数量的校准化合物注入气相色谱仪中,记录色谱图。按式(4-61)分别计算每种化合物的相对校正因子。

R_i值取两次测试结果的平均值,其相对偏差应小于5%,保留3位有效数字。

④试样的测试

a. 试样的配制:称取搅拌均匀后的试样1g(精确至0.1mg)以及与被测物质量近似相等的内标物于配样瓶中,加入10mL稀释溶剂稀释试样,密封配样瓶并摇匀。

b. 按校准时的最优化条件设定仪器参数。

c. 将标记物注入气相色谱仪中,记录其在聚二甲基硅氧烷毛细管柱或6%腈丙苯基/94%聚二甲基硅氧烷毛细管柱上的保留时间,以便给出的VOC定义确定色谱图中的积分终点。

d. 将1μL配制的试样注入气相色谱仪中,记录色谱图并记录各种保留时间低于标记物的化合物峰面积(除稀释溶剂外),然后按下式分别计算

$$w_i = \frac{m_{is} \times A_i \times R_i}{m_s \times A_{is}} \tag{4-64}$$

式中:w_i——试样中被测化合物i的质量分数(g/g);

R_i——被测化合物i的相对校正因子;

m_{is}——内标物的质量(g);

m_s——试样的质量(g);

A_i——被测化合物i的峰面积;

A_{is}——内标物的峰面积。

平行测试两次,数值取两次测试结果的平均值。

(7)计算

1)腻子产品按下式计算含量:

$$w(\text{VOC}) = \sum w_i \times 1000 \tag{4-65}$$

式中:$w(\text{VOC})$——腻子产品的VOC含量(g/kg);

w_i——测试试样中被测化合物i的质量分数,(g/g);

1000——转换因子。

测试方法检出限:1g/kg。

2)涂料产品按下式计算 VOC 含量：
$$\rho(\text{VOC}) = \frac{\sum w_i}{1 - \rho_s \times \frac{w_w}{\rho_w}} \times \rho_s \times 1000 \tag{4-66}$$

式中：$\rho(\text{VOC})$——涂料产品的 VOC 含量(g/L)；

w_i——测试试样中被测化合物 i 的质量分数(g/g)；

w_w——测试试样中水的质量分数(g/g)；

ρ_s——试样的密度(g/mL)；

ρ_w——水的密度(g/mL)；

1000——转换因子。

测试方法检出限：2g/l。

3)涂料和腻子产品中苯、甲苯、乙苯和二甲苯总和的计算

①先按式(4-64)分别计算苯、甲苯、乙苯和二甲苯各自的质量分数取，然后按下式计算产品中苯、甲苯、乙苯和二甲苯含量的总和：
$$w_b = \sum w_i \times 10^6 \tag{4-67}$$

式中：w_b——产品中苯、甲苯、乙苯和二甲苯总和的含量

w_i——测试试样中被测组分(苯、甲苯、乙苯和二甲苯)的质量分数(g/g)；

10^6——转换因子。

②测试方法检出限：4 种苯系物总和 50mg/kg。

(8)精密性

1)重复性

同一操作者两次测试结果的相对偏差小于 10%。

2)再现性

不同实验室间测试结果的相对偏差小于 20%。

2．水分含量的测试

水分含量采用气相色谱法或卡尔·费休法测试。气相色谱法为仲裁方法。

(1)气相色谱法

1)试剂和材料

①蒸馏水：符合 GB/T 6682—2008 中三级水的要求。

②稀释溶剂：无水二甲基甲酰胺(DMF)，分析纯。

③内标物：无水异丙醇，分析纯。

④载气：氢气或氮气，纯度不小于 99.995%。

2)仪器设备

①气相色谱仪：配有热导检测器及程序升温控制器。

②色谱柱：填装高分子多孔微球的不锈钢柱。

③进样器:微量注射器,1μL。
④配样瓶:约10mL的玻璃瓶,具有可密封的瓶盖。
⑤天平:精度0.1mg。

3)气相色谱测试条件

色谱柱:柱长1m,外径3.2mm,填装177~250μm高分子多孔微球的不锈钢柱。

汽化室温度:200℃。

检测器:温度240℃,电流150mA。

柱温:对于程序升温,80℃保持5min,然后以30℃/min升至170℃保持5min;对于恒温,柱温故知为90℃,在异丙醇完全流出后,将柱温升至170℃,待DMF出完。若继续测试,再把柱温降到90℃。

注:也可根据所用气相色谱仪的性能及待测试样的实际情况选择最佳的气相色谱测试条件。

4)测试步骤

①测试水的相对校正因子R

在同一配样瓶中称取0.2g左右的蒸馏水和0.2g左右的异丙醇(精确至0.1mg)再加入2mL的二甲基甲酰胺,密封配样瓶并摇匀。用微量注射器吸取1μL配样瓶中的混合液注入色谱仪中,记录色谱图。按下式计算水的相对校正因子R:

$$R = \frac{m_i \times A_w}{m_w \times A_i} \tag{4-68}$$

式中:R——水的相对校正因子;
m_i——异丙醇质量(g);
m_w——水的质量(g);
A_i——异丙醇的峰面积;
A_w——水的峰面积。

若异丙醇和二甲基甲酰胺不是无水试剂,则以同样量的异丙醇和二甲基甲酰胺(混合液),但不加水作为空白样,记录空白样中水的峰面积A_0按下式计算水的相对校正因子R:

$$R = \frac{m_i \times (A_w - A_0)}{m_w \times A_i} \tag{4-69}$$

式中:R——水的相对校正因子;
m_i——异丙醇质量(g);
m_w——水的质量(g);
A_i——异丙醇的峰面积;
A_w——水的峰面积;
A_0——空白样中水的峰面积。

R 值取两次测试结果的平均值,其相对偏差应小于 5%,保留 3 位有效数字。

② 样品分析

称取搅拌均匀后的试样 0.6g 以及与水含量近似相等的异丙醇于配样瓶中,精确至 0.1mg,再加入 2mL,二甲基甲酰胺,密封配样瓶并摇匀。同时准备一个不加试样的异丙醇和二甲基甲酰胺混合液作为空白样。用力摇动装有试样的配样瓶 15min,放置 5min,使其沉淀用微量注射器吸取配样瓶中的上层精液,注入色谱仪中,记录色谱图。按下式计算试样中的水分含量:

$$w_w = \frac{m_i \times (A_w - A_0)}{m_s \times A_i \times R} \times 100 \tag{4-70}$$

式中:w_w——试样中的水分含量的质量分数(%);

　　R——水的相对校正因子;

　　m_i——异丙醇质量(g);

　　m_w——水的质量(g);

　　A_i——异丙醇的峰面积;

　　A_w——水的峰面积;

　　A_0——空白样中水的峰面积。

平行测试两次,取两次测试结果的平均值,保留 3 位有效数字。

5)精密度

① 重复性

同一操作者两次测试结果的相对偏差小于 1.6%。

② 再现性

不同实验室间测试结果的相对偏差小于 5%。

(2)卡尔·费休法

1)仪器设备

① 卡尔·费休水分滴定仪。

② 天平:精度 0.1mg,1mg。

③ 微量注射器:10μL。

④ 滴瓶:30mL。

⑤ 磁力搅拌器。

⑥ 烧杯:100mL

⑦ 培养皿。

2)试剂

① 蒸馏水:符合 GB/T 6682—2008 中三级水的要求。

② 卡尔·费休试剂:选用合适的试剂(对于不含醛酮化合物的试样,试剂主要成分为碘、二氧化硫、甲醇、有机碱。对于含有醛酮化合物的试样,应使用

醛酮专用试剂,试剂主要成分为碘、咪唑、二氧化硫、甲氧基乙醇、氯乙醇和三氯甲烷)

3)实验步骤

①卡尔·费休滴定剂浓度的标定

在滴定仪的滴定杯中加入新鲜卡尔·费休溶剂至液面覆盖电极端头,以卡尔·费休滴定剂滴定至终点(漂移至<10μg/min)。用微量注射器将10μL蒸馏水注入滴定杯中,采用减量法称得水的质量(精确至0.1mg),并将该质量输入至滴定仪中,用卡尔·费休滴定剂滴定至终点,记录仪器显示的标定结果。

进行重复标定,直至相邻两次的标定值相差小于0.01mg/mL,求出两次标定的平均值,将标定结果输入到滴定仪中。

当检测环境的相对湿度小于70%时,应每周标定一次;相对湿度大于70%时,应每周标定两次;必要时,随时标定。

②样品处理

若待测样品黏度较大,在卡尔·费休溶剂中不能很好分散,则需要将样品进行适量稀释。在烧杯中称取经搅拌均匀后的样品20g(精确至1mg),然后向烧杯内加入约20%的蒸馏水准确记录称样量及加水量。将烧杯盖上培养,在磁力搅拌器上搅拌10~15min。然后将稀释样品倒入滴瓶中备用。

注:对于在卡尔·费休溶液中能很好分散的样品,可直接测试样品中的水分含量。对于加水20%后,在卡尔,费休溶剂中仍不能很好分散的样品,可逐步增加稀释水量。

③水分含量的测定

在滴定仪的滴定杯中加入新鲜卡尔,费休溶液至液面覆盖电极端头,以卡尔·费休滴定剂滴定至终点。向滴定杯中加入1滴按凡处理后的样品,采用减量法称得加入的样品质量(精确至0.1mg),并将该样品质量输入到滴定仪中。用卡尔·费休滴定剂滴定至终点,记录仪器显示的测试结果。

平行测试两次,测试结果取平均值。两次测试结果的相对偏差小于1.5%。测试3~6次后应及时更换滴定杯的卡尔·费休溶剂。

④数据处理

样品经稀释处理后测得的水分含量按下式计算:

$$w_w = \frac{w'_w \times (m_s + m_w) - m_w}{m_s} \times 100 \tag{4-71}$$

式中:w_w——样品中实际水分含量的质量分数(%);

w'_w——稀释样品测得的水分含量的质量分数平均值(%);

m_s——稀释时所称样品的质量(g);

m_w——稀释时所加水的质量(g)。

计算结果保留3位有效数字。

3. 游离甲醛含量的测试

(1) 原理

采用蒸馏的方法将样品中的游离甲醛蒸出。在 pH＝6 的乙酸-乙酸铵缓冲溶液中，馏分中的甲醛与乙酰丙酮在加热的条件下反应生成稳定的黄色络合物，冷却后在波长 412mm 处进行吸光度测试。根据标准工作曲线，计算试样中游离甲醛的含量。

(2) 试剂

分析测试中仅采用已确认为分析纯的试剂，所用水符合 GB/T 6682—2008 中三级水的要求。所用溶液除另有说明外，均应按照 GB/T 601—2016 中的要求进行配制。

1) 乙酸铵。

2) 冰乙酸：$\rho=1.055g/mL$。

3) 乙酰丙酮：$\rho=0.975g/mL$。

4) 乙酰丙酮溶液：体积分数为 0.25%，称取 25g 乙酸铵，加适量水溶解，加 3mL 冰乙酸和 0.25mL 已蒸馏过的乙酰丙酮试剂移入 100mL 容量瓶中，用不稀释至刻度，调整 pH＝6。此溶液于 2～5℃储存，可稳定一个月。

5) 碘溶液：$c(1/2I_2)=0.1mol/L$。

6) 氢氧化钠溶液：1mol/L。

7) 盐酸溶液：1mol/L。

8) 硫代硫酸钠标准溶液：0.1mol/L，并按照 GB/T 601—2016 进行标定。

9) 淀粉溶液：1g/100mL，称取 1g 淀粉：用少量水调成糊状，倒入 100mL 沸水中，呈透明溶液，临用时配制。

10) 甲醛溶液：质量分数约为 37%。

11) 甲醛标准溶液：1mg/mL，移取 2.8mL 甲醛溶液，置于 1000mL 容量瓶中，用水稀释至刻度。

12) 甲醛标准溶液的标定，移取 20mL 待标定的甲醛标准溶液于碘量瓶中，准确加入 25mL 碘溶液，再加入 10mL 氢氧化钠溶液，摇匀，于暗处静置 5min 后，加 11mL 盐酸溶液，用硫代硫酸钠标准溶液滴定至淡黄色，加 1mL 淀粉溶液，继续滴定至蓝色刚刚消失为终点，记录所耗硫代硫酸钠标准溶液体积 V_2（mL）。同时做空白样，记录所耗硫代硫酸钠标准溶液体积 V_1（mL）。按下式计算甲醛标准溶液的质量浓度：

$$\rho(HCHO)=\frac{(V_1-V_2)\times c(Na_2S_2O_3)\times 15}{20} \quad (4\text{-}72)$$

式中：$\rho(HCHO)$——甲醛标准溶液化的质量浓度（mg/mL）；

V_1——空白样滴定所耗的硫代硫酸钠标准溶液体积（mL）；

V_2——甲醛溶液标定所耗的硫代硫酸钠标准溶液体积(mL);

$c(Na_2S_2O_3)$——硫化硫酸钠标准溶液的浓度(mol/L);

15——甲醛摩尔质量的1/2;

20——标定时所移取的甲醛标准溶液体积(mL)。

13)甲醛标准稀释液:$10\mu g/mL$,移取10mL按标定过的甲醛标准溶液,置于1000mL容量瓶中,用水稀释至刻度。

(3)仪器与设备

1)蒸馏装置:100mL蒸馏瓶、蛇型冷凝管、馏分接收器。

2)具塞刻度管:50mL。

3)移液管:1mL、5mL、10mL、20mL、25mL。

4)加热设备:电加热套、水浴锅。

5)天平:精度1mg。

6)紫外可见分光光度计。

(4)试验步骤

1)标准工作曲线的绘制

取数支具塞刻度管分别移入0.00mL、0.20mL、0.50mL、1.00mL、3.00mL、5.00mL、8.00mL甲醛标准稀释液,加入稀释至刻度,加入2.5mL乙酰丙酮溶液,摇匀。在60℃恒温水浴中加热30min,取出后冷却至室温,用10mm比色皿(以水为参比)在紫外可见分光光度计上于412mm波长处测试吸光度。

以具塞刻度管中的甲醛质量(μg)为横坐标,相应的吸光度为纵坐标,绘制标准工作曲线。

2)游离甲醛含量的测试

称取搅拌均匀后的试样2g(精确至1mg),置于50mL的容量瓶中,加水摇匀,稀释至刻度。再用移液管移取10mL容量瓶中的试样水溶液,置于已预先加入10mL水的蒸馏瓶中,在馏水分接收器中预先加入适量的水,浸没馏分出口,馏分接收器的外部用冰水溶冷却,蒸馏装置见图4-33。加热蒸馏,使试样蒸至近干,取下馏分接收器,用水稀释至刻度、待测。

注:若待测试样在水中不易分散,则直接称取搅拌均匀后的试样0.4g(精确至1mg),置于已预先加入20mL水的蒸馏瓶中,轻轻摇匀,再进行蒸馏过程操作。

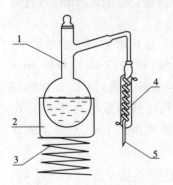

图4-33 蒸馏装置示意图
1-蒸馏瓶;2-加热装置;3-升降台;
4-冷凝管;5-连接接收装置

在已定容的馏分接收器中加入2.5mL乙酰丙酮溶液摇匀。在60℃恒温水浴中加热30min,取出后冷却至室温,用10mm比色在紫外可见分光光度计上于412nm波长处测试吸光度。同时在相同条件下做空白样(水),测得空白样的吸光度。

将试样的吸光度减去空白样的吸光度,在标准工作曲线上查得相应的甲醛质量。

如果试验溶液中甲醛含量超过标准曲线最高点,需重新蒸馏试样,并适当稀释后再进行测试。

(5)结果的计算

1)游离甲醛含量按下式;计算：

$$w=\frac{m}{m'}f \tag{4-73}$$

式中：w——游离甲醛含量(mg/kg);

　　　m——从标准工作曲线上查得的甲醛质量(μg);

　　　m'——样品质量(g);

　　　f——稀释因子。

2)测试方法检出限:5mg/kg。

(6)精密度

1)重复性

当测试结果不大于100mg/kg时,同一操作者两次测试结果的差值不大于10mg/kg;当测试结果大于是100mg/kg时,同一操作者两次测试结果的相对偏差不大于5%。

2)再现性

当测试结果不大于100mg/kg时,不同试验室间测试结果的差值不大于20mg/kg;当测试结果大于100mg/kg时,不同试验室间测试结果的相对偏差不大于10%。

4. 可溶性铅、镉、铬、汞元素含量的测试

(1)原理

用0.07mol/L盐酸溶液处理制成的涂料干膜,用火焰原子吸收光谱法测试试验溶液中可溶性铅、镉、铬元素的含量,用氢化物发生原子吸收光谱法测试试验溶液中可溶性汞元素的含量。

(2)试剂

分析测试中仅使用确认为分析纯的试剂,所用水符合GB/T 6682—2008中三级水的要求。

1)盐酸溶液:0.07mol/L。

2)盐酸:质量分数约为37%,密度约为1.18g/cm³。

3)硝酸溶液:1:1(体积比)

4)铅、镉、铬、汞标准溶液:浓度为100mg/L或1000mg/L。

(3)仪器

1)火焰原子吸收光谱仪:配备铅、镉、铬空心阴极灯,并装有可通入空气和乙炔的燃烧器。仪器工作条件见表4-44。

表4-44 火焰原子吸收光谱仪和氢化物发生原子吸收光谱仪工作条件

元素	测试波长(nm)	原子化方法	背景校正
铅(Pb)	283.3	空气—乙炔火焰法	氘灯
镉(Cd)	228.8	空气—乙炔火焰法	氘灯
铬(Cr)	357.9	空气—乙炔火焰法	氘灯
汞(Hg)	253.7	氢化物法	—

注:实验室可根据所用仪器的性能选择合适的工参数(如灯电流、狭缝宽度、空气—乙炔比例、还原剂品种等),使仪器处于最佳测试状况。

2)氢化物发生原子吸收光谱仪:配备汞空心阴极灯,并能与氢化物发生器配套使用。仪器工作条件见表4-44。

3)粉碎设备:粉碎机,剪刀等。

4)不锈钢金属筛:孔径0.5mm。

5)天平:精度0.1mg。

6)搅拌器:搅拌子外层应为聚四氟乙烯或玻璃。

7)酸度计:精度为±0.2pH单位。

8)微孔滤膜:孔径0.450μm。

9)容量瓶:25mL、50mL、100mL。

10)移液管:1mL、2mL、5mL、10mL、25mL。

11)系列化学容器:总容量为盐酸溶液提取剂体积的1.6~5.0倍。

(4)试验步骤

1)涂膜的制备

将待测样品搅拌均匀。按涂料产品规定的比例(稀释剂无须加入)混合各组分样品,搅拌均匀后,在玻璃板或聚四氟乙烯板上制备厚度适宜的涂膜。待完全干燥后,取下涂膜,在室温下用粉碎设备将其粉碎,并用不锈钢金属筛过筛后待处理。

注:1.对不能被粉碎的涂膜(如弹性或塑料涂膜),可用干净的剪刀将涂膜尽可能剪碎,无须过筛直接进行样品处理;

2.粉末状样品,直接进行样品处理。

2)样品处理

对制备的试样进行两次平行测试。

称取粉碎、过筛后的试样 0.5g(精确至 0.1mg)置于化学容器中,用移液管加入 25mL 盐酸溶液。在搅拌器上搅拌 1min 后,用酸度计测其酸度。如果 pH 值>1.5,用盐酸调节 pH 值在 1.0～1.5 之间。再在室温下连接搅拌 1h,然后放置 1h。接着立即用微孔滤膜过滤。过滤后的滤液应避光保存并应在一天内完成元素分析测试。若滤液在进行元素分析测试前的保存时间超过 1d,应用盐酸加以稳定,使保存的溶液浓度 c(HCL)约为 1mol/L。

注:1. 如改变试样的称样量,则加入的盐酸溶液体积应调整为试样量的 50 倍;

2. 在整个提取期间,应调节搅拌器的速度,以保持试样始终处于悬浮状态,同时应尽量避免溅出。

3)标准参比溶液的配制

适用合适的容量瓶和移液管,用盐酸溶液逐级稀释铅、镉、铬、汞标准溶液,配制下列系列标准参比溶液:

铅(mg/L):0.0,2.5,5.0,10.0,20.0,30.0;

镉(mg/L):0.0,0.1,0.2,0.5,1.0;

铬(mg/L):0.0,1.0,2.0,3.0,5.0;

汞(μg/L):0.0,10.0,20.0,30.0,40.0;

注:系列标准参比溶液应在使用的当天配制。

4)测试

用火焰原子吸收光谱仪及氢化物发生原子吸收光谱仪分别测试标准参比溶液的吸光度,仪器会以吸光度值对应浓度自动绘制出工作曲线。

同时测试试验溶液的吸光度。根据工作曲线和试验溶液的吸光度,仪器自动给出试验溶液中待测元素的浓度值。如果试验溶液中被测元素的浓度超出工作曲线最高点,则应对试验溶液用盐酸溶液进行适当稀释后再测试。

如果两次测试结果(浓度值)的相对偏差是 10%。需重做。

(5)结果的计算

1)试样中可溶性铅、镉、铬、汞元素的含量,按下式计算:

$$w=\frac{(\rho-\rho_0)V\times F}{m} \tag{4-74}$$

式中:w——试样中可溶性铅、镉、铬、汞元素的含量(mg/kg);

ρ_0——空白溶液的测试浓度(mg/L);

ρ——试验溶液的测试浓度(mg/L);

V——盐酸溶液的定容体积(mL);

F——试验溶液的稀释倍数;

m——称取的试样量(g)。

2)结果的校正

由于本测试方法精确度的原因,在测试结果的基础上需经校正得出最终的分析结果。即式(4-74)中的计算结果应减去该结果乘以表 4-45 中相应元素的分析校正系数的值,作为该元素最终的分析结果报出。

表 4-45 各元素分析校正系数

元素	铅(Pb)	镉(Cd)	铬(Cr)	汞(Hg)
分析校正系数(%)	30	30	30	50

(6)测试方法的检出限

按上述分析方法测试可溶性铅、镉、铬、汞元素含量,其检出限不应大于该元素限量的十分之一。分析测试方法的检出限一般被认为是空白样测试值标准偏差的 3 倍,上述空白样测试值由实验室测试。

(7)精密度

1)重复性

同一操作者两次测试结果的相对偏差小于 20%。

2)再现性

不同试验室间测试结果的相对偏差小于 33%。

(五)检验结果的判定

(1)检验结果的判定按 GB/T 1250—1989 中修约值比较法进行。

(2)粉状腻子报出检验结果时应同时注明配制比例。

第五节 建筑节能检测

一、墙体节能工程

1. 适用范围

适用于采用板材、浆料、块材及预制复合墙板等墙体保温材料或构件的建筑墙体节能工程质量验收。

2. 检验规定

(1)主体结构完成后进行施工的墙体节能工程,应在基层质量验收合格后施工,施工过程中应及时进行质量检查、隐蔽工程验收和检验批验收,施工完成后应进行墙体节能分项工程验收。与主体结构同时施工的墙体节能工程,应与主体结构一同验收。

(2)墙体节能工程当采用外保温定型产品或成套技术时,其型式检验报告中应包括安全性和耐候性检验。

(3)墙体节能工程应对下列部位或内容进行隐蔽工程验收,并应有详细的文字记录和必要的图像资料:

1)保温层附着的基层及其表面处理;

2)保温板黏结或固定;

3)锚固件;

4)增强网铺设;

5)墙体热桥部位处理;

6)预置保温板或预制保温墙板的板缝及构造节点;

7)现场喷涂或浇注有机类保温材料的界面;

8)被封闭的保温材料厚度;

9)保温隔热砌块填充墙体。

(4)墙体节能工程验收的检验批划分应符合下列规定:

1)采用相同材料、工艺和施工做法的墙面,每 500~1000m^2 面积划分为一个检验批,不足 500m^2 也为一个检验批。

2)检验批的划分也可根据与施工流程相一致且方便施工与验收的原则,由施工单位与监理(建设)单位共同商定。

3. 检验要求和检验方法

(1)墙体节能工程使用的保温隔热材料,其导热系数、密度、抗压强度或压缩强度、燃烧性能应符合设计要求。

检验方法:核查质量证明文件及进场复验报告。

(2)墙体节能工程采用的保温材料和黏结材料等,进场时应对其下列性能进行复验,复验应为见证取样送检:

1)保温材料的导热系数、密度、抗压强度或压缩强度;

2)黏结材料的黏结强度;

3)增强网的力学性能、抗腐蚀性能。

检验方法:随机抽样送检,核查复验报告。

检查数量:同一厂家同一品种的产品,当单位工程建筑面积在 20000m^2 以下时各抽查不少于 3 次;当单位工程建筑面积在 20000m^2 以上时各抽查不少于 6 次。

(3)严寒和寒冷地区外保温使用的黏结材料,其冻融试验结果应符合该地区最低气温环境的使用要求。

检验方法:核查质量证明文件。

(4)墙体节能工程的施工,应符合下列规定:

1)保温隔热材料的厚度必须符合设计要求。

2)保温板材与基层及各构造层之间的黏结或连接必须牢固。黏结强度和连接方式应符合设计要求。保温板材与基层的黏结强度应做现场拉拔试验。

3)保温浆料应分层施工。当采用保温浆料做外保温时,保温层与基层之间及各层之间的黏结必须牢固,不应脱层、空鼓和开裂。

4)当墙体节能工程的保温层采用预埋或后置锚固件固定时,锚固件数量、位置、锚固深度和拉拔力应符合设计要求。后置锚固件应进行锚固力现场拉拔试验。

检验方法:观察;手扳检查;保温材料厚度采用钢针插入或剖开尺量检查;黏结强度和锚固力核查试验报告;核查隐蔽工程验收记录。

(5)当外墙采用保温浆料做保温层时,应在施工中制作同条件养护试件,检测其导热系数、干密度和压缩强度。保温浆料的同条件养护试件应见证取样送检。

检验方法:核查试验报告。

检查数量:每个检验批应抽样制作同条件养护试块不少于3组。

(6)外墙外保温工程不宜采用粘贴饰面砖做饰面层;当采用时,其安全性与耐久性必须符合设计要求。饰面砖应做黏结强度拉拔试验,试验结果应符合设计和有关标准的规定。

(7)保温砌块砌筑的墙体,应采用具有保温功能的砂浆砌筑。砌筑砂浆的强度等级应符合设计要求。

检验方法:对照设计核查施工方案和砌筑砂浆强度试验报告。

(8)采用预制保温墙板现场安装的墙体,应符合规定。保温墙板应有型式检验报告,型式检验报告中应包含安装性能的检验。

二、幕墙节能工程

1. 适用范围

适用于透明和非透明的各类建筑幕墙的节能工程质量验收。

2. 检验规定

(1)附着于主体结构上的隔汽层、保温层应在主体结构工程质量验收合格后施工。施工过程中应及时进行质量检查、隐蔽工程验收和检验批验收,施工完成后应进行幕墙节能分项工程验收。

(2)当幕墙节能工程采用隔热型材时,隔热型材生产厂家应提供型材所使用的隔热材料的力学性能和热变形性能试验报告。

(3)幕墙节能工程使用的保温隔热材料,其导热系数、密度、燃烧性能应符合设计要求。幕墙玻璃的传热系数、遮阳系数、可见光透射比、中空玻璃露点应符合设计要求。

(4)幕墙节能工程使用的材料、构件等进场时,应对其下列性能进行复验,复验应为见证取样送检：

1）保温材料：导热系数、密度；

2）幕墙玻璃：可见光透射比、传热系数、遮阳系数、中空玻璃露点；

3）隔热型材：抗拉强度、抗剪强度。

(5)幕墙的气密性能应符合设计规定的等级要求。当幕墙面积大于 3000m^2 或建筑外墙面积的 50% 时，应现场抽取材料和配件，在检测试验室安装制作试件进行气密性能检测，检测结果应符合设计规定的等级要求。

密封条应镶嵌牢固、位置正确、对接严密。单元幕墙板块之间的密封应符合设计要求。开启扇应关闭严密。

三、门窗节能工程

1. 适用范围

适用于建筑外门窗节能工程的质量验收，包括金属门窗、塑料门窗、木质门窗、各种复合门窗、特种门窗、天窗以及门窗玻璃安装等节能工程。

2. 检验规定与方法

(1)建筑门窗进场后，应对其外观、品种、规格及附件等进行检查验收，对质量证明文件进行核查。

(2)建筑外门窗工程施工中，应对门窗框与墙体接缝处的保温填充做法进行隐蔽工程验收，并应有隐蔽工程验收记录和必要的图像资料。

(3)建筑外门窗工程的检验批应按下列规定划分：

1）同一厂家的同一品种、类型、规格的门窗及门窗玻璃每 100 樘划分为一个检验批，不足 100 樘也为一个检验批。

2）同一厂家的同一品种、类型和规格的特种门每 50 樘划分为一个检验批，不足 50 楼也为一个检验批。

3）对于异形或有特殊要求的门窗，检验批的划分应根据其特点和数量，由监理（建设）单位和施工单位协商确定。

(4)建筑外门窗工程的检查数量应符合下列规定：

1）建筑门窗每个检验批应抽查 5%，并不少于 3 樘，不足 3 樘时应全数检查；高层建筑的外窗，每个检验批应抽查 10%，并不少于 6 樘，不足 6 樘时应全数检查。

2）特种门每个检验批应抽查 50%，并不少于 10 樘，不足 10 樘时应全数检查。

(5)建筑外窗的气密性、保温性能、中空玻璃露点、玻璃遮阳系数和可见光透射比应符合设计要求。

(6)建筑外窗进入施工现场时，应按地区类别对其下列性能进行复验，复验应为见证取样送检：

1）严寒、寒冷地区：气密性、传热系数和中空玻璃露点；

2）夏热冬冷地区：气密性、传热系数、玻璃遮阳系数、可见光透射比、中空玻璃露点；

3）夏热冬暖地区：气密性、玻璃遮阳系数、可见光透射比、中空玻璃露点。

检验方法：随机抽样送检；核查复验报告。

检查数量：同一厂家同一品种同一类型的产品各抽查不少于3樘（件）。

（7）建筑门窗采用的玻璃品种应符合设计要求。中空玻璃应采用双道密封。

（8）金属外门窗隔断热桥措施应符合设计要求和产品标准的规定，金属副框的隔断热桥措施应与门窗框的隔断热桥措施相当。

检验方法：随机抽样，对照产品设计图纸，剖开或拆开检查。

检查数量：同一厂家同一品种、类型的产品各抽查不少于1樘。金属副框的隔断热桥措施按检验批抽查30%。

（9）严寒、寒冷、夏热冬冷地区的建筑外窗，应对其气密性做现场实体检验，检测结果应满足设计要求。

检验方法：随机抽样现场检验。

检查数量：同一厂家同一品种、类型的产品各抽查不少于3樘。

四、屋面节能工程

1. 适用范围

适用于建筑屋面节能工程，包括采用松散保温材料、现浇保温材料、喷涂保温材料板材、块材等保温隔热材料的屋面节能工程的质量验收。

2. 检验规定与方法

（1）屋面保温隔热工程的施工，应在基层质量验收合格后进行。施工过程中应及时进行质量检查、隐蔽工程验收和检验批验收，施工完成后应进行屋面节能分项工程验收。

（2）用于屋面节能工程的保温隔热材料，其品种、规格应符合设计要求和相关标准的规定。

（3）屋面节能工程使用的保温隔热材料，其导热系数、密度、抗压强度或压缩强度、燃烧性能应符合设计要求。

检验方法：核查质量证明文件及进场复验报告。

检查数量：全数检查。

（4）屋面节能工程使用的保温隔热材料，进场时应对其导热系数、密度、抗压强度或压缩强度、燃烧性能进行复验，复验应为见证取样送检。

检验方法:随机抽样送检,核查复验报告。

检查数量:同一厂家同一品种的产品各抽查不少于 3 组。

(5)屋面保温隔热层应按施工方案施工,并应符合下列规定:

1)松散材料应分层敷设、按要求压实、表面平整、坡向正确;

2)现场采用喷、浇、抹等工艺施工的保温层,其配合比应计量准确,搅拌均匀、分层连续施工,表面平整、坡向正确。

3)板材应粘贴牢固、缝隙严密、平整。

五、地面节能工程

1. 适用范围

适用于建筑地面节能工程的质量验收。包括底面接触室外空气、土壤或毗邻不采暖空间的地面节能工程。

2. 检验规定

(1)地面节能工程的施工,应在主体或基层质量验收合格后进行。施工过程中应及时进行质量检查、隐蔽工程验收和检验批验收,施工完成后应进行地面节能分项工程验收。

(2)地面节能工程应对下列部位进行隐蔽工程验收,并应有详细的文字记录和必要的图像资料:

1)基层;

2)被封闭的保温材料厚度;

3)保温材料黏结;

4)隔断热桥部位。

(3)地面节能分项工程检验批划分应符合下列规定:

1)检验批可按施工段或变形缝划分;

2)当面积超过 200m^2 时,每 200m^2 可划分为一个检验批,不足 200m^2 也为一个检验批;

3)不同构造做法的地面节能工程应单独划分检验批。

(4)用于地面节能工程的保温材料,其品种、规格应符合设计要求和相关标准的规定。

(5)地面节能工程使用的保温材料,其导热系数、密度、抗压强度或压缩强度、燃烧性能应符合设计要求。

地面节能工程采用的保温材料,进场时应对其导热系数、密度、抗压强度或压缩强度、燃烧性能进行复验,复验应为见证取样送检。

第五章 结构工程试验与检测

第一节 无损检测

一、概述

1. 定义

混凝土的无损检测技术,是指在不影响结构受力性能或其他使用功能的前提下,直接在结构上通过测定某些物理量,推定混凝土的强度、均匀性、连续性、耐久性等一系列性能的检测方法。

2. 常用无损检测方法的分类和特点

(1)混凝土强度的无损检测方法

在工程实践中,需要运用无损检测方法推定混凝土实际强度的情况主要有如下几种:

1)在施工过程中,由于管理、工艺或预留试块不符合相关规定等原因影响了混凝土质量,可以采用无损检测方法推定混凝土强度,作为混凝土合格性评定及验收依据。

2)当需要了解混凝土结构在施工期间的强度增长情况,以便进行吊装、预应力筋张拉或放张等后续工序时,可运用无损检测方法连续监测结构混凝土强度的发展,以便及时调整施工进程。

3)对于既有结构,在使用过程中有些结构由于各种原因而产生不同程度的损伤与破坏。需要对这些结构进行维修、加固、改建,可通过无损检测方法推定混凝土强度,以便提供加固、改建设计时的基本强度参数和其他设计依据。

混凝土强度的无损检测方法根据其测试原理可分为非破损法、半破损法、综合法三种:

1)非破损法

非破损法以混凝土强度与某些物理量之间的相关性为基础,在不影响混凝土任何性能的前提下,测试这些物理量,然后根据相关关系推算被测混凝土的强度。属于这类方法的有回弹法、超声脉冲法、射线吸收与散射法、成熟度法等等。

这类方法的特点是测试方便、费用低廉,但其测试结果的可靠性主要取决于混凝土的强度与所测试物理量之间的相关性。

①回弹法是采用回弹仪进行混凝土强度测定。其原理是回弹仪中的重锤以一定冲击动能撞击顶在混凝土表面的冲击杆后,测出重锤被反弹回来的距离,以回弹值作为与强度相关的指标。

②超声波法检测混凝土强度的基本依据是超声波传播速度与混凝土弹性性质的密切关系。

③成熟度法主要以"度时积"$M(t) = \sum(T_s - T_0)\Delta t$ 作为推定强度的依据[式中$M(t)$为成熟度,T_0为基准温度,T_s为时间,Δt为区间内混凝土的平均温度]主要用于现场测量控制混凝土早期强度发展状况。

2) 半破损法

半破损法是以不影响构件的承载能力为前提,在构件上直接进行局部破坏性试验,或直接钻取芯样进行破坏性试验。属于这类方法的有钻芯法、拔出法、射击法等。这类方法的特点是以局部破坏性试验获得混凝土强度。其缺点是造成结构物的局部破坏,需进行修补,不宜用于大面积检测。

①钻芯法是利用专用钻机,从混凝土结构中钻取芯样以检测混凝土强度或观察混凝土内部缺陷的方法。钻芯法检测混凝土强度具有直观准确的优点,但其缺点是对构件的损伤较大,检测成本较高。

②拔出法是使用拔出仪器拉拔埋在混凝土表层内的锚固件,将混凝土拔出一锥形体,根据混凝土抗拔力推算其抗压强度的方法。该法分为预埋法和后装法两种,前者是浇筑混凝土时预先将锚杆埋入,后者是在硬化后的混凝土上钻孔,装入(黏结或胀嵌)锚杆。

③射击法也称穿透探针法或贯入阻力法,是将硬质合金钉打入混凝土中,根据钉的外露长度作为混凝土贯入阻力的度量并以此推算混凝土强度。钉的外露长度越多,表明其混凝土强度越高。该法的优点是测量迅速简便,受混凝土表面状况及碳化层影响较小,但受混凝土内粗骨料的影响十分明显。

3) 综合法

综合法就是采用两种或两种以上的无损检测方法,获取多种物理参量,并建立强度与多项物理参量的综合相关关系,以便从不同角度综合评价混凝土的强度。由于综合法采用多项物理参数,能较全面地反映构成混凝土强度的各种因素,因而它比单一物理量的无损检测方法具有更高的准确性和可靠性。目前已被采用的综合法有超声-回弹综合法、超声钻芯综合法、超声衰减综合法等等。

(2) 钢筋混凝土缺陷无损检测方法

所谓混凝土的缺陷,是由于混凝土配比、水泥强度、浇灌振捣、跑模漏浆等造成的缺陷。即使整个结构的混凝土的强度已达到设计要求,但这些缺陷也会影响结构整体承载力和结构的耐久性。混凝土缺陷的成因十分复杂,检测要求也各不相同。混凝土缺陷现象大致有:内部空洞、表面蜂窝麻面、露筋、疏松、断层、裂缝、碳化、冻融、化学腐蚀等。混凝土缺陷的无损检测方法主要有超声脉冲法、脉冲回波法、雷达扫描法、红外热谱法、声发射法等。

1)超声脉冲法检测内部缺陷分为穿透法和反射法。穿透法是根据超声脉冲穿过混凝土时,在缺陷区的声时、波幅、波形、接收信号的频率等参数所发生的变化来判断缺陷的,因此它只能在结构物的两个相对面上或在同一面上进行测试。反射法则根据超声脉冲在缺陷表面产生反射波的现象进行缺陷判断。这种方法适用于桩基础、路面等只能在一个测试面上检测的结构物。

2)脉冲回波法是采用落球、锤击等方法在被测物件中产生应力波,用传感器接收回波,然后采用时域或频域方法分析回波的反射位置,以判断混凝土中缺陷位置的方法。其特点是激励力足以产生较强的回波,因而可检测尺寸较大的构件,如深度达数十米的基桩或厚度较大的混凝土板等。

3)雷达扫描法是利用混凝土反射电磁波的原理,先向被检测的结构物发射电磁波,再根据反射波的性质,分析反射波的影像,便可检测出结构的内部缺陷。其特点是可迅速对被测结构进行扫描,适用于道路、机场等结构物的大面积快速扫测。

4)红外热谱法是测量或记录混凝土热发射的方法。当混凝土中存在缺陷时,这些有缺陷的部位与正常部位相比,温度上升与下降的状况是不同的,其外表面会产生温度差。所以,从红外线照相机所测得的温度分布图像中,便能推断出缺陷的位置和大小。

5)声发射法是利用混凝土受力时因内部微小区域破坏而发声的现象,根据声发射信号分析混凝土损伤程度的一种方法,这种方法常用于混凝土受力破坏过程的监视,用以确定混凝土的受力历史和损伤程度。

(3)混凝土其他性能的无损检测方法

主要有混凝土碳化深度、保护层厚度、受冻层深度、含水率、钢筋位置与钢筋锈蚀状况等,常用的检测方法有共振法、敲击法、磁测法、电测法、微波吸收法、渗透法等。

(4)钢结构性能的无损检测方法

钢结构的一些性能,也可采用无损检测方法进行测试,常用的检测方法有超声检测、射线检测、磁粉检测、渗透检测等,其中,最常用的是钢结构焊缝质量检测。

二、回弹法检测混凝土强度

1. 基本原理

回弹法是采用回弹仪进行混凝土强度测定,属于表面硬度法的一种,其原理是回弹仪中运动的重锤以一定冲击动能撞击顶在混凝土表面的冲击杆后,测出重锤被反弹回来的距离,以回弹值(反弹距离与弹簧初始长度之比)作为与强度相关的指标,来推定混凝土强度的一种方法。

2.回弹仪

(1)回弹仪分类

表 5-1　回弹仪的分类

类别	名称	冲击能量	主要用途	备注
L 型(小型)	L 型	0.735J	小型构件或刚度稍差的混凝土	
	LR 型	0.735J	小型构件或刚度稍差的混凝土	有回弹值自动画线装置
	LB 型	0.735J	烧结材料和陶瓷	
N 型(中型)	N 型	2.207J	普通混凝土构件	
	NA 型	2.207J	水下混凝土构件	
	NR 型	2.207J	普通混凝土构件	有回弹值自动画线装置
	ND-740 型	2.207J	普通混凝土构件	高精度数显式
	NP-750 型	2.207J	普通混凝土构件	数字处理式
	MTC-850 型	2.207J	普通混凝土构件	有专用电脑自动记录处理
	WS-200 型	2.207J	普通混凝土构件	远程自动显示记录
P 型(摆式)	P 型	0.883J	轻质建材、砂浆、饰面等	
	PT 型	0.883J	用于低强度胶凝制品	冲击面较大
M 型(大型)	M 型	29.40J	大型实心块体、机场跑道及公路路面的混凝土	

(2)回弹仪的率定

回弹仪使用性能的检验方法,一般采用钢砧率定法,即在洛氏硬度 HRC 为 60 ± 2 的钢砧上,将仪器垂直向下弹击,每个方向的回弹平均值均应为 80 ± 2,以此作为使用过程中是否需要调整的标准。

(3)回弹仪的操作、保养及校验

1)操作。将弹击杆顶住混凝土的表面,轻压仪器,松开按钮,弹击杆徐徐伸出。使仪器对混凝土表面均匀施压,待弹击锤脱钩冲击弹击杆后即回弹,带动指针向后移动并停留在某一位置上,即为被测构件或结构的回弹值。操作中注意仪器的轴线应始终垂直于构件混凝土的表面。

2)保养。仪器使用完毕后,要及时清除伸出仪器外壳的弹击杆、刻度尺表面及外壳上的污垢和尘土,当测试次数较多、对测试值有怀疑时,应将仪器拆卸,并用清洗剂清洗机芯的主要零件及其内孔,然后在中心导杆上抹一层薄薄的钟表油,其他零部件不得抹油。

3)校验。当仪器超过检定有效期限(半年),数字回弹仪数字显示的回弹值与指针直读示值相差大于1,经保养后在钢砧上率定值不合格,或仪器遭受撞击、损害等情况均应送校验单位进行校验。

3.回弹法测强曲线

回弹法测定混凝土的抗压强度,是建立在混凝土的抗压强度与回弹值之间具有一定的相关性的基础上的,这种相关性可用"$f_{cu}-R$"相关曲线(或公式)来表示,通常称之为测强曲线。回弹法测强曲线分为全国统一测强曲线、地区曲线和专用曲线三种。三种曲线制定的技术条件及使用范围见表5-2。

表5-2 回弹法测强相关曲线

名称	统一曲线	地区曲线	专用曲线
定义	由全国有代表性的材料、成型、养护工艺配制的混凝土试块,通过大量的破损与非破损试验所建立的曲线	由本地区有代表性的材料、成型、养护工艺配制的混凝土试块、通过较多的破损与非破损试验所建立的曲线	由与构件混凝土相同的材料、成型、养护工艺配制的混凝土试块、通过一定数量的破损与非破损试验所建立的曲线
适用范围	适用于无地区曲线或专用曲线时检测符合规定条件的构件或结构混凝土强度	适用于无专用曲线时检测符合规定条件的构件或结构混凝土强度	适用于检测与该构件相同条件的混凝土强度
误差	测强曲线的平均相对误差≤±15%,相对标准差≤18%	测强曲线的平均相对误差≤±14%,相对标准差≤17%	测强曲线的平均相对误差≤±12%,相对标准差≤14%

4.检测方法与数据处理

(1)检测准备

检测前,需要了解工程名称,设计、施工和建设单位名称;构件名称、编号、施工图及混凝土设计强度等级;混凝土原材料品种、用量及混凝土配合比等;模板类型,混凝土灌注和养护情况、成型日期;构件存在的质量问题,混凝土试块抗压强度等。

检测构件的混凝土强度有两类方法,一类是逐个检测被测构件,另一类是抽样检测。逐个检测方法主要用于对混凝土强度质量有怀疑的独立结构或有明显质量问题的构件。抽样检测主要用于在相同的生产工艺条件下,强度等级相同、原材料、配合比、养护条件基本一致且龄期相近的同类混凝土构件。被检测的试样应随机抽取不宜少于同批构件总数的30%且不宜少于10件,当检验批构件数量大于30个时,抽样数量可适当调整,并不得少于国家现行有关标准规定的最少抽样数量。

(2)检测方法

解了被检测的混凝土构件情况后,需要在构件上选择及布置测区。测区指每一试样的测试区域。每一测区相当于试样同条件混凝土的一组试块。行业标准《回弹法检测混凝土抗压强度技术规程》(JGJ/T 23—2011)规定。

单个构件的检测：对于一般构件，测区数不宜少于10个。当受检构件数量大于30个且不需提供单个构件推定强度或受检构件某一方向尺寸不大于4.5m且另一方向尺寸不大于0.3m时，每个构件的测区数量可适当减少，但不应少于5个。相邻两测区的间距不应大于2m，测区离构件端部或施工缝变应原的距离不宜大于0.5m，且不宜小于0.2m。测区宜选在能使回弹仪处于水平方向的混凝土浇筑侧面，当不能满足这一要求时，也可选在使回弹仪处于非水平方向的混凝土浇筑表面或底面。测区宜布置在构件的两个对称的可测面上，当不能布置在对称的可测面上时，也可布置在同一可测面上，且应均匀分布。在构件的重要部位及薄弱部位应布置测区，并应避开预埋件。测区的面积不宜大于$0.04m^2$。测区表面应为混凝土原浆面，并应清洁、平整，不应有疏松层、浮浆、油垢、涂层及蜂窝、麻面。对于弹击时产生颤动的薄壁、小型构件，应进行加固。

测量回弹值时，回弹仪的轴线应始终垂直于混凝土检测面，并应缓慢施压、准确读数、快速复位。每一测区读取16个回弹值，每一测点的回弹值读数应精确至1。测点宜在测区范围内均匀分布，相邻两侧点的净距离不宜小于20mm；测点距外露钢筋、预埋件的距离不宜小于30mm；测点不应再气孔或外露石子上，同一测点应只弹击一次。

回弹值测量完毕后，应在有代表性的测区上测量碳化深度值，测点数不应少于构件测区数的30%，应取其平均值作为该构件每个测区的碳化深度值。当碳化深度值极差大于2.0mm时，应在每一测区分别测量碳化深度值。碳化深度值的测量应符合下列规定：可采用工具在测区表面形成直径约15mm的孔洞，其深度应大于混凝土的碳化深度；应清除孔洞中的粉末和碎屑，且不得用水擦洗；应采用浓度为1~2%的酚酞酒精溶液滴在孔洞内壁的边缘处，当已碳化与未碳化界线清晰时，应采用碳化深度测量仪测量已碳化与未碳化混凝土交界面到混凝土表面的垂直距离，并应测量3次，每次读数应精确至0.25mm；应取三次测量的平均值作为检测结果，并应精确至0.5mm。

(3)回弹值计算

1)当回弹仪水平方向测试混凝土浇筑侧面时，应从每一测区的16个回弹值中剔除3个最大值和3个最小值，取余下的10个回弹值的平均值作为该测区的平均回弹值，计算公式为：

$$R_m = \frac{\sum_{i=1}^{10} R_i}{10} \tag{5-1}$$

式中：R_m——测区平均回弹值，精确至 0.1；
R_i——第 i 个测点的回弹值。

2）非水平方向检测混凝土浇筑侧面时，测区的平均回弹值应按下式修正：

$$R_m = R_{m\alpha} + R_{a\alpha} \tag{5-2}$$

式中：$R_{m\alpha}$——非水平方向检测时测区的平均回弹值，精确至 0.1；
$R_{a\alpha}$——测试角度为 α 的回弹修正值。

3）水平方向检测混凝土浇筑表面或浇筑底面时，测区的平均回弹值应按下式修正：

$$R_m = R_m^t + R_a^t \tag{5-3}$$

$$R_m = R_m^b + R_a^b \tag{5-4}$$

式中：R_m^t、R_m^b——水平方向检测混凝土浇筑表面、底面时，测区的平均回弹值，精确至 0.1；

R_a^t、R_a^b——混凝土浇筑表面、底面回弹值的修正值。

4）当回弹仪为非水平方向且测试面为混凝土的非浇筑侧面时，应先对回弹值进行角度修正，并应对修正后的回弹值进行浇筑面修正。

5. 混凝土强度计算

（1）测区混凝土强度值换算值

测区混凝土强度换算值是指将测得的回弹值和碳化深度值换算成被测构件的测区的混凝土抗压强度值。构件第 i 个测区混凝土强度换算值（$f_{cu,i}^c$），根据每一测区的平均回弹值（R_m）及平均碳化深度值（d_m），查阅由统一曲线编制的"测区混凝土强度换算表"得出；有地区或专用测强曲线时，混凝土强度换算值应按地区或专用测强曲线换算得出。

（2）构件混凝土强度的计算

1）构件混凝土强度平均值及标准差

结构或构件的测区混凝土强度平均值可根据各测区的混凝土强度换算值计算。当测区数为 10 个及以上时，应计算强度标准差。平均值和标准差应按下列公式计算：

$$m_{f_{cu}^c} = \frac{\sum_{i=1}^{n} f_{cu,i}^c}{n} \tag{5-5}$$

$$S_{f_{cu}^c} = \sqrt{\frac{\sum_{i=1}^{n}(f_{cu,i}^c)^2 - n(m_{f_{cu}^c})^2}{n-1}} \tag{5-6}$$

式中：$m_{f_{cu}^c}$——构件测区混凝土强度换算值的平均值(MPa)，精确至 0.1MPa；

n——对于单个检测的构件，取一个构件的测区数；对批量检测的构件，取被抽检构件测区数之和；

$S_{f_{cu}^c}$——构件测检混凝土强度换算值的标准差(MPa)，精确至 0.01MPa。

2) 构件混凝土强度推定值

结构或构件的混凝土强度推定值($f_{uc,e}$)是指相应于强度换算值总体分布中保证率不低于 95X 的结构或构件中的混凝土抗压强度值，应按下列公式确定：

该构件测区数少于 10 个时：

$$f_{cu,e} = f_{uc,min}^c \tag{5-7}$$

式中：$f_{cu,min}^c$——构件中最小的测区混凝土强度换算值。

① 当构件测区混凝土强度值中出现小于 10MPa 时：

$$f_{cu,e} < 10.0 \text{MPa} \tag{5-8}$$

② 当该构件测区数不少于 10 个或按批量检测时，应按下列公式计算：

$$f_{cu,e} = m_{f_{cu}^c} - 1.645 S_{f_{cu}^c} \tag{5-9}$$

3) 对于按批量检测的构件，当该批件混凝土强⑼度标准差出现下列情况之一时，则该批构件应全部按单个构件检测，即

① 该批构件混凝土强度平均值小于 25MPa 时：$S_{f_{cu}^c} > 4.5$MPa；

② 当该批构件混凝土强度平均值不小于 25MPa 时：$S_{f_{cu}^c} > 5.5$MPa。

三、超声—回弹弹综合法检测混凝土强度

1. 超声—回弹综合法测强度的特点及影响因素

(1) 特点

1) 减少混凝土龄期和含水率的影响。混凝土含水率越大，超声声速偏高而回弹值偏低；混凝土龄期长，超声声速的增长率下降，而回弹值则因混凝土碳化程度增大而提高。因此，二者综合起来测定混凝土强度就可以部分减少龄期和含水率的影响。

2) 可以弥补相互间的不足。一个物理参数只能从某一方面、在一定范围内反映混凝土的力学性能，超过一定范围，它可能不很敏感或不起作用。采用回弹法和超声法综合测定混凝土强度，既可内外结合，又能在较低或较高的强度区间相互弥补各自的不足，能够较确切地反映混凝土强度。

3) 提高测试精度。由于综合法能减少一些因素的影响程度，较全面地反映

整体混凝土质量,所以对提高无损检测混凝土强度的精度,具有明显的效果。

(2)影响因素

表 5-3　超声—回弹综合法影响因素

因素	试验验证范围	影响程度
水泥品种及用量	普通水泥、矿渣水泥、粉煤灰水泥 250~450kg/m^3	不显著
细骨料品种及砂率	山砂、特细砂、中砂;28%~40%	不显著
粗骨料品种及用量	卵石、碎石;骨灰比:1:4.6~1:5.5	显著
粗骨料粒径	0.6~2cm;0.6~3.2cm;0.6~4mm	不显著
外加剂	木钙减水剂,硫酸钠,三乙醇胺	不显著
碳化深度		不显著
含水率		有影响
测试面	浇筑侧面与浇筑上表面混凝土及底面比较	有影响

2. 超声—回弹综合法测强曲线

(1)统一测强曲线

统一测强曲线的建立是以全国许多地区曲线为基础,经过大量的分析研究和计算汇总而成。该曲线以全国经常使用的有代表性的混凝土原材料、成型养护工艺和龄期为基本条件,适用于无地区测强曲线和专用测强曲线的单位,使用范围广,但精度稍差,超声-回弹综合法测区混凝土强度换算表见相关规程。

(2)地区测强曲线

以地区通常使用的有代表性的混凝土原材料、成型养护工艺和龄期作为基本条件,制作相当数量的试块进行试验建立的测强曲线。这类曲线适用于无专用测强曲线的工程测试。其现场适应性和测试精度均优于统一测强曲线。

(3)专用测强曲线

以某一个具体工程为对象,采用与被测工程相同的原材料、配合比、成型养护工艺和龄期,制作一定数量的试块,通过非破损和破损试验建立的测强曲线。这类曲线针对性较强,测试精度较地区曲线高。

3. 超声—回弹综合法检测方法

(1)检测准备

采用超声波检测时,要使从换能器发出的超声波进入被测体,需要在换能器与混凝土之间加上耦合剂。耦合剂一般是液体或膏体,它们充填于二者之间时,排掉了空气,形成耦合剂层。平面换能器的耦合剂一般采用膏体,如黄油、凡士林等。采用径向换能器在测试孔中测量时,通常用水作耦合剂。

检测构件时布置测区应符合下列规定:①按单个构件检测时,应在构件上均匀布置不少于10个测区;②当对同批构件抽样检测时,构件抽样数应不少于同批构件的30%,且不少于4件,每个构件测区数不少于10个;③对长度小于或等于2m的构件,其测区数量可适当减少,但不应少于3个。

当按批抽样检测时,凡符合下列条件的构件,才可作为同批构件:①混凝土强度等级相同;②混凝土原材料、配合比、成型工艺、养护条件及龄期基本相同;③构件种类相同;④在施工阶段所处状态相同。

每个构件的测区,应满足以下的要求:①测区的布置应在混凝土浇筑方向的侧面;②测区应均匀布置,相邻两测区的间距不宜大于2m;③测区应避开钢筋密集区和预埋钢板;④测区尺寸为200mm×200mm;相对应的两个200mm×200mm区域应视为一个测区;测试面应清洁和平整;测区应标明编号。⑤测试面应清洁、平整、干燥,不应有接缝、饰面层、浮浆和油垢,并避开蜂窝、麻面部位,必要时可用砂轮片磨平不平整处。

每一测区宜先进行回弹测试,然后进行超声测试。对非同一测区的回弹值和超声声速值,不能按综合法计算混凝土强度。

(2)测试方法

1)超声声时值的测量

超声测点应布置在回弹测试的同一测区内。测量超声声时值时,应保证换能器与混凝土耦合良好,测试的声时值应精确至0.1μs,声速值应精确至0.01km/s,超声波传播距离的测量误差应不大于±1%。在每个测区内的相对测试面上,应各布置3个超声测点,且发射和接收换能器的轴线应在同一直线上,见图5-1所示。

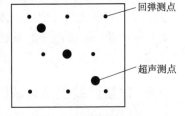

图5-1 测区测点分布

2)声速值的计算

测区声速值应按下式计算:

$$v = l/t_m \tag{5-10}$$

$$t_m = (t_1 + t_2 + t_3)/3 \tag{5-11}$$

式中:v——测区声速值(km/s);

l——超声波检测距离(mm);

t_m——测区平均声时值(μs)

t_1、t_2、t_3——分别为测区中3个测点的声时值。

浇筑表面不平整会使声速偏低，所以进行上表面与底面测试时声速应进行修正：

$$v_a = 1.034 v_i \tag{5-12}$$

式中：v_a——修正后的测区声速值(km/s)。

(3)混凝土强度的推定

用综合法检测构件混凝土强度时，构件第 i 个测区的混凝土强度换算值 $f_{cu,i}^c$，应根据修正后的测区回弹值 R_{ai} 及修正后的测区声速值 v_{ai}，按已确定的综合法相关测强曲线计算。当结构所用材料与制定的测强曲线所用材料有较大差异时，须用同条件试块或从结构构件测区钻取的混凝土芯样进行修正，试件数量应不少于 3 个。此时，得到的测区混凝土强度换算值应乘以修正系数。修正系数可按下列公式计算：

有同条件立方体试块时：

$$\eta = \frac{1}{n} \sum_{i=1}^{n} f_{cu,i} / f_{cu,i}^c \tag{5-13}$$

有混凝土芯样试件时：

$$\eta = \frac{1}{n} \sum_{i=1}^{n} f_{cor,i} / f_{cu,i}^c \tag{5-14}$$

式中：η——修正系数；

$f_{cu,i}$——第 i 个混凝土立方体试块抗压强度值；

$f_{cu,i}^c$——对应于第 i 个立方体试块或芯样试件的混凝土强度换算值；

$f_{cor,i}$——第 i 个混凝土芯样试件抗压强度值；

n——试件数。

四、钢筋混凝土结构缺陷检测

1.超声波检测混凝土缺陷的基本原理

采用超声脉冲波检测混凝土缺陷的基本依据是：利用超声波在技术条件相同的混凝土中传播的时间、接收波的振幅和频率等声学参数的变化，来判定混凝土的缺陷。因为超声脉冲波传播速度的快慢，与混凝土的密实程度有直接关系，对于技术条件相同的混凝土来说，声速高则混凝土密实，相反则混凝土不密实。当有空洞、裂缝等缺陷存在时，破坏了混凝土的整体性，由于空气的声阻抗率远小于混凝土的声阻抗率，超声波遇到蜂窝、空洞或裂缝等缺陷时，会在缺陷界面发生反射和散射，因此传播的路程会增大，测得的声时会延长，声速会降低。其次,在缺陷界面超声波的声能被衰减,其中频率较高的部分衰减更快,因此接收信号的波幅明显降低,频率明显减小或频率谱中高频成分明显减少。再次,经缺陷反射或绕过缺陷传播的超声波信号与直达波信号之间存在相位差,叠加后互相干扰,致使接收信号的波形发生畸变。根据上述原理,在实际测试中,可以利用混凝土声学参数测量值和相对变化综合分析,判别混凝土缺陷的位置和范围,或者估算缺陷的尺寸。

2. 超声波检测混凝土缺陷的方法

超声脉冲波检测混凝土缺陷技术一般根据被测结构的形状、尺寸及所处环境,确定具体测试方法。常用的测试方法大致分为以下几种。

(1)平面测试(用厚度振动式换能器)

对测法:一对发射(T)和接收(R)换能器,分别置于被测结构相互平行的两个表面,且两个换能器的轴线位于同一直线上。

斜测法:一对发射和接收换能器分别置于被测结构的两个表面,但两个换能器的轴线不在同一直线上。

单面平测法:一对发射和接收换能器分别置于被测结构同一表面上进行测试。

(2)测试孔测试(采用径向振动式换能器)

孔中对测:一对换能器分别置于两个对应测试孔中,位于同一高度进行测试;

孔中斜测:一对换能器分别置于两个对应测试孔中,但不在同一高度进行而是在保持一定高程差的条件下进行测试;

孔中平测:一对换能器分别置于同一测试孔中,以一定的高程差同步移动进行测试。

第二节 结构静载试验

一、概述

1. 定义

静载试验是将静止的荷载作用在结构上的指定位置而测试结构的静力位移、静力应变、裂缝宽度及其分布形态等参量的试验项目,从而推断结构在荷载作用下的工作性能及使用能力,静载试验是土木工程试验中比较常用的试验项目之一。

2. 分类

静载试验可分为破坏性试验和非破坏性试验。模型静载试验多属于破坏性试验,生产鉴定性试验多属于非破坏性试验。综合考虑各种因素、讲究经济成本,一般通过非破坏性试验可以达到试验目的的,就不做破坏性试验。

二、现场原型静载试验

现场原型静载试验就是以建成的结构或构件为试验对象,通过加载、测试、实测数据分析等手段,具体地、全面地评价试验对象的受力行为与工作性能,检验试验对象的承载能力,验证设计计算理论或计算参数,从而为试验对象的投入使用或维修、加固、改建提供科学的依据。现场原型静载试验的对象可以是建筑结构、桥梁结构整体或局部构件,也可以是地基基础。

桥梁静载试验可分为三个阶段,即桥梁结构的考察与试验工作准备阶段、加载试验与观测阶段、测试结果的分析总结阶段。桥梁结构的考察与试验方案设计阶段是桥梁检测顺利进行的必要条件。桥梁检测与桥梁设计计算、桥梁施工状况的关系十分密切。准备工作包括技术资料的收集、桥梁现状检查、理论分析计算、试验方案制定、现场实施准备等一系列工作。

1. 静载试验的方案设计

(1)试验对象的选择

对于结构形式与跨度相同的多孔桥跨结构,可选具有代表性的一孔或几孔进行加载试验量测;对于结构形式不相同的多孔桥跨结构,应按不同的结构形式分别选取具有代表性的一孔或几孔进行试验;对于结构形式相同但跨度不同的多孔桥跨结构,应选取跨度最大的一孔或几孔进行试验;对于预制梁,应根据不同跨度及制梁工艺,按照一定的比例进行随机抽查试验。除了这几点之外,试验对象的选择还应考虑以下条件:①试验孔或试验墩台的受力状态最为不利;②试验孔或试验墩台的病害或缺陷比较严重;③试验孔或试验墩台便于搭设脚手支架、布置测点及加载。

(2)理论分析计算

理论分析计算包括试验桥跨的设计内力计算和试验荷载效应计算两个方面。

1)设计内力计算是根据试验桥梁的设计图纸与设计荷载,选取合理可靠的计算图式,按照设计规范,运用结构分析方法,采用专用桥梁计算软件或通用分析软件,计算出桥梁结构的设计内力。

在进行静载试验时,常见桥型设计内力的控制截面及观测内容见表5-4。

表 5-4 常见桥型的设计内力控制截面及重点观测内容

结构体系	内力控制截面及变形观测内容	应力(应变)观测内容
简支梁桥	φ支点沉降以及四分点、跨中挠度测点	测量 $L/4$、跨中和 $3L/4$ 截面上下缘的应变
连续梁桥	φ支点沉降以及四分点、跨中挠度测点	测量 $L/4$、跨中和 $3L/4$、支点截面的应变
T形刚构	θ墩顶扭转角 ▲墩顶水平位移 φ悬臂端部、挂梁跨中挠度	测量固端根部截面、墩身控制截面以及挂梁跨中的应变
拱桥	▲墩台水平位移 φ拱脚、八分点、四分点及跨中挠度测点	测量拱脚、八分点、四分点以及跨中截面的应变
斜拉桥	▲索塔塔顶的水平位移 φ支点、跨中及四分点的挠度测点	测量各跨支点、四分点、跨中截面的应变以及索塔控制截面应变等
悬索桥	▲索塔塔顶水平位移测点 φ支点、八分点、四分点及跨中挠度测点	测量加劲梁支点、八分点、四分点、跨中截面的应变以及索塔控制截面应变等

2) 试验荷载效应计算是在设计内力计算结果的基础上,来确定加载位置、加载等级以及在试验荷载作用下结构反应大小的过程,也是一个反复试算的过程。由于桥梁静载试验为鉴定荷载试验,试验荷载原则上应尽量采用与设计标准荷载相同的荷载,但由于客观条件的限制,实际采用的试验荷载往往很难与设计标

准荷载一致。在不影响主要试验目的的前提下,一般采用内力(应力)或变形等效的加载方式,即计算出设计标准荷载对控制截面产生的最不利内力,以此作为控制值,然后调整试验荷载使该截面内力逐级达到此控制值,从而实现检验鉴定的目的。

(3)加载方案设计

加载是桥梁静载试验重要的环节之一,包括加载设备的选用,加载、卸载程序的确定以及加载持续时间三个方面。

1)加载设备

桥梁静载试验的加载设备应根据试验目的的要求、现场条件、加载量大小和经济方便的原则选用。对于现场静载试验,常用的加载设备主要有两种,即对于公路桥利用车辆荷载加载,对于人行桥利用重物加载。

采用车辆荷载进行加载具有便于运输、加载卸载方便迅速等优点,是桥梁静载试验较常用的一种方法。通常可选用重载汽车或利用施工机械车辆。利用车辆荷载加载需注意两点,一是对于加载车辆应严格称重,保证试验车辆的重量、轴距与理论计算的取用值相差不超过 5%;二是尽可能采用与标准车相近的加载车辆。

重物加载是将重物(如铸铁块、预制块、沙包等)施加在桥面或构件上,通过重物逐级增加以实现控制截面的设计内力,达到加载效率。采用重物加载时也要进行重量检查,以保证加载重量的准确性。采用重物直接加载的准备工作量较大,加载卸载时间较长,实际应用受到一定限制,重物加载一般用于现场单片梁试验、人行桥梁静载试验等场合。

2)加载卸载程序

加载卸载程序就是试验进行期间荷载与时间的关系,如加载速度的快慢,分级荷载量值的大小,加载、卸载的流程等。对于短期试验,加载卸载程序确定的基本原则可归纳如下:

①加载卸载应该是分级递加和递减,不宜一次完成。分级加载的目的在于较全面地掌握试验桥梁实测变形、应变与荷载的相互关系,了解桥梁结构各阶段的工作性能,且便于观测操作。因此,静载试验荷载一般情况下应不少于四级加载,当使用较重车辆或达到设计内力所需的车辆较少时,应不少于三级加载。采用分级加载方法,每级加载量值的大小和分级数量的多少要根据试验目的、观测项目与试验桥梁的具体情况来确定,必要时减小荷载增量幅度,加密荷载等级。

②正式加载前,要对试验桥梁进行预加载。预加载的目的在于消除结构的非弹性变形,并起到演习作用,发现试验组织观测等方面的问题,以便在正式加载试验前予以解决。对于新建结构,通过预加载可以使结构进入正常工作状态,

消除支点沉降、支座压缩等非弹性变形。预加载的荷载大小一般宜取为最大试验荷载的 1/3～1/2，对钢筋混凝土结构还应小于其开裂荷载。

③当所检测的桥梁状况较差或存在缺陷时，应尽可能增加加载分级，并在试验过程中密切监测结构的反应，以便在试验过程中根据实测数据对加载程序进行必要的调整或及时终止试验，以确保试验桥梁、量测设备和人员的安全。

④加载车辆全部到位、达到设计内力后方可进行卸载，卸载可分 2～3 级卸载，并尽量使卸载的部分工况与加载的部分工况相对应，以便进行校核。

⑤加载车辆位置应尽可能靠近测试截面内力影响线的峰值处，以便用较少的车辆来产生较大的试验荷载效应，从而节省试验费用与测试时间。同时，加载车辆位置还应尽可能兼顾不同测试截面的试验荷载效应，以减少加载工况与测试工作量。对于直线桥跨每级荷载应尽可能对称于桥轴线，以便利用对称性校核测试数据，减少测试工作量。

(4) 观测内容

桥梁结构在荷载作用下所产生的变形可以分为两大类，一类变形是反映结构整体工作性能的，如梁的挠度、转角、索塔的水平变位等，称之为整体变形；另一类变形是反映结构局部工作状况的，如裂缝宽度、相对错位、结构应变等，这类称之为局部变形。一般说来，主要观测内容如下：

1) 桥梁结构控制截面最大应力（应变）的数值及其随荷载的变化规律，包括混凝土表面应力及外缘受力主筋的应力。应力测试以混凝土表面正应力测试为主，一方面测试应力沿截面高度的分布，推断结构的极限强度；另一方面测试应力随试验荷载的变化规律，判断结构是否处于弹性工作状态。对于受力较为复杂的情况，还要测试最大主应力大小、方向及其随荷载的变化规律。

2) 一般情况下，要观测桥梁结构在各级试验荷载作用下的最大竖向挠度以及挠度沿桥轴线分布曲线。对于一些桥梁结构形式如拱桥、斜拉桥、悬索桥，还要观测拱肋或索塔控制点在试验荷载作用下顺桥向或横桥向的水平位移；对于采用偏载加载方式或对于曲线桥梁，还要观测试验结构变形控制点的水平位移和扭转变形。

3) 裂缝的出现和扩展，包括初始裂缝所处的位置，裂缝的长度、宽度、间距与方向的变化以及卸载后裂缝的闭合情况。

4) 在试验荷载作用下，支座的压缩或支点的沉降，墩台的位移与转角。

5) 一些桥梁结构如斜拉桥、悬索桥、系杆拱的吊索（拉索）的索力以及主缆（拉索）的表面温度。

(5) 测点布置

测点布置应遵循必要、适量、方便观测的基本原则，并使观测数据尽可能地

准确、可靠。测点布置可按照以下几点进行:

1)测点的位置应具有较强的代表性,以便进行测试数据分析。桥梁结构的最大挠度与最大应变,通常是最能反映结构性能的,掌握了这些数据就可以比较宏观地了解结构的工作性能及强度储备。

2)测点的设置一定要有目的性,避免盲目设置测点。在满足试验要求的前提下,测点不宜设置过多,以便使试验工作重点突出,提高效率,保证质量。

3)测点的布置也要有利于仪表的安装与观测读数,并便于试验操作。为了便于测试读数,测点布置宜适当集中;对于测试读数比较困难危险的部位,应有妥善的安全措施或采用无线传输设备。

4)为了保证测试数据的可靠性,尚应布置一定数量的校核性测点。在现场检测过程中,由于偶然因素或外界干扰,会有部分测试元件、测试仪器不能处于正常工作状态或发生故障,影响量测数据的可靠性。

5)在试验时,有时可以利用结构对称互等原理来进行数据分析校核,适当减少测点数量。

(6)测试仪器选择

根据测试项目的需要,在选择测试仪器仪表时,要注意以下几点:

1)选择仪器仪表必须从试验的实际情况出发,选用的仪器仪表应满足测试精度的要求,一般情况下要求测量结果的最大相对误差不超过5%。

2)在选用仪器仪表时,要注意环境适用条件。

3)量测仪器仪表的型号、规格,在同一次试验中种类愈少愈好,尽可能选用同一类型或规格的仪器仪表。

4)仪器仪表应当有足够的量程,以满足测试的要求。

5)由于现场检测的测试条件较差,受外部环境因素的影响较大,一般说来,电测仪器的适应性不如机械式仪器仪表,而机械式仪器仪表的适应性不如光学仪器,因此,应根据实际情况,采用既简便可靠又符合要求的仪器仪表。

2. 静载试验数据分析与评价

桥梁结构静载试验的评价指标有两个方面。其一是把控制测点的实测值与相应的理论计算值进行比较,来判断结构的工作性能和安全储备;其二是将控制测点的实测值与规范规定的允许值进行比较,从而判断结构所处的工作状况。

(1)校验系数

校验系数是指某一测点的实测值与相应的理论计算值的比值,实测值可以是挠度、位移、应变或力的大小,校验系数表达式为:

$$\lambda = \frac{测点的实测值}{测点的理论计算值} \tag{5-15}$$

当 $\lambda=1$ 时,说明理论值与实测值完全相符;

$\lambda<1$ 时,说明结构工作性能较好,承载能力有一定富余,有安全储备;

$\lambda>1$ 时,说明结构的工作性能较差,设计强度不足,不够安全。

通常,桥梁结构的校验系数如表 5-5 所示。

表 5-5 桥梁结构静载试验的校验系数

类别	项目	校验系数 λ
钢桥	应力	0.75~0.95
	挠度	0.75~0.95
预应力混凝土桥	混凝土应力	0.70~0.90
	钢筋应力	0.70~0.85
	挠度	0.60~0.85
钢筋混凝土桥	混凝土应力	0.60~0.85
	钢筋应力	0.70~0.85
	挠度	0.60~0.85

《大跨径混凝土桥梁试验方法》规定,在最大试验荷载作用下,实测挠度、实测应变应满足下式要求:

$$\beta<\frac{W_t}{W_d}\leqslant\alpha \tag{5-16}$$

式中:W_t——实测变形或应力的弹性反应值;

W_d——相应的理论计算值。

α、β 值与加载效率 η 相关,见表 5-6。

表 5-6 α、β 值

承重结构	β	α				
		$\eta\leqslant1.0$	$\eta\leqslant1.1$	$\eta\leqslant1.2$	$\eta\leqslant1.3$	$\eta\leqslant1.4$
预应力混凝土与组合结构	0.7	1.05	1.07	1.10	1.12	1.15
钢筋混凝土与圬工结构	0.6	1.10	1.12	1.15	1.17	1.20

注:η 为中间数值时,α 值时可直线内插。

对于残余变形,《大跨径混凝土桥梁试验方法》规定,卸载后最大残余变形与该点的最大实测值的比值应满足下式的要求:

$$\frac{W_p}{W_{max}}\leqslant\gamma \tag{5-17}$$

式中:γ——残余变形系数,对于预应力混凝土与组合结构,$\gamma=0.2$;

对于钢筋混凝土与圬工结构,$\gamma=0.25$;

W_p——卸载后最大残余变形的实测值；

W_{max}——该点在试验过程中的最大实测值。

(2) 规范允许限值

在设计规范中，从保证正常使用条件出发，对不同结构形式的桥梁分别规定了允许挠度、允许裂缝宽度的限值。在桥梁静载试验中，可以测出桥梁结构在设计荷载作用下控制截面的最大挠度及最大裂缝宽度，二者比较，即可做出试验桥梁工作性能与承载能力的评价。挠度评价指标为：

$$f'/l \leqslant [f/L] \tag{5-18}$$

式中：$[f/L]$——规范规定的允许挠度限值，对于梁式桥主梁跨中，

允许限值为 1/600；对于拱桥、桁架桥，允许限值

为 1/800；对于梁式桥主梁悬臂端，允许限值为 1/300；

f'——消除支座沉陷等影响的跨中截面最大实测挠度；

l——桥梁计算跨度或悬臂长度。

对于钢筋混凝土桥，裂缝宽度应满足一定限值，即

正常大气条件下　　　　$\delta_{fmax} \leqslant 0.2mm$

有侵蚀气体或海洋大气条件下　$\delta_{fmax} \leqslant 0.1mm$

对于部分预应力 B 类构件，裂缝宽度采用名义拉应力进行限制，即：

$$\sigma_{hl} \leqslant [\sigma] \tag{5-19}$$

式中：σ_{hl}——假设截面不开裂的弹性应力计算值，可按照材料

力学方法计算；

$[\sigma]$——混凝土名义拉应力限值。

3. 建筑结构静载试验与桥梁静载试验的差异

建筑结构与桥梁结构的静载试验在试验目的、方案设计、测试方法、测试仪器、试验流程等方面有许多相同相通之处，但在加载方式、试验内容、引用规范、测试数据分析评价等方面也存在一定差异。

(1) 试验荷载值确定方法不同。与桥梁结构一样，建筑结构试验荷载取值的大小也取决于结构形式、设计荷载、控制截面设计内力以及具体拟采用的加载方式，但随着结构体系、结构形式的不同，结构构件控制截面的分布不同，控制截面荷载效应短期组合的设计值也会不同。常见建筑结构构件控制截面荷载效应短期组合的设计值应按照国家标准《建筑结构荷载规范》GB 50009—2012 执行。

(2) 加载设备不同。与桥梁结构静载试验主要采用重车加载不同，建筑结构静载试验的加载方式要根据试验对象的特点，在重物加载、反力架—千斤顶立式加载、反力架-千斤顶卧式加载、试验机加载等多种加载方式中灵活选择，以最大限度地保障试验顺利进行，降低试验成本。

(3)加载程序与持荷时间的要求有一定差别。与桥梁结构静载试验一样,建筑结构静载试验也要确定详细的、可操作性强的试验加载程序。所不同的是,建筑结构静载试验对加载程序划分更为细致,对试验荷载持续时间要求更长一些,如要求每级加载值不大于试验荷载值的 20%,对于新结构构件、大跨度屋架、桁架等,要求荷载持续时间不小于 12h 等。

(4)试验结果整理要求有一些区别。由于静载试验内容、试验目的的不同,建筑结构与桥梁结构在静载试验的测试结果整理方面有一些细微的差别,如对建筑结构,相关试验规范标准没有明确规定实测值与理论计算值的校验系数、残余变形限值等,但设计规范给出了比较明确严格的实测值允许限值、承载能力要求等。

4. 模型静载试验与原型静载试验的差异

模型静载试验属于科学研究性试验,它与原型静载试验在方案设计、测试方法、试验内容、测试仪器、试验流程等方面具有许多相同之处,但在模型设计制作、加载控制、测试数据分析等方面与原型静载试验也存在明显的差异。

(1)模型试验应进行极限承载能力计算。由于模型静载试验基本上都要测定其极限承载能力,因此要进行模型结构或构件极限承载能力的计算。对于比较常规的试验模型,可根据相应设计规范,采用模型材料的力学性能测试结果,按照模型的总体布置、结构尺寸、结构构造进行计算即可。对于比较复杂的模型如空间壳体结构、局部模型,必要时可采用通用有限元分析软件进行承载能力分析。由于试验模型样本数量有限,其材料性能变异往往较规范取用的材料变异系数小,因此按照设计规范计算得出的极限承载能力计算结果往往是模型实际承载能力的下限值。

(2)模型试验测试数据分析整理。由于模型试验的目的是为了建立或验证结构设计计算理论或经验公式,因此在取得大量实测数据之后,要进行深入、系统、细致的分析整理,必要时还要构造、建立经验公式,从理论上对各种影响因素进行分析,并对模型试验范围以外的一些情况进行估计,因此,模型试验测试数据的分析整理要求远比原型试验要求高、难度大,必要时还应根据测试数据初步分析整理结果,进行补充试验。

第三节　结构动力试验

一、概述

在实际工程中,结构所受的荷载中,除了静荷载外,往往还会受到动荷载的作用。所动荷载就是随着时间变化的荷载。如冲击荷载、随机荷载(如风荷载、地震作用)等均属于动荷载范畴。动荷载与静荷载的作用不同,动荷载除了增大结构的受力外,还会引起结构振动影响建筑物的使用,使结构产生疲劳破坏,甚至发生共振现象。

结构动力试验测试主要包括以下三个方面:
(1)动荷载特性的测定;
(2)结构自振特性的测定;
(3)结构在动荷载作用下的反应的测定。

动力荷载作用下,结构的响应不仅与动力荷载的大小、位置、作用方式、变化规律有关,还与结构自身的动力特性有关。因此,一般将结构动力试验分为结构动力特性试验和结构动力响应试验两大类。

二、结构动力响应测试

1. 动应变测试

由于动应变是一个随时间而变化的函数,对其进行测量时,要把各种仪器组成测量系统。应变传感器感应的应变通过测量桥路和动态应变仪的转换、放大、滤波后送入各种记录仪进行记录。最后将记录得到的应变随时间的变化过程送入频谱分析仪或者数据处理机进行数据处理和分析。图 5-2 为结构动应变随时间而变化的时程曲线。H_1、H_2、H_3 和 H_4 是利用动应变仪内标定装置标定的应变标准值,或者称标准应变 ε_0。其值取测量前、后两次标定值得平均值,即:

$$\varepsilon_{01} = \frac{H_1 + H_3}{2} \quad \text{或} \quad \varepsilon_{02} = \frac{H_2 + H_4}{2} \tag{5-20}$$

则曲线上任一时刻的实际应变 ε_i 可近似按线性关系推出:

$$\varepsilon_{1i} = c_1 h_1 = \frac{2\varepsilon_{01}}{H_1 + H_3} h_{1i} \quad \text{或} \quad \varepsilon_{21i} = c_2 h_1 = \frac{2\varepsilon_{01}}{H_1 + H_3} h_{1i} \tag{5-21}$$

式中:ε_{01}、ε_{02}——正应变和负应变标准值;

c_1、c_2——正应变和负应变的标定常数。

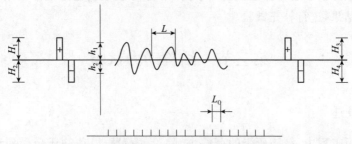

图 5-2 结构动应变随时间而变化的时程曲线

动应变测定后,即可根据结构力学方法求得结构的动应力和动内力。

2. 加速度测试

在结构振动响应测试中,加速度响应由于不需要参照点,量测相对比较容易,精度也比较高。加速度响应得到后,既可由加速度响应评价结构动力行为或舒适性,也可通过对时间的积分即可得到速度或动态位移。动态位移与加速度关系如下式所示:

$$y(t) = \int_0^t y''(t) dt \qquad (5-22)$$

式中:$y(t)$、$y''(t)$——分别为动位移和加速度。

3. 动位移测试

要全面了解结构在动荷载作用下的振动状态,可以设置多个测点进行动态变位测量,以便据此得出振动变位图。构件的动应力和动内力也可以通过位移测定来间接推算。如测得了振动变位图即可按结构力学理论近似地确定结构由于动荷载所产生的内力。设振动弹性变形曲线方程为:

$$y = f(x) \qquad (5-23)$$
$$M = EIy'' \qquad (5-24)$$
$$V = EIy''' \qquad (5-25)$$

式中:x——测点的水平坐标;
y——测点的挠度;
EI——梁的抗弯刚度;
M——梁的弯矩;
V——梁的剪力。

4. 测试数据分析

(1) 结构动力特性

测定结构固有频率和阻尼系数的方法可以分为时域法和频域法两大类。频率可直接在动态反应量(动位移、加速度或动应变等)图上确定,或者利用时间标志和应变频率的波长来确定,即:

$$f = \frac{L_0}{L} f_0 \qquad (5-26)$$

式中:L_0、f_0——时间标志的波长和频率;
L、f——应变的波长和频率。

对于单自由度体系,其自由振动衰减曲线如图 5-3 所示。在其动位移的记录曲线上,直接测量响应曲线上峰-峰值的时标,即可得出固有周期,并由下式计算得出阻尼比：

$$\zeta = \frac{\delta}{\sqrt{4\pi^2 + \delta^2}} \quad (5\text{-}27)$$

其中：

$$\delta = \frac{1}{n-1} \ln \frac{A_n}{A_0} \quad (5\text{-}28)$$

式中：n——单自由度体系衰减曲线上测量峰值的个数；
A_0、A_n——分别为测量的第一个峰值和最后一个。

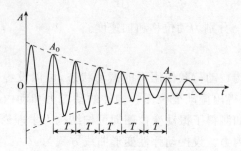

图 5-3　有阻尼自由振动衰减曲线

对于多自由度体系，基于时域信号进行结构模态参数识别的主要途径之一是利用结构的脉冲响应函数。对于多自由度体系，在测试的振动频率范围内，可能有几个峰值，分别对应结构的各阶固有频率。当多自由度结构的各阶固有频率的数值相隔较小，也可采用单自由度体系的频响函数曲线拟合多自由度体系的频响函数曲线，得到结构的各阶固有频率等模态参数。

(2) 动力冲击系数

承受移动荷载的桥梁、厂房的吊车梁等，需要确定它的动力系数或冲击系数，它综合地反映了动力荷载对结构的动力作用。动力系数或冲击系数为在动力荷载作用下，结构最大动挠度与对应的静挠度之比（图 5-4），即：

$$K_d = \frac{Y_{dmax}}{Y_{smax}} \quad (5\text{-}29)$$

式中：Y_{dmax}、Y_{smax}——分别为桥梁或吊车梁跨中最大动挠度值、最大静挠度值。

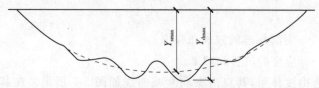

图 5-4　移动荷载作用下简支梁的挠度曲线

三、结构抗震试验

1. 结构抗震试验概述

(1)结构抗震试验包括:结构抗震试验设计、结构抗震试验和结构抗震试验分析。

(2)结构抗震试验分为两大类:结构抗震静力试验和结构抗震动力试验。按试验方法来分,在试验室经常进行的主要有拟静力试验、拟动力试验和模拟地震振动台试验。

1) 拟静力试验

拟静力试验又称为低周反复加载试验或者伪静力试验,一般给试验对象施加低周反复作用的力或位移,来模拟地震时结构的作用,并评定结构的抗震性能和耗能能力。其优点是在试验过程中可以随时停下来观测试件的开裂和破坏状态,并可根据试验需要来改变加载历程。但是其缺点是试验的加载历程与实际地震作用历程可能存在较大差异,不能反映实际地震作用时应变速率的影响。

2) 拟动力试验

拟动力试验又称计算机-加载器联机试验,是将计算机的计算和控制与结构试验有机地结合在一起的试验方法。它与采用数值积分方法进行的结构非线性动力分析过程十分相似,是直接从被试验结构上实时测取。拟动力试验的加载过程是拟静力的,但它与拟静力试验方法不同之处在于拟动力试验每一步的加载目标是由上一步的测量结果和计算结果通过递推公式得到的,因此试验结果代表了结构的真实地震反应。但拟动力试验也有不足之处。第一,拟动力试验不能反映实际地震作用时材料应变速率的影响。第二,拟动力试验只能通过单个或者几个加载器对试件进行加载,不能完全模拟地震作用时结构实际所受的作用力分布。第三,结构的阻尼也较难以在试验中出现。

3) 地震模拟振动台试验

地震模拟振动台可以真实地再现地震过程,是目前研究结构抗震性能较好的一种试验方法。地震模拟振动台可以在振动台台面上再现天然地震记录,安装在振动台上的试件就能受到类似天然地震的作用。所以,地震模拟振动台试验可以再现结构在地震作用下结构开裂、破坏的全过程,能反映应变速率的影响,并可根据相似要求对地震波进行时域上压缩和加速度幅值调整等处理,对超高层或原型结构进行整体模型试验。地震模拟振动台试验主要用于检验结构抗震设计理论、方法和计算模型的正确性与合理性。振动台不仅可进行建筑结构、桥梁结构、海洋结构、水工结构试验,同时还可以进行工业产品和设备等的振动特性试验。地震模拟振动台也有它的局限性,一般振动台试验都为模型试验,比例较小,容易产生尺寸效应,难以模拟原结构构造,且试验费用也较高。

2. 拟静力试验

(1)试验方法

拟静力试验是目前在结构或者构件抗震性能研究中应用最广泛的试验方法。它是以一定的荷载或者位移作为控制值对试件进行低周反复加载,来获得结构非线性的荷载-变形特性,所以又称之为低周反复加载试验或者恢复力特性试验。

(2)加载装置

试验加载装置多采用反力墙或者专用抗侧力构架。加载设备主要用推拉千斤顶或者电液伺服结构试验系统装置,并用计算机进行试验控制和数据采集。电液伺服加载器或者液压千斤顶一方面与试件连接,另一方面与反力装置连接,以便给结构施加作用力。与此同时,试件也需要固定并模拟实际边界条件,所以反力装置都是拟静力加载试验中所必需的。目前常用反力装置主要有试验台座、门式钢架、反力墙、反力架和相应的各种组合荷载架。

(3)加载制度

1)单向反复加载

①位移控制加载

位移控制加载是在每次循环加载过程中以位移为控制量而进行循环加载。根据位移控制的幅值不同,又可分为变幅加载、等幅加载和变幅等幅混合加载。变幅加载即在每一循环以后,位移的幅值都将发生变化,变幅加载用于确定试件的恢复力特性以及建立恢复力模型。等幅加载即在试验过程中,位移的幅值都不发生变化,等幅加载用于确定试件在特定位移下的性能。混合加载即是将等幅加载和变幅加载结合应用,混合加载用于研究不同加载幅值的变化顺序对试件受力性能的影响。

②力控制加载

力控制加载是在加载过程中,以力作为控制值,按一定的力幅值进行循环加载。由于试件屈服后难以控制加载的力,因此这种加载制度较少单独使用。

③力-位移混合控制加载

这种加载制度是先以力控制进行加载,当试件达到屈服状态时改用位移控制,一直至试件破坏。

2)双向反复加载

为了研究地震对结构构件的空间组合效应,克服采用在结构构件单向(平面内)加载时不考虑另一方面(平面外)地震力同时作用对结构影响的局限性,可在x、y两个主轴方向(二维)同时施加低周反复荷载。通过试验研究,结构构件在两个方向受力时反复加载可以分为 x、y 轴双向同步加载和 x、y 轴双向非同步加载。

①x、y 轴双向同步加载

与单向反复加载制度相同,低周反复荷载在与构件截面主轴成斜角的方向进行斜向加载,使 x、y 两个主轴方向的荷载分量同步作用。双向同步加载同样可以采用控制位移加载法、控制作用力加载法或者作用力及位移两者混合控制的加载方法。

②x、y 双向非同步加载

非同步加载是在构件截面的 x、y 两个主轴分别施加低周反复荷载。

(4)加载方法

1)正式试验前,应先进行预加反复荷载试验三次;混凝土结构试件加载值不宜超过开裂荷载计算值的 30%;砌体结构试件加载值不宜超过开裂荷载计算值的 20%。

2)正式试验时的加载方法应根据试件的特点和试验目的确定,宜先施加试件预计开裂荷载的 40%~60%,并重复 2~3 次,再逐步加载到 100%。

3)试验过程中,应该保持反复加载的连续性和均匀性,加载或者卸载的速度宜一致。

4)当进行承载能力和破坏特征试验时,应加载至试件极限荷载的下降段;对混凝土结构试件下降值应控制在最大荷载的 85%。

5)因为试件屈服后主要是位移量的变化,所以在弹性阶段用荷载控制加载,屈服后用变形量控制加载,具体操作要求如下:试件屈服前,应采用荷载控制并分级加载;试件屈服后,应采用变形控制;施加反复荷载的次数应该根据试验目的来确定。

3.拟动力试验

(1)拟动力试验的特点

拟动力试验分析方法是一种综合性的试验技术。拟动力试验的优点是:①在整个数值分析过程中不需要对结构的恢复力特性进行假设;②可以对一些足尺模型或者大比例模型进行试验;③因为试验加载过程接近静态,使试验人员有足够的时间观测结构性能的变化和结构的损坏过程,获得比较详细的试验资料;④可以缓慢地再现地震的反应。

拟动力试验的缺点是:①不能实时再现真实的地震反应,不能反映出应变速率对结构材料强度的影响;②实际反应所产生的惯性力是用加载器来代替。因此,只适用于离散质量分布的结构;③在联机试验中,除控制运动方程的数值积分外,还必须正确控制试验机,正确测定变位和力,要求采用与计算机相同精度水准的加载系统。为了使联机试验成功,必须将数值计算方法、试验机控制方法、变位和力的量测方法与试验模型的性状相互协调,切实选定其组合关系。

(2)试验设备

拟动力试验的加载装置与低周反复加载试验类似,试验设备由电液伺服加载器、传感器、计算机、试验台架等组成。

1)电液伺服加载器

电液伺服加载器由加载器和电液伺服阀组成。可以将力、位移、加速度、速度等物理量转换为电参量作为控制参数。目前常用的加载器主要是电液伺服作动器。拟动力试验选用电液伺服加载器时应该满足以下要求:加载器最大出力能力应大于试验设计荷载值的150%;加载器活塞行程的最大位移量应大于试验设计位移量的120%;当对加载速率有较高要求时,应合理选用加载器的频率响应特性。

2)传感器

拟动力试验中一般采用电测传感器。常用的传感器有力传感器、应变传感器、位移传感器等。

3)计算机控制系统

在拟动力试验中,加载过程的控制和试验数据的采集都由计算机完成。计算机应具有足够的运算速度、足够可利用的硬盘空间、满足试验要求的操作平台和工作软件。

4)试验装置和台座

试验可采用与静力试验或者低周反复加载试验一样的台座,试验装置的承载能力应大于试验设计荷载的150%。反力架(反力墙)与试件底部宜通过刚性拉杆连接,使反力架与试件之间不发生相对位移,以提高试验加载控制的精度。

(3)试验步骤

计算机—加载器联机加载试验的控制和运行,是由专用软件系统通过数据库和运行系统来控制操作指示并完成预定试验过程的。以下是主要的试验步骤:

1)在计算机系统中输入地震加速度时程曲线。

2)把 n 时刻的地震加速度值代入运动方程,解出 n 时刻地震反应位移 X_n。

3)由计算机控制电液伺服加载器,将 X_n 施加到结构上,实现这一步的地震反应。

4)量测此时结构的反力 F_n,并代入运动方程,按地震反应过程的加速度进行 $n+1$ 时刻的位移 X_{n+1} 的计算,量测试验结构反力 F_{n+1}。

5)重复上述步骤,连续进行加载试验,直到试验结束。

4. 地震模拟振动台试验

(1) 试验装置

地震模拟振动台主要由台面和基础、电液伺服加载器、高压油源和管路系统、计算机控制系统、模拟控制系统和相应的数据采集处理系统组成。

(2) 加载程序

地震模拟振动台试验的加载过程包括：结构动力特性试验、地震动力反应试验和量测结构不同工作阶段的自振特性变化等试验内容。

根据试验目的的不同，在选择和设计振动台台面输入加速度时程曲线后，试验的加载过程可以是一次性加载或者多次加载的不同方案。

1) 一次性加载

一次性加载试验的特点是：结构从弹性阶段、弹塑性阶段直至破坏阶段的全过程是在一次加载过程中全部完成的。试验加载时要选择一个适当的地震记录，在它的激励下能使试验结构产生全部要求的反应。在试验过程中，连续记录结构的位移、速度、加速度与应变等输出信号，观察记录结构的裂缝形成和发展过程，来研究结构在弹性、弹塑性和破坏阶段的各种性能，并且还可以从结构反应确定结构各个阶段的周期和阻尼比。这种加载过程的主要特点是：可以较好地连续模拟结构在一次强烈地震中的整个表现和反应。但是因为是在振动台台面运动情况下进行观测，因此，对试验过程中的量测和观察设备要求就较高，在初裂阶段，往往很难观察到结构各个部位上的细微裂缝。破坏阶段的观测比较危险，这时只能采用高速摄像方法记录试验过程。

2) 多次加载过程

目前，在地震模拟振动台试验中，这种方案普遍使用。它包括：

①动力特性试验。

②振动台台面输入运动，使结构产生微裂缝。

③加大台面输入运动，使结构产生中等程度的开裂。

④加大台面输入加速度的幅值，结构振动使其主要部位产生破坏，但结构还有一定的承载能力。

⑤继续加大台面运动，使结构变为机动体系，稍加荷载就会发生破坏倒塌。

(3) 反应量测

在模拟地震振动台试验中一般需观测结构的位移、加速度和应变反应，以及结构的开裂部位、裂缝的发展、结构的破坏部位和破坏形式等。在试验中位移和加速度测点一般布置在产生最大位移、加速度的部位。